桉树生态营林理论、技术与实践

温远光　周晓果　朱宏光　著

科学出版社

北京

内 容 简 介

本书共分为上下两篇。上篇桉树生态营林理论与技术，包括3章，从桉树人工林发展历史和现状、面临的困境和挑战入手，提出了生态营林的概念、理论体系和技术体系，论述了桉树生态营林研究在理论与实践方面的重要意义。下篇桉树生态营林实践，包括7章，从桉树生态营林的试验设计、林分构建入手，对生态营林林分生长量和生产力、生物量和碳储量、植物物种组成和多样性、土壤养分和微生物群落结构功能进行了深入研究，同时对生态营林与传统营林林分的经济效益进行了计算和分析。7年的实践证明桉树生态营林可以有效权衡木材生产与其他生态系统服务之间的关系，实现桉树人工林绿色高质量发展。

本书可供林学、生态学、生物学、环境科学等专业研究人员及师生参考使用，也适合林业、生态环境管理部门的管理者和决策者参阅。

图书在版编目（CIP）数据

桉树生态营林理论、技术与实践/温远光，周晓果，朱宏光著. —北京：科学出版社，2020.5

ISBN 978-7-03-064896-9

Ⅰ. ①桉… Ⅱ. ①温… ②周… ③朱… Ⅲ. ①桉树属－营林－研究 Ⅳ. ①S792.39

中国版本图书馆 CIP 数据核字(2020)第 064607 号

责任编辑：郭勇斌　彭婧煜／责任校对：杜子昂

责任印制：师艳菇／封面设计：众轩企划

科学出版社 出版

北京东黄城根北街 16 号
邮政编码：100717
http://www.sciencep.com

天津文林印务有限公司 印刷

科学出版社发行　各地新华书店经销

*

2020 年 5 月第 一 版　开本：720×1000　1/16
2020 年 5 月第一次印刷　印张：16 1/2
字数：320 000

定价：98.00 元
（如有印装质量问题，我社负责调换）

序

森林资源是人类社会生存与可持续发展的基础。发展森林资源不仅可为本国人民创造巨大的绿色财富和优质的生态福祉，还可为全人类应对气候变化和保障全球生态安全提供战略支撑。目前，全球天然森林资源的急剧减少正在威胁全球气候安全和生态安全。加强天然森林资源保育和大力发展人工林成为应对全球气候变化和实施全球生态治理的重大举措。

中国是世界上最重视林业和生态建设的国家之一。缺林少绿的资源禀赋特点使得我国木材生产和消费长期以天然林为主，并已成为全球第二大木材消费国和第一大木材进口国。我国的人工林面积居世界首位，但人工林的低质量发展给我国生态环境造成巨大压力。桉树人工林即是典型代表，在木材资源供给、应对气候变化和全球生态治理等方面扮演着越来越重要的角色，但长期实施的高强度干扰、高投入、高污染的短周期多代纯林连栽的传统营林方式已导致严重的生态环境问题，存在巨大的外来植物入侵、土壤质量退化和生态安全风险。在我国经济由粗放转向高质量发展和全面开展生态文明建设的新阶段，亟待依托林业科技创新，驱动我国人工林经营的系统性变革。实施生态营林是新时代林业发展的必然趋势。

桉树对生态环境的影响是一个世界性争论的话题。我很高兴看到温远光教授团队，经过40余年对桉树人工林的长期研究，深刻揭示了传统的"高强度干扰、高投入、高污染"的桉树短周期多代纯林连栽方式存在的生物安全、土壤安全和生态安全风险，率先提出桉树生态营林的理念、定义、原则，以及生态营林理论体系和技术体系，并率先开展了桉树生态营林的实践。《桉树生态营林理论、技术与实践》正是这一实践的科学总结。这是我国首部桉树生态营林专著，书中理论性和实践性都极其丰富。7年的生态营林实践表明，采取低干扰、低投入、低污染的生态营林方式，获得了高产量、高价值、高效益的营林效果，实现了长短结合、一般用材与珍贵用材结合、木材生产与其他生态系统服务权衡、生态与经济协同提升的生态营林目标。生态营林理论是解决当今桉树人工林木材生产和其他生态系统服务失衡，以及生物安全、土壤安全、生态安全问题，实现高质量发展的重要理论基础，对推动我国现代林业高质量发展具有重要的指导作用。

　　我相信，该著作的出版将会引起学术界、中央和地方各级政府以及公众的广泛关注，为国家及地方政府在科学发展人工林尤其是短周期人工林的决策上给予强有力的理论支撑，更为现代林业的高质量发展提供重要参考。借该著作出版之际，欣然作序为贺。

中国工程院院士

曹福亮

2019 年 11 月

前　言

　　森林是陆地生态系统的主体，是人类生存的根基，对人类可持续发展和地球健康至关重要。全球环境变化和生态系统的破碎化对陆地生态系统产生了严重威胁，直接影响人类社会的生态安全和可持续发展。人工林是世界森林资源的重要组成部分，是缓解天然林采伐资源不足，扩大木材供给的有效补充，同时还在生态修复、景观重建和环境改善方面发挥着重要作用，发展人工林被认为是应对全球气候变化的一种可能机制和最有希望的选择。为了扭转全球森林覆盖率下降的趋势，2017 年联合国森林论坛就《联合国森林战略计划（2017—2030 年）》达成协议，提出了到 2030 年全球森林面积增加 3%，即增加 1.2 亿公顷森林面积的目标。在应对全球气候变化和推进全球生态治理的背景下，重视森林、保护生态、发展人工林已经成为国际社会的广泛共识。为此，平衡林木生产力与资源利用效率及其环境代价，对于全球可持续发展至关重要。

　　针对桉树传统营林理论存在的木材生产与其他生态系统服务失衡和重大生态环境风险等问题，笔者团队秉持"桉树木材产量不减、生态环境质量不下降"的桉树生态营林科学发展理念，提出了生态营林的范式设计，在研究思路上将人工林结构与功能、生态与经济有机结合，在实现人工林木材产量不减、比较效益递增的同时，实现生态系统服务功能的提升；在设计理念上将短期效益与长期效益相结合、速生树种与慢生树种相结合、广谱性用材与珍贵用材相结合、单一木材需求与生态系统服务的多目标需求相结合、生态系统服务提升与经济价值提升相结合；在技术方法上利用低干扰、低投入、低污染的绿色生态营林技术，实现桉树人工林绿色高质量发展。通过科学权衡桉树木材生产与生态环境保护的关系，从营林制度、经营策略、经营途径和发展方式 4 个方面探索桉树生态营林理论与技术。7 年的实践和研究表明，采取低干扰、低投入、低污染的生态营林方式完全可以既保证桉树木材高产、稳产又增强生态系统服务，打破了"桉树木材产量和生态系统服务不可兼得"的魔咒，从而为全球桉树人工林的绿色可持续发展提供了新思路和示范样板，对引领社会公众、支撑国家宏观战略决策和推动我国现代林业绿色高质量发展具有重要的指导作用。

　　本书是桉树生态营林理论与技术探索的科学总结，是集体智慧的结晶。在项目研究和专著撰写过程中，中国林业科学研究院刘世荣院长、中国林业科学研究院热带林业实验中心蔡道雄主任、田祖为书记、贾宏炎副主任、生态室卢立华主任、科技处明安刚处长、白云实验场张万幸场长、青山实验场刘志龙场长等领导和专家给予了悉心的指导和鼎力支持，在此表示衷心的感谢！项目组成员凭着对科学研究的执着与追求，以及对中国桉树生态环境问题的忧虑和责任担当，克服重重困难，完成了项目研究。

本书的撰写工作，具体分工如下：第 1 章由温远光、周晓果、朱宏光执笔；第 2 章由温远光、周晓果执笔；第 3 章由温远光、周晓果执笔；第 4 章由温远光、周晓果、朱宏光执笔；第 5 章由周晓果、温远光执笔；第 6 章由温远光、周晓果执笔；第 7 章由周晓果、温远光执笔；第 8 章由温远光、周晓果、朱宏光执笔；第 9 章由周晓果、温远光、朱宏光执笔；第 10 章由周晓果、温远光执笔。

本书的研究和出版得到国家自然科学基金项目（31460121、31860171、31560201）、国家科技支撑计划项目（2012BAD22B01）、广西重大专项计划项目（1222005）、广西重点研发计划项目（2018AB40007）、广西自然科学基金项目（2017GXNSFAA198114）、广西高等学校重大科研项目（201201ZD001）、广西林业厅重大科研项目（桂林科字［2009］第八号）等的支持，对此表示衷心的感谢！

在本书相关项目的研究过程中，参与调查的研究生和本科生超过 120 人，如蓝嘉川、卢文科、王磊、陆晓明、夏承博、覃志伟、李运筹、陶彦良、严宇航、赵明威、农友、雷丽群、阮友维、李朝婷、李海燕、杜氏清闲、李婉舒、熊江波、左花等。受篇幅所限，不能一一列出，对他们所付出的辛勤劳动，在此一并表示最诚挚的感谢！同时，还要感谢马达强及其团队给予的大力帮助。

由于时间及对生态营林这一新领域的研究认识水平有限，书中可能存在不足之处，敬请各界人士批评指正！同时期待相关研究领域的专家学者加入我们的行列中来，共同商榷这一全新的研究课题，以便更好地推动桉树人工林的绿色高质量发展。

作　者

2019 年 11 月

广西大学林学院

目　录

序（曹福亮）
前言

上篇　桉树生态营林理论与技术

第1章　绪论 ··· 3
　1.1　全球桉树人工林发展的历史和现状 ·· 3
　1.2　全球桉树人工林发展面临的困境与挑战 ·· 11
　1.3　全球桉树可持续发展的应对之策——生态营林 ··································· 15
　1.4　未来展望 ··· 19
第2章　桉树生态营林理论 ··· 20
　2.1　生态营林的概念及内涵 ··· 20
　2.2　生态营林原则 ··· 21
　2.3　生态营林理论 ··· 23
第3章　桉树生态营林技术 ··· 40
　3.1　林地生态化清理和整地技术 ····································· 40
　3.2　林下植被生态化管理技术 ······································· 41
　3.3　土壤质量维持和提升技术 ······································· 42
　3.4　林分生产力提升技术 ··· 43
　3.5　林分碳增汇和减排技术 ··· 44
　3.6　木材生产与其他生态系统服务协同提升技术 ······················· 45

下篇　桉树生态营林实践

第4章　桉树生态营林研究区概况与试验林的构建 ······················· 51
　4.1　自然环境概况 ··· 51
　4.2　造林前马尾松林的群落特征 ····································· 52
　4.3　试验林的营造与试验设计 ······································· 64
第5章　桉树生态营林试验研究方法 ··································· 68
　5.1　林分调查 ··· 68
　5.2　群落调查 ··· 69
　5.3　土壤调查和样品采集 ··· 69

　　5.4　室内样品分析 70
　　5.5　林分经济效益分析 74
　　5.6　数据处理与统计分析 75
第 6 章　生态营林方式下不同林分的生长量和生产力 79
　　6.1　林分生长量和生产力研究概况 79
　　6.2　林分胸径和树高生长量 83
　　6.3　林分蓄积量 89
　　6.4　林分生产力 91
　　6.5　小结 94
第 7 章　生态营林方式下不同林分的生物量和碳储量 95
　　7.1　森林生物量和碳储量的研究概况 95
　　7.2　林分生物量及分配 100
　　7.3　林分碳储量及分配 105
　　7.4　小结 112
第 8 章　生态营林方式下不同林分林下植被植物物种组成及多样性 113
　　8.1　林下植被植物物种组成及多样性研究概况 113
　　8.2　群落的物种组成 117
　　8.3　群落的植物功能群 138
　　8.4　群落的植物多样性 141
　　8.5　群落的结构及其与环境因子的关系 147
　　8.6　小结 158
第 9 章　生态营林方式下不同林分的土壤质量 160
　　9.1　森林土壤质量的研究概况 160
　　9.2　土壤物理性质 165
　　9.3　土壤化学性质 170
　　9.4　土壤生物性质 177
　　9.5　土壤质量指数 187
　　9.6　小结 190
第 10 章　生态营林方式下不同林分的经济效益 193
　　10.1　人工林经济效益研究概况 193
　　10.2　林分成本和收益 195
　　10.3　林分净现值和内部收益率 199
　　10.4　小结 202
参考文献 203
附录　桉树人工林植物名录 230

上篇 桉树生态营林理论与技术

桉树是目前全球人工栽培最广泛的阔叶树种，每年提供的木材占全球人工林木材产量的37%，对缓解木材供需矛盾、保障全球木材安全和应对全球气候变化发挥着重要作用。同时，桉树也是全球争议最大的人工林树种。争论的焦点是桉树人工林的生态环境问题，但核心和关键问题在于桉树的营林制度本身。营林涉及森林培育的全过程，营林制度是在营林理论的指导下制定的。桉树现行的营林理论（或称传统营林）只注重营林措施对林木和林分木材产量的作用，极少关注营林措施对林下植被、植物多样性、植物功能群、碳储量、土壤物理化学性质和土壤微生物的影响，导致桉树人工林生态系统服务功能减弱，木材生产与其他生态系统服务失衡，影响人工林的生物安全、土壤安全、生态安全和持续经营，属于低质量的发展方式。这种低质量的发展方式已经不能适应新时期生态文明建设对人工林高质量发展的要求，现有的营林理论（如森林永续利用经营理论、近自然森林经营理论、森林可持续经营理论、林业分工论、多目标森林生态系统经营理论等）均不能有效解决桉树木材生产与其他生态系统服务的权衡和协调问题，难以兼顾保障国家木材安全和生态安全。因此，桉树人工林要实现绿色高质量发展必须改变现行的营林方式，而探索桉树生态营林理论是实现生态文明，在新时代背景下桉树人工林的绿色高质量发展的关键环节，意义重大。

第1章 绪 论

在应对全球气候变化和推进全球生态治理的背景下，重视森林、保护生态、发展人工林已经成为国际社会的广泛共识和各国发展的重大战略选择（国家林业局，2016）。桉树人工林是世界人工林的重要组成部分，在木材资源供给和应对气候变化等方面扮演着越来越重要的角色（刘世荣等，2018；温远光等，2018）。20世纪80年代至今，热带亚热带地区的国家都在大力发展桉树人工林，使全球桉树人工林的面积呈现不断增长的趋势。桉树人工林的发展改变了全球人工林的发展格局、经营管理方式、木材加工技术，以及人们的生活方式（温远光等，2018）。但是，目前全球桉树人工林存在总体质量不高（温远光，2006；周霆和盛炜彤，2008；刘世荣等，2018）、生态系统服务功能不强（温远光等，2005a；赵金龙，2011；温远光等，2014）、地力退化严重（余雪标等，1999a；廖观荣等，2002）、外来植物入侵加剧（Wen et al.，2010；Jin et al.，2015；Zhou et al.，2018）、生态问题突出（温远光，2008；Williams，2015）、环保压力巨大（Chen et al.，2013a；Zhao et al.，2013）、社会舆论博弈不断升级（温远光等，2018）、生态系统多功能性退化或丧失等问题，引起国际社会的极大关注和担忧（温远光，2008；Shiva & Bandyopadhyay，1983；Williams，2015）。全球桉树人工林的快速发展不仅关系到全球木材安全，也关系着生态安全和生物安全。因此，探索有效权衡和协调桉树人工林木材生产与其他生态系统服务关系的生态营林研究迫在眉睫。

1.1 全球桉树人工林发展的历史和现状

1.1.1 桉树的种类多样性

广义来说，桉树泛指杯果木属（*Angophora*）、伞房属（*Corymbia*）和桉属（*Eucalyptus*）树种的总称（王豁然和江泽平，2005），绝大多数为乔木，少数为灌木。桉树于1770年被发现和命名，1995年底被命名的桉树就有945种（包括808个种和137个亚种或变种）（Hill & Johnson，1995），其中，杯果木属有14种，以成龄叶对生、粗糙、具有刚毛状油腺点、果实高脚杯状为特征；伞房属有136种，其中亚种和变种23种，具有复合花序、果实较大、坛状、树皮斑块状脱落、光滑或在树干下部宿存，呈方格状开列等特征；桉属是个庞大的属，共有795种

（其中变种和亚种 114 种），叶互生、全缘、有透明油腺点，花单生或 3 朵以上聚生成头状花序。2006 年，桉树分类群增至 1039 个（王豁然，2010）。与以前的概念相比，现在的桉属树种只包括杯果木属和伞房属之外的桉树种类（Wilcox，1997）。

一般认为桉树起源于澳大利亚。然而，根据祁述雄（2002）记载，在四川西部地区海拔 3700 m 的理塘县晚始新世（距今 6500 万～5300 万年）地层中，采集到 40 多号桉属植物化石标本，这些化石标本中有桉树叶子印痕化石，还有果实和花蕾化石；化石经初步鉴定是热鲁桉（*Eucalyptus* sp.），这种桉树与目前国内引种的细叶桉（*E. tereticornis*）和赤桉（*E. camaldulensis*）相似（祁述雄，2002）。之后不久，在西藏日喀则地区和冈底斯山还发现有狭叶桉（*E. leptophylla*）化石（祁述雄，2002）。从植物地理学判断，可以设想在距今 6500 万～5300 万年前的晚始新世，四川西部和西藏分布着大片的桉属植物的常绿阔叶林，那时，这些地区的气候温暖干热，十分适宜桉树生长。后来，在 400 万～300 万年前，强烈的喜马拉雅山造山运动，使西藏和四川西部地壳强烈隆起，气候急剧变化，桉属植物不适应高寒的气候而消失。发现的这些晚始新世地层化石，比有记载的最早的在澳大利亚渐新世地层中发现的同样桉属类化石早 1000 万年左右（祁述雄，2002）。这对一向认为桉属植物起源于澳大利亚的说法提出了挑战。

大陆漂移假说已被广泛接受（Boland et al.，2006）。距今大约 6500 万年前，南方冈瓦纳古大陆（Gondwanaland）在古近纪解体，澳大利亚与其他陆地板块分离，在长期隔离状态下演化的结果是，澳大利亚的植物区系极具特色，在澳大利亚的植物中，特有种占 75% 以上（王豁然和江泽平，2005）。

从现代桉树分布来看，桉树天然分布于澳大利亚大陆及华莱士线（Wallace's line）以东，澳大利亚大陆附近的太平洋岛屿，分布于 7°N～43°39'S（祁述雄，2002）。在已知的 945 种桉树（含变种）中，除有 5 种分布在澳大利亚以外的国家和地区、有 12 种为澳大利亚与其他国家或地区共有外，其余的全部分布在澳大利亚（Pryor，1976；Chippendale，1981；Gill et al.，1985）。分布在澳大利亚以外的 5 个桉树种类分别是：剥桉（*E. degulpta*）、尾叶桉（*E. urophylla*）、山地尾叶桉（*E. orophila*）、维塔尾叶桉（*E. wetarensis*）和鬼桉（*C.papuana*）；剥桉分布在巴布亚新几内亚、印度尼西亚和菲律宾，鬼桉分布在巴布亚新几内亚和印度尼西亚，而尾叶桉、山地尾叶桉和维塔尾叶桉仅分布于帝汶岛。在上述分布区内，从热带到温带，从平原到高山（海拔 2000 m），年降水量在 250～4000 mm 的地区都有桉树生长。桉树树种的多样性，使之能适应多样的气候。如适应夏雨型（雨量主要分配于夏季）的有赤桉（*E. camaldulensis*）、细叶桉（*E. tereticornis*）、巨桉（*E. grandis*）、柳叶桉（*E. saligna*）、柠檬桉（*C. citriodora*，原为 *E. citriodora*）等（王豁然和江泽平，2005），属冬雨型（雨量主要分配在冬季）或均匀雨型（冬夏之间雨量差异不明显）生长的则有王桉（*E. regnans*）、蓝桉（*E. globulus*）、亮果桉（*E. nitens*）等。

1.1.2 全球桉树人工林的面积与分布

桉树天然分布范围狭窄，绝大多数种类原产澳大利亚大陆，极少数产于邻近的新几内亚岛、印度尼西亚和菲律宾群岛（祁述雄，2002）。自 18 世纪末在澳大利亚首次发现和命名桉树后，桉树被迅速地引种到世界各地。印度是世界上引种桉树最早的国家，早在 1790 年，印度便开始从澳大利亚引种桉树；之后，法国（1804年）、智利（1823 年）、巴西（1825 年）、南非（1828 年）、葡萄牙（1829 年）、巴基斯坦（1843 年）、美国（1853 年）、中国（1890 年）、马来西亚（1893 年）等国相继引种桉树（FAO，1979；Potts & Dungey，2004；Iglesias-Trabado & Wilstermann，2009；王豁然，2010）。在 20 世纪 50 年代前，桉树主要是作为观赏树被引入世界各地，引种的桉树主要是原产地非遗传改良的种类，大多种植在植物园或作为铁路、公路旁的绿化树种（Turnbull，1999，2003）。随着现代生物技术的发展，特别是有关桉树的遗传改良和组织培养技术、造林和营林技术、桉树专用肥和病虫害防治技术的发展，以及桉树制浆造纸技术、木材加工技术、胶合板生产技术等利用技术的改进，自 20 世纪 70～80 年代以后，桉树人工林得到了快速发展。

目前，全球有 95 个国家种植桉树（Iglesias-Trabado & Wilstermann，2009），使之成为全球种植范围最广泛的阔叶树种。据对栽培面积在 5000 hm^2 以上的 65 个种植桉树国家的统计，2015 年全球桉树人工林的面积已超过 2257 万 hm^2（温远光等，2018）。1990～2015 年，全球桉树人工林面积增加 1657 万 hm^2，年均增长量为 110 万 hm^2，占全球人工林面积的比例从 3.41%提高到 7.80%，对于种植桉树的国家这个比例更高，从 5.95%提高到 12.51%（图 1-1）。

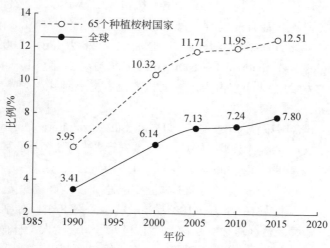

图 1-1 桉树人工林面积占人工林面积的比例（温远光等，2018）

世界各国的国情、林情和林业经营管理的策略不同，桉树人工林发展的历程、规模、经营模式、林分质量也各不相同。印度是世界上最早引种桉树的国家，始于1790 年，1843 年开始少量种植，至 1973 年桉树引种 183 周年时，桉树人工林面积仅 45 万 hm²（祁述雄，2002），但后续发展十分迅猛，到 1997 年增至 480 万 hm²（祁述雄，2002），增长 9 倍多，2005 年又增加至 580 万 hm²（FAO，2005），之后受桉树负面效应和社会压力影响，2009 年下降到 394 万 hm²（Iglesias-Trabado & Wilstermann，2009），呈现大起大落的变化。

巴西从 1825 年引种桉树，1904 年开始大面积营造桉树人工林，1954 年桉树引种 129 周年时，桉树人工林面积仅 30 万 hm²（祁述雄，2002），20 世纪 70 年代猛增至 105 万 hm²（祁述雄，2002），1997 年达到 190 万 hm²（祁述雄，2002），之后，保持高速增长，2005 年增至 362 万 hm²（FAO，2005），2009 年增至 486 万 hm²（Iglesias-Trabado & Wilstermann，2009），2019 年增至 570 万 hm²（McMahon et al.，2019），巴西的桉树种植呈现持续增长态势。

中国桉树人工林的发展速度要快于印度和巴西，虽于 1890 年才开始引种，比印度晚 100 年，但 20 世纪 60～70 年代便开始较大规模种植。20 世纪 80 年代后，随着桉树良种选育和无性繁殖技术取得重大突破，并实施无性系林业，中国桉树人工林面积迅速扩大，至 1990 年桉树引种 100 周年时，桉树人工林面积发展到 67 万 hm²（祁述雄，2002），到 2000 年达 154 万 hm²（祁述雄，2002），2005 年达 170 万 hm²（FAO，2005），2010 年达到 368 万 hm²，2014 年达到 450 万 hm²（中国林学会，2016）。近年来，受社会舆论博弈的影响，中国桉树人工林发展趋势放缓。

澳大利亚是最重要的桉树原产国，也是桉树天然林资源最丰富的国家。由于实施桉树天然林保护和社会发展对木材需求量的增加，澳大利亚逐渐重视发展桉树人工林。1987 年，澳大利亚的桉树人工林面积仅 2.8 万 hm²，2009 年已提高到92.6 万 hm²（Iglesias-Trabado & Wilstermann，2009），22 年里其桉树人工林面积提升了 32 倍，桉树人工林面积占人工林面积的比例提高到 46%，成为世界上第四大发展桉树人工林的国家。

据 2015 年联合国粮食及农业组织（Food and Agriculture Organization of the United Nation，FAO）的统计数据（FAO，2015），全球桉树人工林面积在 450 万 hm²以上的国家有巴西（486.20 万 hm²）和中国（450 万 hm²），印度（394.26 万 hm²）接近 400 万 hm²，这 3 个国家桉树人工林面积的总和占全球桉树人工林总面积的58.94%。桉树人工林面积在 51 万～100 万 hm²的国家有 8 个，分别是澳大利亚、乌拉圭、智利、葡萄牙、西班牙、越南、南非和苏丹。桉树人工林面积在 10 万～50 万 hm²的有 13 个国家，分别是泰国、秘鲁、阿根廷、巴基斯坦、摩洛哥、菲律宾、卢旺达、马达加斯加、印度尼西亚、安哥拉、墨西哥、委内瑞拉和埃塞俄比亚。桉树人工林面积在 10 万 hm^2 以下的国家有 41 个（表 1-1）。

表 1-1　全球 65 个种植桉树国家桉树人工林面积及比例

序号	国家	桉树人工林面积/万 hm^2	人工林面积/万 hm^2	林地面积/万 hm^2	桉树人工林占本国林地面积的比例/%	桉树人工林面积占本国人工林面积的比例/%
1	巴西	486.20	773.60	49 353.80	0.99	62.85
2	中国	450.00	7 898.20	20 832.10	2.16	5.70
3	印度	394.26	1 203.10	7 068.20	5.58	32.77
4	澳大利亚	92.60	201.70	12 475.10	0.74	45.91
5	乌拉圭	67.60	106.20	184.50	36.64	63.65
6	智利	65.21	304.40	1 773.50	3.68	21.42
7	葡萄牙	64.70	89.10	318.20	20.33	72.62
8	西班牙	64.00	290.90	1 841.80	3.47	22.00
9	越南	58.60	366.30	1 477.30	3.97	16.00
10	南非	56.80	176.30	924.10	6.15	32.22
11	苏丹	54.04	612.10	1 921.00	2.81	8.83
12	泰国	50.00	398.60	1 639.90	3.05	12.54
13	秘鲁	48.00	115.70	7 397.30	0.65	41.49
14	阿根廷	33.00	120.20	2 711.20	1.22	27.45
15	巴基斯坦	24.50	36.20	147.20	16.64	67.68
16	摩洛哥	21.50	70.60	563.20	3.82	30.45
17	菲律宾	18.90	124.50	804.00	2.35	15.18
18	卢旺达	17.00	41.80	48.00	35.42	40.67
19	马达加斯加	16.30	31.20	1 247.30	1.31	52.24
20	印度尼西亚	12.80	494.60	9 101.00	0.14	2.59
21	安哥拉	11.30	12.50	5 785.60	0.20	90.40
22	墨西哥	10.00	26.70	6 604.00	0.15	37.45
23	委内瑞拉	10.00	55.70	4 668.30	0.21	17.95
24	埃塞俄比亚	10.00	97.20	1 249.90	0.80	10.29
25	厄瓜多尔	8.10	16.70	1 254.80	0.65	48.50
26	缅甸	7.60	94.40	2 904.10	0.26	8.05
27	意大利	7.20	63.90	929.70	0.77	11.27
28	刚果	6.80	7.10	2 233.40	0.30	95.77
29	塞内加尔	6.50	56.10	827.30	0.79	11.59
30	突尼斯	5.60	72.50	104.10	5.38	7.72
31	古巴	5.30	55.60	320.00	1.66	9.53

续表

序号	国家	桉树人工林面积/万 hm²	人工林面积/万 hm²	林地面积/万 hm²	桉树人工林占本国林地面积的比例/%	桉树人工林面积占本国人工林面积的比例/%
32	斯里兰卡	4.40	31.60	194.00	2.27	13.92
33	玻利维亚	4.10	4.60	5 476.40	0.07	89.13
34	尼日利亚	4.00	42.00	699.30	0.57	9.52
35	阿尔及利亚	4.00	55.60	195.60	2.04	7.19
36	肯尼亚	3.90	22.00	441.30	0.88	17.73
37	孟加拉国	3.90	27.40	142.90	2.73	14.23
38	斯威士兰	3.30	13.50	58.60	5.63	24.44
39	美国	3.25	2 636.40	31 009.50	0.01	0.12
40	伊朗	3.10	94.10	1 069.20	0.29	3.29
41	哥伦比亚	2.70	7.10	5 850.20	0.05	38.03
42	乌干达	2.50	6.00	207.70	1.20	41.67
43	莫桑比克	2.50	7.50	3 794.00	0.07	33.33
44	布隆迪	2.50	12.00	27.60	9.06	20.83
45	马拉维	2.50	41.90	314.70	0.79	5.97
46	巴布亚新几内亚	2.10	9.00	3 060.10	0.07	23.33
47	巴拉圭	2.10	9.80	1 532.30	0.14	21.43
48	土耳其	2.00	338.60	1 171.50	0.17	0.59
49	马来西亚	1.90	196.60	2 219.50	0.09	0.97
50	哥斯达黎加	1.70	1.80	275.60	0.62	94.44
51	多哥	1.70	4.60	18.80	9.04	36.96
52	新西兰	1.50	208.70	1 015.20	0.15	0.72
53	津巴布韦	1.30	8.70	1 406.20	0.09	14.94
54	危地马拉	1.30	18.50	354.00	0.37	7.03
55	所罗门	1.20	2.70	636.30	0.19	44.44
56	厄立特里亚	1.20	3.90	151.00	0.79	30.77
57	尼加拉瓜	1.20	4.80	311.40	0.39	25.00
58	赞比亚	1.20	6.40	4 863.50	0.02	18.75
59	尼泊尔	1.10	4.30	363.60	0.30	25.58
60	老挝	1.00	11.30	1 876.10	0.05	8.85
61	法国	1.00	196.70	1 698.90	0.06	0.51
62	埃及	0.80	7.30	7.30	10.96	10.96

续表

序号	国家	桉树人工林面积/万 hm²	人工林面积/万 hm²	林地面积/万 hm²	桉树人工林占本国林地面积的比例/%	桉树人工林面积占本国人工林面积的比例/%
63	坦桑尼亚	0.80	13.50	3 881.10	0.02	5.93
64	伊比利亚	0.70	0.80	417.90	0.17	87.50
65	伊拉克	0.60	1.50	82.50	0.73	40.00

注：表中数据来自《世界森林资源 2015》（*Global Forest Resources Assessment* 2015）（FAO，2015）

桉树人工林面积占林地面积 30%以上的国家有乌拉圭和卢旺达；比例在 10%~30%的有葡萄牙、巴基斯坦和埃及；比例在 5%~10%的有印度、南非、突尼斯、斯威士兰、布隆迪、多哥；比例在 1%~5%的国家有 15 个，如中国、智利、西班牙、菲律宾、孟加拉国等；比例在 1%以下的国家最多，有 39 个，如澳大利亚、印度尼西亚、安哥拉、委内瑞拉、埃塞俄比亚、缅甸、意大利等。

在统计的 65 个国家中，桉树人工林面积占本国人工林面积的比例在 90%以上的国家是刚果（95.77%）、哥斯达黎加（94.44%）、安哥拉（90.40%）；比例在 60%~90%的有玻利维亚（89.13%）、伊比利亚（87.50%）、巴西（62.85%）、葡萄牙（72.62%）、巴基斯坦（67.68%）、乌拉圭（63.65%）；比例在 30%~59%的有马达加斯加（52.24%）、印度（32.77%）、澳大利亚（45.91%）等，共 16 个国家；比例在 6%~29%的有智利（21.42%）、西班牙（22.00%）、越南（16.00%）、泰国（12.54%）等，共 30 个国家；比例小于 6%的有中国（5.70%）、印度尼西亚（2.59%）、美国（0.12%）、法国（0.51%）等，共计 10 个国家（图 1-1）。

巴西是全球桉树人工林面积最大的国家，其桉树人工林面积占全球的 21.54%，而其桉树人工林面积占本国林地面积的比例很小，只有 0.99%，但桉树人工林占本国人工林面积的比例很大，占 62.85%。中国的桉树人工林面积占本国林地面积的 2.16%，占本国人工林面积的 5.70%，占全球桉树人工林面积的 19.93%。印度的桉树人工林面积占本国林地面积的 5.58%，占本国人工林面积的 32.77%，占全球桉树人工林面积的 17.46%。桉树人工林面积占本国林地面积和人工林面积比例较大的有乌拉圭、卢旺达、葡萄牙、巴基斯坦，分别占本国林地面积的 36.64%、35.42%、20.33%、16.64%和人工林面积的 63.65%、40.67%、72.62%、67.68%，但这些国家占全球桉树人工林面积的比例并不大，只占 0.75%~3.0%（表 1-1）。

目前，全球广泛栽培的桉树种类都是经过遗传改良的桉树树种/杂交种，主要有巨桉（*E. grandis*）、尾叶桉（*E. urophylla*）、粗皮桉（*E. pellita*）、蓝桉（*E. globulus*）、亮果桉（*E. nitens*）、邓恩桉（*E. dunni*）、赤桉（*E. camaldulensis*）、细叶桉（*E. tereticornis*）和柳叶桉（*E. saligna*），以及杂交桉如尾巨桉（*E. urophylla*×*E. grandis*）、巨尾桉（*E. grandis*×*E. urophylla*）、蓝亮桉（*E. globulus*×*E. nitens*）

和赤巨桉（*E. camaldulensis*×*E. grandis*）等（Martin，2003；Environment Directorate Organisation for Economic Co-operation and Development，2014）。经过遗传改良的桉树，生长速度和单位面积产量大幅提升。巴西是全球桉树人工林经营水平最先进的国家，桉树人工林的年生长量高达 40～70 m^3/hm^2，最高达 114 m^3/hm^2（祁述雄，2002），是原种桉树的 4～10 倍。因此，改良后的桉树不仅是全球公认的速生树种，也是全球人工林最高产的树种，其发展潜力备受关注。

1.1.3　全球桉树产业链

按照桉树人工林面积最大的巴西、中国、印度 3 个国家桉树人工林年平均生长量（32 m^3/hm^2）估算，全球桉树人工林的年生长量可达 7.2 亿 m^3，每年由桉树提供的木材量 2.2 亿～2.5 亿 m^3，占全球人工林年木材产量（6.35 亿 m^3）的 37%，桉树已成为全球重要的木材资源（温远光等，2018）。

桉树用途广泛，多数是全球著名的硬木资源，是制浆造纸的主要原料，是旋切单板、胶合板、纤维板、刨花板、家具制造业的主要用材，是优质可再生的生物质能源；此外，桉叶油被广泛应用于食品、日用化学品及医药领域。以桉树资源为核心的桉树产业链已经形成（图 1-2），包括桉树产业上游的桉树苗木、肥料、林下经济和营林企业，桉树产业中游的木材采伐、运输和半成品木材的加工制造工业，桉树产业下游以木材、木浆、桉叶油和桉木炭为基础的制造业和服务业。全球桉树产业链总值估计超过万亿美元，中国桉树产业每年提供的就业岗位超过 1000 万个，产值超 5500 亿元（温远光等，2018）。

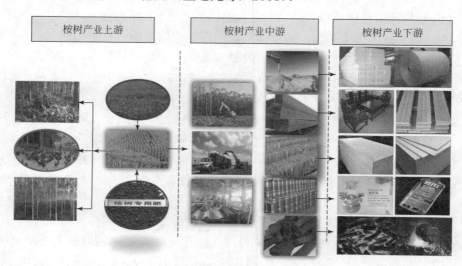

图 1-2　桉树产业链（温远光等，2018）

　　全球桉树人工林的发展改变了全球人工林的发展格局、经营管理方式、木材加工技术，以及人们的生活方式。全球桉树人工林的大发展大致始于 20 世纪 70 年代，这一时期也是全球桉树发展的起步阶段，全球桉树人工林面积不到 300 万 hm²，通常以桉树实生苗造林，产量普遍不高，中国、印度等国的桉树实生苗人工林的年平均生长量仅为 8～10 m³/hm²。1981 年巴西 ARACRUZ 林纸公司的科研人员突破了优树萌芽条扦插育苗的技术难关，大量采用优树无性系繁殖造林，使年平均生长量猛增到 70 m³/hm²，最高达到 114 m³/hm²（祁述雄，2002）。桉树无性繁殖技术的重大突破，极大地推动了全球无性系人工林和无性系林业的发展，使人工林的经营周期缩短到 5～7 年，年平均生长量提高到 50～70 m³/hm²（Environment Directorate Organisation for Economic Co-operation and Development，2014）。20 世纪 90 年代之后，桉树短周期无性系林业快速发展，桉树人工林的集约管理水平不断提高，火烧清理、机耕整地、桉树专用肥、除草剂和短轮伐连栽经营等培育措施广泛应用，导致林分质量下降、生物多样性锐减、地力退化加剧、外来植物入侵风险增大等生态环境问题，引起国际社会的极大关注（温远光，2008；Shiva & Bandyopadyay，1983；Williams，2015）。全球桉树人工林的快速发展不仅关系到全球的木材安全，也关系着生态安全和生物安全。

　　近年来，全球气候变暖和环境污染问题不断加剧并成为国际社会最为关注的重大环境问题之一（刘世荣等，2018）。在此背景下，应对全球气候变化和生态治理成为各国的普遍共识和共同行动。人工林发展的全球化和人工林生态系统多功能性退化的普遍性，决定了其必将成为全球生态治理的重要内容。中国是全球人工林面积最大的国家，2018 年中国人工林面积 6933 万 hm²，占全球人工林面积（28 951 万 hm²）的 24%，也是人工林生态系统服务功能退化最为严重的国家之一。为应对全球气候不断变化，中国出台了多项备受关注的应对方案。同样，为应对全球人工林生态治理，中国也应给出有效治理方案。这不仅关系到中国未来的发展和国际形象，也关系到地球生命共同体的共同发展与繁荣。因此，需要探索有效权衡和协同桉树人工林木材生产与其他生态系统服务关系的方式，以保障桉树人工林的持续健康发展与全球生态安全。

1.2　全球桉树人工林发展面临的困境与挑战

　　人工林已经成为现代社会可持续发展不可缺少的重要资源，但受可利用林地资源、立地条件、气候变化、社会舆论博弈等的影响，世界各国桉树人工林发展策略发生重大转变，许多国家从"鼓励发展"转变为"限制发展"，使得全球桉树人工林发展前景扑朔迷离，面临诸多困境和挑战。

1.2.1　短周期多代纯林连栽制度下，桉树经营不可持续

短周期多代纯林连栽是世界各国在桉树人工林经营中普遍采取的经营制度，经营周期一般为 6～14 年（Martin，2003；Environment Directorate Organisation for Economic Co-operation and Development，2014）。巴西是全球桉树种植面积最大的国家，桉树经营制度有 3 种：一是以薪炭材为培育目标的桉树人工林，经营周期为 4 年；二是以纸浆材为培育目标的桉树人工林，经营周期为 7～14 年；三是以大径材为培育目标，经营周期延长至 20～27 年（张国武等，2009）。由于巴西土壤肥沃，气候适宜，管理精细，桉树生长快、产量高，因此，70%的桉树人工林采取短轮伐期纸浆材经营，经营周期为 5～10 年（Turnbull，1999）。中国是全球第二大桉树种植面积的国家，由于木材短缺和林地资源所限，80%以上的桉树人工林采取短周期多代纯林连栽方式，轮伐期比世界其他国家普遍要短，一般为 5～7 年，甚至缩短到 3～5 年（温远光，2008）。印度的桉树人工林也是采取短周期经营方式，经营周期为 5～10 年（Kaur et al.，2017）。澳大利亚的桉树人工林经营，主要分纸浆材和大径材培育两种，纸浆材培育周期为 8～14 年，大径材培育周期为 20～25 年（张国武等，2009）。大量的研究表明，在短周期多代纯林连栽制度下，桉树人工林普遍采取炼山、机耕全垦整地、高肥料投入、大量喷施除草剂、短轮伐期等经营管理措施。在此种经营方式下，经营 1～3 代的桉树人工林生产力基本上能够保持，但地力开始退化，生物多样性减少；经营 5～6 代，地力、生产力和生物多样性都出现明显退化，甚至出现大面积的外来植物入侵（温远光等，2005b；Zhou et al.，2017，2018；李朝婷等，2019）。因此，现行的短周期多代纯林连栽制度无法保证桉树人工林的可持续经营。

1.2.2　林地资源短缺，桉树发展空间有限

林地资源是人工林扩大发展的基础。受可利用林地资源的限制、立地条件的制约和气候变化的胁迫，以及社会舆论博弈的影响，全球桉树人工林面积继续扩大的空间十分有限。巴西、中国和印度是全球桉树人工林发展大国，其桉树人工林的发展走势决定着全球桉树人工林的发展方向。巴西是全球森林资源最为丰富的国家之一，据 FAO（2015）的统计，2015 年巴西人工林面积 773.6 万 hm^2，其中桉树人工林面积占人工林面积的 62.85%；巴西的天然林面积占森林面积的 98.4%。近 10 年来，巴西大多数森林公司不再买地营造新林。原因有二：一是土地价格持续上涨；二是在环境保护部门、团体的压力下，国家已经颁布法令，严禁森林工业买地营造桉树林（Hossain et al.，2005）。因此，未来巴西用于发展桉树人工林的空间并不大。中国是全球人工林面积最大的国家，据第八次全国森林资源清查结果显示，中国人工林总面积 6933 万 hm^2，占全国林地面积的 22%，占

有林地面积的 36%（国家林业局，2014）。该结果还显示，虽然中国的无立木林地、宜林地面积尚有 4982 万 hm^2，但造林难度较大的占 83%，仅有 1500 万 hm^2 左右的林地造林难度较小（国家林业局，2014）。据估算，在造林难度较小的林地中，适合发展桉树的面积不到 1/10，而且迫于社会舆论的压力，许多地方政府已出台文件调减或禁止桉树发展；一些土地经营者也不愿意将林地出租种植桉树。因此，中国能够用于桉树造林的林地资源也非常有限。根据 FAO（2015）统计，印度人工林面积 1990～2000 年增长了 14.5 万 hm^2，年增长 0.25%；2000～2010 年增长了 39.7 万 hm^2，年增长 0.55%；2010～2015 年增长了 17.8 万 hm^2，年增长 1.60%。尽管人工林的发展使印度的森林面积在过去 10 年里不断增加，但是林地被占用为农地或其他用地、放牧、病虫害和火灾等造成的林冠密度下降及森林退化，进一步加剧了印度林地资源的短缺。澳大利亚国土面积 7.69 亿 hm^2，但 70%是沙漠，林地面积为 1.25 亿 hm^2（FAO，2015），其中天然林占 98.4%，因此人工林发展空间不大。综上所述，在全球范围内，由于对食品、其他农产品和良好生态系统服务需求的增加，土地争夺不断升级，全球桉树发展可用土地空间将被大大压缩。

1.2.3 桉树造林面积不断扩大，无性系退化，林分质量下降，增长乏力

1990～2015 年，全球桉树人工林面积增加 1657 万 hm^2，年均增长 110 万 hm^2。巴西是全球桉树人工林经营水平最高的国家，其桉树人工林的面积扩张也很快，从 20 世纪 70 年代 105 万 hm^2 增至 2009 年的 486 万 hm^2（Iglesias-Trabado & Wilstermann，2009），2019 年达到 570 万 hm^2（McMahon et al.，2019），增长 4.2 倍。但是，从巴西桉树人工林的林分质量来看，大规模林地的林分质量不但没有提高，反而出现停滞不前或下降的趋势。据报道，20 世纪 80 年代，巴西桉树人工林产量就高达 45～75 $m^3/(hm^2 \cdot a)$。然而，在 2001 年启动的巴西桉树潜在生产力（Barzil Eucalyptus Potential Productivity，BEPP）项目实验中，一个轮伐期的研究表明，巴西桉树产量为 51 $m^3/(hm^2 \cdot a)$，在有充足灌溉条件下，产量能达 65 $m^3/(hm^2 \cdot a)$（Stape et al.，2010）。可见，30 多年间，巴西人工桉树林的质量停滞不前，甚至存在下降趋势。

图 1-3 是广西桉树人工林面积和林分平均蓄积量的变化。可以看出，广西桉树在 2000 年后出现快速扩张，由 2000 年的 14.88 万 hm^2 提高到 2015 年 224.36 万 hm^2，15 年增长 14 倍。同时，从 1980 年到 2009 年，广西桉树人工林的平均蓄积量持续增加，从 1980 年的 8.9 m^3/hm^2 提高到 2009 年的 44.4 m^3/hm^2，但 2009 年之后，桉树的平均蓄积量出现下降，到 2015 年（44.6 m^3/hm^2）与 2009 年持平（图 1-3）。广西桉树通过高投入实现高增长，但是，由于桉树造林无性系退化，连栽地力衰退，以及经营成本过高，桉树后续增长乏力。

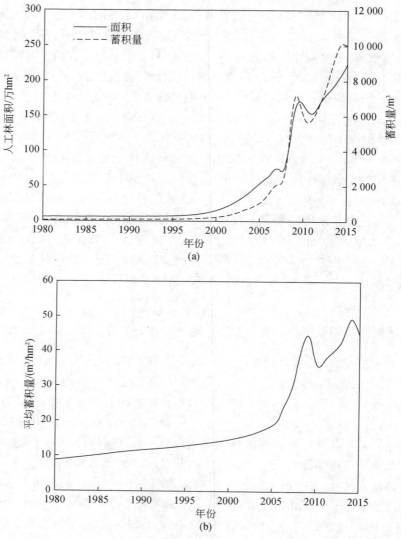

图1-3　广西桉树人工林面积和林分平均蓄积量变化（温远光等，2018）

　　总之，全球桉树林分质量下滑，其主要原因：一是单一无性系造林，林分结构单一，稳定性差；二是桉树造林面积迅速扩张后，苗木质量无法保障；三是长期共同使用少数无性系造林，无性系严重退化；四是随着连栽代数的增加，地力下降，土壤微生物群落组成、结构和功能改变（Stape et al.，2010）；五是生态系统多功能性退化，外来植物入侵严重（李朝婷等，2019；Zhou et al.，2019）。

1.2.4 桉树争论、博弈

桉树争论最早发生在印度学术界。早在 1981 年，印度学者 Vnadana Shiva 等（Shiva & Bandyopadhyay，1983）在研究了印度的桉树人工林后指出："桉树大量地抽取水分，可能导致水资源枯竭。"受此影响，印度、巴西等国桉树人工林发展曾一度停滞不前，桉树种植面积持续减少（Poore，1985）。此后，桉树争论从学者间扩大到整个学术界，从局部发展到全球。正如沈国舫院士所说，"桉树对环境的影响是一个世界性争论的话题"（沈国舫，1988）。持肯定态度的一方认为桉树具有耐干旱瘠薄、速生、优质纤维和相对高的木材密度等特点，被誉为造林"先锋树种"、纸浆工业的"绿色黄金""战略性林木"，因此，应大力发展（温远光，2008）。持否定态度的一方则认为桉树生长快，对水分和养分消耗大，可能存在化感作用，桉树人工林所形成的生态环境，不利于其他生物的生存和发展等，因而认为桉树是"抽水机""抽肥机"，甚至是"绿色沙漠"等，因此提出反对甚至禁止栽种桉树（温远光，2008）。刊登在《中国绿色时报》（2004 年 7 月 19日）的《警惕：绿色荒漠化》一文中指出：大规模的"造桉工程"不亚于在怒江建坝，弄不好有可能成为"绿色沙漠化"等（张洪，2004）。在激烈的争论和博弈之下，国内不少地方政府或部门出台了"限桉""禁桉"文件，有的甚至采取了较大规模的清除桉树活动，对中国桉树产业发展也产生了重大影响。值得庆幸的是，全球桉树人工林仍在争论和博弈中砥砺前行。在争论和博弈中，一些西方极端环保组织企图通过桉树生态问题控制发展中国家发展桉树人工林的图谋宣告失败。有建设意义的是，对于桉树绿色可持续发展的探索已经开始。

1.3 全球桉树可持续发展的应对之策——生态营林

1.3.1 营林制度：从短周期多代纯林连栽的林分经营转变为短、中、长周期循环混交轮作的人工林景观经营

面对全球人工林发展过程中存在的困境和新时期社会对人工林期望和需求的变化，发展优质、高效、稳定、可持续的多功能人工林已成为一种主流趋势（刘世荣等，2018）。在中国，木材作为国家经济社会发展和人民生活不可或缺的战略物资，国内供应能力严重不足，对外依存度高（国家林业局，2016）。因此，在大力发展人工林的同时，必须更加注重发展以木材生产为主导的人工林，尤其是速生丰产人工林。作为以生产木材为主导功能的桉树人工林，要实现可持续增长，首先必须处理好营林制度这一根本性的问题。短周期经营是桉树人工林得以快速发展的关键所在，也是桉树与其他树种间的比较优势。但是，几十年的实践证明，

现行的短周期多代纯林连栽方式下桉树人工林难以做到绿色可持续发展。因此，必须转变营林制度和经营方式，将桉树短、中、长周期经营作为一个完整的经营体系，由现行的短周期多代纯林连栽的林分经营转变为短、中、长周期循环混交轮作的人工林景观经营（图 1-4）。在短、中、长周期循环混交轮作制度中，短周期经营以培育纸浆材（或薪炭材）为主，经营周期为 3～5 年，连续经营三代，经营时间为 9～15 年。中周期经营以培育人造板材（包括旋切单板、胶合板、纤维板、刨花板等）为主，经营周期为 9～15 年。长周期经营以培育大径材（锯材）为主，经营周期为 20～25 年。这样，经营一个轮回大约需要 38～55 年。同时，与珍贵树种混交。实施短、中、长周期循环混交轮作制度具有诸多优点：一是可以保障木材资源的持续供给；二是可以避免短周期连栽引起的生态和生产力不可持续问题；三是不同的经营目标可选择不同的桉树树种/杂交种，因此，可满足社会对木材的多样化需求，持续提供纸浆材、人造板材和家具用材；四是降低单一无性系造林可能导致的病虫害大暴发风险；五是有利于提高林分质量。中国的人工林质量远低于林业发达国家。其关键问题是中国人工林以中幼龄林占优（占72%）（国家林业局，2014），成熟人工林平均蓄积量为 76 m^3/hm^2，而桉树人工林的平均蓄积量仅 44 m^3/hm^2。实施短、中、长周期循环混交轮作制度，短、中、长周期的林分比例可为 3∶3∶3 制，也可根据需要调整。据笔者在广西东门的调查，7 年生桉树人工林的蓄积量为 144.95 m^3/hm^2，13 年生为 346.97 m^3/hm^2，21 年生为550.69 m^3/hm^2。若按广西 200 万 hm^2 桉树林计算，平均蓄积量可达 347.54 m^3/hm^2，比现有林分蓄积量提高 6.9 倍。倡导人工林景观经营，通过人工林结构调整和景观优化配置最大限度地发挥以木材为主的林产品供给功能，获取最佳的经济效益和生态系统服务。

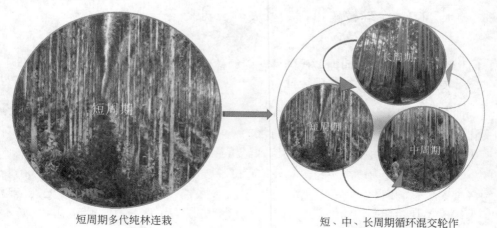

短周期多代纯林连栽　　　　　　　短、中、长周期循环混交轮作

图 1-4　桉树短周期多代纯林连栽转变为短、中、长周期循环混交轮作

（温远光等，2018）

1.3.2 经营策略：由桉树人工林的面积扩张转变为人工林单产和生态系统服务功能的全面提升

鉴于桉树人工林经营中存在的诸多问题和可利用土地空间的限制，全球桉树人工林未来发展不可能再延续过去单靠扩大造林面积来实现木材产量的增长，必将从以扩大造林面积为主转变为以提高人工林单产为重点。目前，全球桉树人工林的单产一般维持在 30～50 m³/(hm²·a)，但距离最高产的林分 [114 m³/(hm²·a)] 还有很大的差距，表明提高单产的潜力还很大。因此，要更加重视桉树优良品种的选育和高产培育技术创新。巴西桉树人工林的单位面积产量一直保持在全球最高水平，关键在于巴西一直持续开展桉树良种选育工作（庞正轰，2006）。中国广西东门林场是亚洲重要的桉树基因库和良种基地，自 20 世纪 80 年代以来，通过大量桉树树种（种源、家系）的引进，在优良种源、优良单株及林分选择的基础上，进行杂交育种和子代测定，开发出优良无性系，并通过无性系对比试验和区域试验，最终选育出优良无性系进行推广造林。东门林场先后选育出 1800 多个桉树优良无性系，其中已有 140 多个在林业生产中广泛推广和应用，最优家系年均蓄积量达 70.86 m³/hm²（张磊等，2015），而目前的年均蓄积量仅为 25～30 m³/hm²。提高人工林单产，除了良种还有良法。要依据经营目标和定向培育的最终产品采取不同的树种/无性系造林、造林密度配置、抚育间伐措施、肥料配比、结构化调控、病虫害防控等措施，创建规模化、集约化的人工林现代经营体系，在提高单产的同时，全面提升生态系统服务功能。

1.3.3 经营途径：由单一的木材经营转变为多目标桉树人工林生态系统可持续经营

森林经营理论自其诞生以来，一直在不断发展和完善，以适应经济社会发展和生态保护对森林经营的要求。德国是最早提出森林经营理论的国家，早在 1795 年就提出了"森林永续利用经营理论"（惠刚盈和赵中华，2008），1950 年又提出"近自然森林经营理论"（惠刚盈等，2007）。美国于 20 世纪 80 年代后期最早开始了森林生态系统经营管理实践（惠刚盈和赵中华，2008）。这些森林经营理论得到了世人的普遍认同，并成为指导森林可持续经营的理论基础（惠刚盈和赵中华，2008）。实践证明，在桉树人工林的经营管理中，无论是以单独追求木材生产的经营还是单独追求生态系统服务功能的经营均不能合理地权衡资源利用与生态保护的关系，也不可能实现人工林的可持续经营。因此，桉树人工林的经营途径必须从以单一的木材经营转变为多目标森林生态系统可持续经营（图 1-5）。笔者认为，在桉树人工林经营中，首先必须遵循森林生态系统经营理论，桉树人工林经营的对象是整个森林生态系统，而不仅仅是桉树，要充分考虑人工林主导功能与其他生态系统功能的权衡与协同。其次是多目标森林经营，桉树人工林作为以提供木材为主的森林，把木材生产作为主导功能来经营是正确的，但是，不能完全不顾及生态系统其他功能的完整性和可持续性，否则，桉树人工林木材生产的主导功能也将无法持续。再次是结构化森林经营，结构化森林经营是基于林分空间结构优化的森林经营方法（惠刚盈等，2007），以培育健康稳定的森林为目标，唯有创建或维护最佳的森林空间结构，才能获得健康稳定的森林。根据结构化森林经营原理，应科学调控桉树树冠结构和营养面积，创新无节材培育体系。然后是森林循环轮作经营，即是将桉树短、中、长周期经营作为一个完整的经营体系，由过去的林分经营提升为景观经营。最后是森林健康经营，森林健康经营是在生态系统健康理论基础上提出的一个新的可持续森林经营理念。桉树人工林结构单一，无性系老化，病虫害大规模暴发和生物入侵风险普遍存在，因此更需要加强人工林的健康经营。

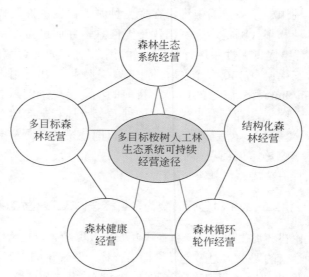

图 1-5　多目标桉树人工林生态系统可持续经营途径（温远光等，2018）

1.3.4　发展方式：由低质量发展转变为高质量发展

大量的研究表明，桉树现行的高强度干扰、高投入、高污染、高世代纯林连载的营林方式导致桉树人工林生态系统服务功能减弱，木材生产与其他生态系统服务失衡，危及人工林的生物安全、土壤安全、生态安全和持续发展。这种低质量的发展方式已经不能满足和适应新时期生态文明建设的要求，因此，桉树人工林由低质量发展转变为高质量发展是必然的，而全面推行绿色高质量发展的生态营林方式也是必然选择。

1.4　未　来　展　望

　　在应对全球气候变化和推进全球生态治理的新形势下，面对可利用林地资源的限制、立地条件的制约、气候变化的胁迫、社会对林产品需求的变化，以及社会舆论博弈的影响，全球桉树人工林必将在营林制度、经营策略、经营途径和发展方式方面发生深刻变化和重大调整。营林制度上由短周期多代纯林连栽转变为短、中、长周期循环混交轮作，经营策略上由林分经营转向景观经营，从注重桉树造林面积扩张转变为人工林单产和生态系统服务的全面提升，经营途径上更加重视多目标森林生态系统可持续经营，以及发展方式上由低质量向高质量发展将成为未来桉树人工林发展的主流趋势。

　　在桉树人工林经营中，将桉树短、中、长周期经营作为一个完整的经营体系，实施短、中、长周期循环混交轮作经营，由人工林林分经营提升为人工林景观经营，将全面提升桉树人工林的林分质量和效益，更好地提供多元化的林产品（如薪炭材、纸浆材、人造板材、家具用材、桉叶油等）和服务（森林旅游、森林康养、森林文化等），以更好地满足人们所期望的多目标、多价值、多用途、多产品和多服务的需要。

　　桉树生态营林中由单一的木材经营转变为以木材经营为主导的多目标森林生态系统可持续经营，仍将保持以木材生产为主导功能的发展格局。桉树的比较优势在于种类极其丰富，有 1039 种及变种（王豁然，2010），可以满足多种林产品生产及服务需要；桉树生长速度快，产量高，是至今全球生长最快、产量最高、用途最广的一类树种；桉树适应性强，既适于高密度栽培和短周期经营，也适合疏密度栽培和长周期经营。发挥桉树的比较优势是桉树人工林经营的必然选择，而有效权衡和协同桉树木材生产主导功能与其他生态系统服务功能的生态营林制度是今后经营的方向。

第 2 章　桉树生态营林理论

桉树传统营林理论存在诸多弊端，不仅不能维系桉树人工林的木材产量，还造成严重的土壤质量退化和外来植物入侵现象，严重影响了桉树人工林的可持续经营和林地的生物安全、土壤安全、生态安全。通过系统地研究营林措施与人工林生态系统服务功能关系的变化规律，分析不同营林措施对桉树人工林生态系统服务功能的作用机制，建立现代桉树生态营林理论体系。桉树生态营林理论是桉树人工林绿色可持续的科学经营理论，是解决当今桉树人工林木材生产和其他生态系统服务失衡及生物安全、土壤安全、生态安全问题，实现高质量发展的重要理论基础。

2.1　生态营林的概念及内涵

2.1.1　生态营林的概念

生态营林（eco-silviculture）是遵循森林生态系统可持续经营理论，通过营林制度、经营策略、经营途径和发展方式的创新，以及生态系统结构与功能的科学调控，达到木材生产与其他生态系统服务协同提升，育林资源消耗与生态负效应同步降低，实现高质量发展的新型人工林培育技术体系。

2.1.2　生态营林与其他营林概念的区别

生态营林是一种全新的人工林经营理论，它与森林永续利用经营理论、近自然森林经营理论、多目标森林生态系统经营理论、森林可持续经营理论和多功能森林经营理论既有联系也有明显区别。森林永续利用经营理论强调单一商品或价值的生产，以单一的木材生产和木材产品的最大产出为中心，把森林生态系统的其他产品和服务放在从属的位置，其目的是通过对森林资源的经营管理，源源不断地、均衡地向社会提供木材和其他林副产品。这一理论主要考虑的是森林蓄积的永续利用，以木材经营为中心，忽视了森林的其他功能、森林的稳定性和真正的可持续经营。因而在 20 世纪 50 年代这一理论被近自然森林经营理论所替代。近自然森林经营理论强调以"自然更新—快速生长期—顶极群落期—自然衰退期"的整体尺度来经营森林，力求利用发生的自然过程，保持系统结构和功能稳定在一个较高的水平，实现生态与经济协调的贴近自然的森林经营模式。该理论认为近自然森林的管理应该纳入生态系统整体关系来把握，森林经营应该遵循森林生态系统自身的演替发展规律。显然，这对于需要人为干预才能稳定的人工林，特别是速生丰产的短周期人工林（如桉树人工林），是行不通的。20 世纪 80 年代提出的森林可持续经营理论，是指对森林、林地进行经营和利用时，以某种方式，一定的速度，在现在和将来保持生物多样性、生产力、更新能力、活力、实现自我恢复的能力，保持森林的生态、经济和社会功能，同时又不损害其他生态系统功能。森林可持续经营理论的宗旨是保证森林连续有效地满足当代人的物质生活、文化精神生活和无形的利益需求，而且有利于长期的经济与社会发展。最近，国内学者提出的多功能森林经营理论，与近自然森林经营理论和多目标森林生态系统经营理论是一脉相承的，但关于多功能森林经营的定义，目前还没有一个统一的说法。曾祥谓等（2013）认为，多功能森林经营是以营建多功能森林为目标，采取有效而可持续的经营技术和综合措施，充分发挥森林的生态、经济、社会、文化等多种功能，实现森林功能最大化的一种森林经营方式。显然，多功能森林经营忽略了不同森林主导功能的分异，所以这种多功能森林经营在桉树人工林中也是不完全适合的。因此，笔者提出桉树生态营林理论，这一经营理论的核心是木材生产与其他生态系统服务的权衡，着力解决桉树短周期人工林经营过程中生物入侵、土壤退化、生产力不可持续的问题。

综上所述，从森林永续利用向林业可持续发展转变的过程可以看出，每一次新的森林经营理论的产生都是人类对自然系统理解的升华。从森林与人类的原始和谐相处、森林的过度利用、森林的保护恢复到森林的可持续发展的历史演变过程表明，人类对森林的认识是一个实践、认识、再实践、再认识的逐步深化过程。森林经营理念也走过了由单纯追求木材生产经济效益、永续利用森林、培育接近自然状态的森林到森林可持续经营的历程。生态营林是森林可持续经营理论在短周期人工林中的创新和发展。

2.2　生态营林原则

2.2.1　"三低三高"原则

生态营林主要是针对桉树短周期人工林存在的诸多生态问题，如生物入侵、土壤质量退化、长期生产力无法持续、生态安全性无法保障等提出的，要实现桉树人工林的可持续高质量发展，必须遵循"三低三高"的生态营林原则，即以高质量发展的"三低三高"改变低质量发展的"三高三低"。前者为"短中长周期多树种混交、低干扰、低投入、低污染和高产量、高价值、高效率"，后者为"短周期纯林多代连栽、高强度干扰、高投入、高污染和低产量、低价值、低效率"。

实践证明，现行的高强度干扰、高投入、高污染营林方式是无法持续的，长此以往，必然导致低产量、低价值、低效率（李朝婷等，2019；Zhou et al.，2019）。为什么"三低可实现三高"，而"三高却导致三低"，关键是什么？笔者认为关键是通过生态营林（理论和技术创新）实现高产量、高价值和高效率。因此，要实现桉树人工林的高质量发展必须改革原有的低质量发展方式，采用高质量发展的生态营林方式（温远光等，2019）。

生态营林强调坚持人工林发展的"三低三高"原则，是生态文明新时代对人工林高质量发展的要求，不能以牺牲生态环境为代价，"三低三高"是有机整体，需要协调统一，需要建立起一个从理论、技术、措施到示范的完整的桉树人工林生态营林理论和技术体系。

2.2.2　混交和结构优化原则

现行的桉树人工林基本上都是以短周期纯林经营，由于树种单一和结构简单，桉树人工林的质量普遍不高，特别是经营 5 代以上的桉树人工林（李朝婷等，2019；Zhou et al.，2019）。因此，在桉树生态营林中，应尽可能设计和经营混交林分，选择较耐荫的豆科植物、乡土珍贵树种与桉树混交，形成多树种和结构优化的人工林生态系统，利用树种的不同特性和优化的结构配置，实现桉树人工林木材生产与生态系统服务的权衡，使森林保持向健康和稳定的方向发展，以提升林分质量和经济、生态社会效益，增强林分的可持续性。

2.2.3　生物多样性和土壤肥力维持原则

现行的桉树营林方式将林下植被全面清除，导致林分生物多样性锐减，凋落物数量和质量下降，养分循环受阻，自肥功能减弱，土壤肥力难以维系。生物多样性是人工林生态系统的重要组成部分，对人工林稳定性、地力维持和可持续经营具有重要作用。因此，在桉树生态营林中，必须坚持生物多样性和土壤肥力维持原则，坚持用地与养地相结合，不能以掠夺方式消耗地力，避免长期、单一使用化肥和化学除草剂，而是要通过树种选择、树种搭配、林下植被保育、采伐剩余物有效管理、土壤肥力管理等措施提升森林的生物多样性和自肥功能，促进林地土壤肥力不断改善和提高。

2.2.4　木材生产与其他生态系统服务协同原则

木材生产是人工用材林经营的主要目标，而其他生态系统服务是人工林实现木材生产功能的前提和基础。木材生产与其他生态系统服务存在密切的关系，具有协同性。在桉树生态营林中，片面地将其分开是不现实的，也是不可能的。人工林木材生产能力的提高可以增强其他生态系统服务功能，而其他生态系统服务功能的提升也有利于木材产量的增加，两者相辅相成、相得益彰。因此，在确保所经营的林地生态功能有所增强并能得到持久维持的基础上，优化桉树人工林林分结构和培育环节，积极探索推广桉树生态营林模式，增进木材生产与其他生态系统服务协同发展，提高经济效益，实现高质量发展，维持林分的速生高产，保障国家木材安全。

2.2.5　最佳经营周期原则

目前，桉树人工林经营不注重经营周期的合理性，存在经营周期越来越短的趋势，严重影响林分质量提升、林分生物多样性恢复和林地土壤质量修复，不利于人工林的高质量发展和可持续经营。因此，在桉树生态营林中，必须综合考虑林分的数量成熟、工艺成熟、经济成熟和生态成熟，四者有机结合，共同决定林分的最佳经营周期，确保木材生产与其他生态系统服务的权衡和协调，提高单位面积林分的蓄积量和质量，实现桉树人工林的高质量发展。

2.3　生态营林理论

营林涉及森林营造和培育的全过程，桉树生态营林理论包括桉树人工林发育阶段理论、密度控制理论、树种混交理论、林下植被生态化管理理论、土壤肥力维持理论、地上植物与地下生物协同理论、木材生产与其他生态系统服务协同理论和最佳经营周期理论等。这些理论一起构成了桉树人工林生态营林理论体系。

2.3.1　桉树人工林发育阶段理论

在林业生产上，为了有效地促进和调控森林的生长发育，而将森林划分为不同的生长发育阶段。一般认为，无论是天然林还是人工林，从种子形成幼苗（或萌蘖出苗）或植苗造林起，直到林分衰老死亡的整个生长发育过程，都要经过几个生长发育阶段，即幼苗阶段（seedling stage）、幼树阶段（sapling stage）、幼龄林阶段（young stand stage）、中龄林阶段（half-mature stand stage）、成熟林阶段（mature stand stage）和过熟林阶段（over-mature stand stage），但不同树种所经历的每个阶段的时间长短（年限）是不同的（沈国舫，2001）。对于速生树种人工林，幼苗（成活）阶段为 1 年，幼树（郁闭前）阶段为 2~3 年，幼龄林阶段为 4~10 年，中龄林阶段为 11~20 年，成熟林阶段为 21~30 年，过熟林（衰老）阶段＞30 年（沈国舫，2001）。桉树人工林的生长发育规律与上述分类标准明显不一致，也就是说，这种划分生长阶段的标准不符合桉树的生长规律和特点，不能很好地指导桉树人工林的经营管理。根据桉树林分的生长规律及作为短轮伐期经营的特点，将其生长发育划分为如下 5 个阶段：幼树阶段、幼龄林阶段、中龄林阶段、成熟林阶段和过熟林阶段。

（1）幼树阶段

植苗造林当年属于幼树阶段。桉树幼苗的生长十分迅速，幼苗阶段十分短暂，一般为造林后 2 个月左右，因此，在造林后 1 年的时间里主要是以幼树的状态存在，所以，将此阶段划分为幼树阶段是顺理成章的。这个阶段幼树主要以独立的个体状态存在，经造林后 1～2 个月的恢复期，苗木开始恢复生长，冠幅扩大，高度明显增加，造林后 8～9 个月，植株间开始出现树冠接触，个体间对空间和养分的竞争也随之出现，但尚未出现自然整枝这一幼林郁闭时的显著特征，且幼树的生长速度处于相对缓慢的状态，胸径生长量为 3～4 cm，树高生长量为 4～5 m。

（2）幼龄林阶段

幼龄林阶段为造林后 2～4 年。这个阶段是从幼树个体生长发育阶段向幼林群体生长发育阶段转化的过渡时期，幼树的树冠开始在行间郁闭，林木群体结构开始产生，森林环境开始形成，有利于林分的生长，开始进入树高和胸径的速生期，胸径生长量可达 5 cm 以上，高生长量达 6～7 m，并出现树高和胸径的第一个生长高峰；由于林木树高和胸径快速生长的积累，使林分出现了拥挤的状态，林木开始出现个体分化，林冠下部开始出现大量的枯枝，枝下高迅速抬高。

（3）中龄林阶段

中龄林阶段为造林后 5～10 年。在这个阶段，人工林的外貌和结构基本定型，林木先后由树高和胸径的速生时期转入树干材积的速生时期，出现材积的生长高峰；在林木群体的生物量中，干材生物量的比例迅速提高，而叶和枝的生物量的比例相对减少。

（4）成熟林阶段

造林后的 11～15 年应属于成熟林阶段。在成熟林阶段，桉树胸径生长量和树高生长量均明显下降，胸径生长量维持在 2～3 cm，树高生长量降至 2 m 左右，材积平均生长量开始下降，并与连年生长量曲线相交，标志着林分已达到数量成熟。

（5）过熟林阶段

桉树人工林属于短周期工业用材林，以生产木片和板材为主，不可能将林分保留到过熟林阶段甚至衰老阶段，若按照中、大径材培育，桉树人工林也存在过熟林阶段，持续时间为 15～25 年。在这一时期，林分胸径和树高生长量进一步减少，林冠长度缩短，叶面积下降，生产力明显降低，有的甚至出现树干心腐，标志着林分开始进入衰退期。但是，也有例外，如东门林场 21 年生的尾巨桉人工林，虽然林分生长量已不如 15 年生的生长量，但林木仍然保持较高的生长量和生产力，并未见有心腐现象（Zhou et al., 2017）。

2.3.2　桉树人工林的密度控制理论

林分密度是指单位面积林地上林木的数量（沈国舫，2001）。林分密度不仅是制约林木个体和群体生长发育过程的关键因素，也是人工林培育过程中可人为调控的主要技术措施（张建国，2013），对林分结构优化、木材定向培育、生态系统服务功能调控、生产力提升、土壤质量保持具有重要作用，是桉树人工林生态营林的重要理论之一。

（1）密度对桉树人工林林木个体生长的作用规律

林木个体生长（individual growth）是指林木由于原生质的增加而引起的重量和体积的不可逆增加，以及新器官的形成和分化（沈国舫，2001）。密度对林木个体生长的作用贯穿桉树人工林培育的全过程，是密度制约理论的核心。根据密度试验结果，在一个经营周期内（6 年），尾巨桉人工林林木个体的平均胸径、树高、单株材积和单株生物量均随林分密度的增加而递减，而且随着林分年龄的增加，不同密度林分间个体生长指标的差异性减小。

在林分密度为 667～2250 株/hm² 范围内，尾巨桉人工林林木个体生长指标（胸径、树高、单株材积和单株生物量）与密度表现为极紧密的负相关关系，表明密度对尾巨桉人工林林木个体生长的作用规律是密度越大，林木个体生长量越小。通常认为，密度对树高影响不大，但对桉树人工林而言，密度特别是高密度也是制约桉树树高增长的重要因素。

（2）密度对桉树人工林林分生长的作用规律

林分生长（stand growth）通常是指林分的蓄积量和生物量随着林龄的增加所发生的变化（沈国舫，2001）。和密度对林分个体生长的作用规律不同，在一个经营周期，密度范围为 667～5882 株/hm² 时，尾巨桉人工林的林分蓄积量、生物量、碳储量和生产力与密度均表现为密度二次效应。在较低密度时，林分蓄积量、生物量、碳储量和生产力随着密度的增大而增加；当密度增至 2000 株/hm² 时，林分生物量、碳储量和生产力达到最大；此后，密度再增加，生物量、碳储量和生产力下降，而林分蓄积量却在密度为 2500 株/hm² 时达到最大，此后，密度再增加，林分蓄积量下降。这表明密度对桉树人工林林分生长的作用规律存在一个最适密度范围，并随着林分年龄的增加峰值向密度较小的方向变动，林分蓄积量的密度效应较生物量滞后。

（3）桉树生态营林的合理密度理论

在桉树生态营林中，造林密度除了受到树种（无性系）、轮伐期、经营目的、立地条件、管理水平等诸多因素的影响外，还受到生物多样性保护、土壤质量保持等诸多生态系统服务功能权衡的约束。林分密度不同，群体结构不同，所形成的木材生产与其他生态系统服务的关系也不同。桉树要实现高质量发展的生态营林，需要林分形成有利于木材生产与其他生态系统服务权衡协调的群体结构。

林分密度是桉树生态营林中可人为调控的关键因子。在密度较低时，林木个体所获得的营养和资源空间较充足，个体竞争较小，有利于林木个体的生长。密度增大，营养面积减少，个体间对资源的竞争加大，从而影响林木个体生长。密度过高时，林木个体生长受到严重影响，进而影响林分的生长。

树冠郁闭是森林成长过程中的一个重要转折点，它能加强幼龄林对不良环境因子的抗性，减缓杂草的竞争，保持林分的稳定性，增强对林地环境的保护作用。在桉树生态营林中，造林密度（初始密度）受到诸多因素的影响，如桉树品种（无性系）、轮伐期、立地条件、经营目的、市场价格、集约管理水平等。一般而言，林冠郁闭度与造林密度、立地条件、集约管理水平呈正相关。根据已有的桉树密度造林试验结果，以短周期经营的尾巨桉（*E. urophylla*×*E. grandis*）、巨尾桉（*E. grandis*×*E. urophylla*）、巨桉（*E. grandis*）的最适造林密度为 1250~1667 株/hm²。一般培育大径材的造林密度可选择下限，以使林木个体有较大的营养空间；培育中小径材可选择上限，以充分利用生长空间和追求更大的林分材积生长量和生物生产力。

（4）桉树生态营林的营养面积调控理论

林分密度对桉树人工林林木个体生长和林分生长具有明显的密度制约效应，这一效应直接作用于树冠和林冠的生长发育。树冠代表着林木个体所占有的营养面积的大小，而林冠是林分结构、资源环境及其变化的主要驱动者。林冠结构是林冠要素（如冠幅、冠高、叶片、叶面积指数、枝条等）在空间和时间上的组成、结构及动态（Franklin & van Pelt，2004；Hansen et al.，2014；周晓果等，2017a）。林冠结构及其变化直接控制着人工林生态系统与大气的物质和能量交换，与森林小气候、森林水文、森林养分循环密切相关（Brodersen et al.，2000；Whitehurst et al.，2013），成为森林生态系统结构、功能及关键生态学过程的重要组分（Hansen et al.，2014；周晓果等，2017b），对生物多样性、生物生产力、碳固存及全球气候变化有着重要的影响（Pan et al.，2011；Gao et al.，2014）。合理确定造林密度，科学调控林冠结构，是桉树生态营林成功的关键和有效途径。

桉树人工林的密度调控理论不同于其他树种，因为桉树无性系的顶端优势明显，侧枝欠发育，在林分条件下，桉树树冠生长不是持续增长型，造林后 2~3 年树冠完全郁闭，并出现明显的自然整枝，树冠幅通常保持在 2.5 m×2.5 m 左右，4~5 年时为 3.5 m×3.5 m，之后基本保持到成熟。桉树枝条细小，可通过修枝调节树冠营养面积和林冠结构，以提高林分生长量和干材质量。以修枝方式调控林分结构具有以下优点：

1）有利于桉树形成干形通直圆满、尖削度小、节眼少、质地均匀等特性，可提高木材产量和质量，提高木材出材率，拓宽木材用途，增加木材产品加工附加值，实现桉树定向培育和提质增效的目的；

2）通过修除桉树无效非营养枝、病枝、残枝和弱枝，可改善林木健康生长状况，减少养分消耗，促进林木生长发育；

3）修除的枝叶覆盖在树干周围，可控制林下杂草生长，达到机械除草目的，枝叶腐烂分解释放营养回归土壤，可加速养分循环，有效改善林地环境。

2.3.3　桉树与珍贵乡土树种混交理论

桉树与珍贵乡土树种混交理论是桉树生态营林理论的重要组成部分，选择适宜的混交树种、混交比例和混交方式，有利于提高桉树人工林的生态营林水平，促进桉树人工林的高质量发展。

（1）混交林中树种的种间生态关系

混交林是由不同树种组成的植物群落，不同树种共同生活在同一的环境中必然会对某些资源（如光、温、水、肥、空间等）产生竞争，根据竞争排斥原理，竞争相同资源的混交树种不能无限期共存，混交林树种的共存说明它们在群落中占据了不同的生态位。

在配置合适的人工混交林中，树种往往通过不同的适应性、耐性、生存需求、行为等来避开树种间的竞争，形成种间互补的对立统一关系。所以，营造混交林能否成功，完全取决于混交树种生物生态学特性的相同程度及发生竞争时的能力差，即不同树种的生态位关系。

研究发现，在树种混交提升土壤质量修复效应的过程中，混交树种的选择是关键（Forrester et al.，2006；You et al.，2018；Wang et al.，2018）。Forrester 等（2006）认为，混交林树种间的相互作用过程和机理具有 3 种作用方式：竞争（competition）、竞争式减弱（competitive reduction）和促进（facilitation），并综述了混交林树种间这 3 种相互作用的过程和机理，得出结论：种间竞争大于种内竞争时混交林生产力小于纯林，种间竞争小于种内竞争时混交林生产力大于纯林，而种间竞争和种内竞争相同时混交林和纯林的生产力没有差别（Forrester et al.，2006）。本书的研究发现，马尾松与红锥同龄混交将加剧马尾松与红锥的种间竞争，导致混交失败，而异龄混交却能降低种间竞争，提高森林生态系统的碳固存能力（You et al.，2018）。本书的研究表明，生产上广泛栽培的桉树无性系属强阳性树种，与红锥、望天树、大叶相思、降香黄檀等早期较耐荫的树种混交，有利于改善林分结构，提高凋落物的数量和质量，增强养分循环功能，改善土壤微生物组成结构和功能，所以，这些树种与桉树混交可以提高林分质量（Huang et al.，2014）。

（2）树种混交对生态环境的作用

近年来，通过树种混交提高土壤修复效应成为研究的重点。许多研究表明，与纯林相比，营造混交林可以改变凋落物的数量和质量，提高凋落物分解速率，增加养分的归还量，因此，树种混交能有效地维持和改善土壤质量（Forrester et al.，2005；Huang et al，2014，2017）。Rothe 和 Binkley（2001）认为在针叶树和固氮树种混交的人工林中，土壤氮库和可溶性磷库的数量均高于纯林；黄宇等（2005）

发现杉木（*Cunninghamia lanceolata*）和火力楠（*Michelia macclurei*）混交林土壤碳和氮储量比杉木纯林分别高 8.79%和 8.05%。Forrester 等（2005）研究了蓝桉（*Eucalyptus globulus*）和黑荆树（*Acacia mearnsii*）纯林及其混交林对土壤质量的影响，发现混交林中凋落物的氮储量为 44 kg/(hm² · a)、凋落物分解速率为 0.56/a，而纯林仅为 14 kg/(hm² · a)和 0.32/a。他指出由于凋落物的氮输入量增加和分解速率较快，因此混交林的土壤氮和磷有效性增加。Hu 等（2006）研究杉木与不同树种的叶凋落物混合对土壤质量的影响，结果表明，由于桤木（*Alnus cremastogyne*）（固氮树种）叶凋落物氮养分含量较高，与杉木针叶混合后改变了混合凋落物的碳氮比，混合凋落物养分释放速率提高，经过 2 年的分解过程，土壤微生物数量和土壤酶活性明显提高。混合凋落物之所以有高的分解和养分释放速率，主要是混合凋落物比单种凋落物具有更高的空间异质性和更有利于分解者的小生境，从而刺激不同的分解者丰富度的提高（Hansen & Coleman，1998）；同时混合凋落物比单种凋落物具有更完整的营养元素，各种营养元素通过淋溶作用在不同凋落物之间进行转运，使微生物群落能够更高效地利用碳源底物，抵消了单种凋落物分解的营养限制（Maisto et al.，2011）；不同凋落物的内生微生物也起到协同作用（Anderson & Hetherington，1999）。由此表明，树种混交可以提高土壤质量的修复效应。

近年来以固氮树种与桉树混交修复人工林土壤质量是研究的热点之一（Bini et al.，2013；Huang et al.，2014，2017）。Wang 等（2010）比较了 2 种固氮树种人工林和 3 种非固氮树种人工林在退化林地土壤营养循环修复中的重要性，发现固氮树种人工林0～5 cm 土壤的有机质和氮含量分别比非固氮树种人工林的高40%～45%和 20%～50%；固氮树种人工林的净氮矿化速率为 7.41～11.3 kg/(hm² · a)，与同区域的顶极森林相似；认为固氮树种尤其是马占相思人工林对华南退化林地的碳、氮循环过程的修复更为有效。Bini 等（2013）在巨桉与马占相思混交林的研究中也获得了相似的结果。笔者团队的研究也发现，尾叶桉（*E. urophylla*）与豆科植物马占相思和降香黄檀（*Dalbergia odorifera*）混交能显著提高土壤有机碳含量和土壤酶活性，混交林的生产力提高，系统资源的输入增加，有利于混交林地土壤质量的维护（Huang et al.，2017）。

土壤菌群（细菌、古菌和真菌）是土壤生物地球化学循环过程最关键的驱动因子，对调控土壤功能修复具有重要的影响（Ma et al.，2016）。研究植物-土壤菌群的组成、相互作用关系及其调控机制是理解土壤功能修复的重要理论基础。近来发现土壤微生物群落组成具有明显的共存关系模式（Barberán et al.，2012；Fierer et al.，2012），研究共存关系网络可以深入理解土壤微生物群落结构及其相互作用关系（Steele et al.，2011；Faust & Raes，2012；Kara et al.，2013；Ma et al.，2016；朱永官等，2017）。

2.3.4　桉树林下植被生态化管理理论

林下植被是许多森林生态系统，尤其是热带、亚热带森林生态系统的重要组成部分（Nilsson & Wardle，2005；Wardle et al.，2012）。在森林生态系统中，林下植被通过影响地上过程（如树木幼苗更新、物种多样性、演替、林木生产力）和地下过程（如有机物分解，土壤养分流动、循环与积累，土壤水分储存等），从而对森林生态系统产生影响，在驱动生态系统过程和功能中发挥着重要作用（Yarie，1980；Nilsson & Wardle，2005；Bardgett & Wardle，2010；Qiao et al.，2014），对森林生态系统的稳定性、生产力及养分循环等生态系统服务具有重要影响。在桉树生态营林中实施林下植被生态化管理对实现桉树人工林的高质量发展具有重要意义。

（1）桉树林下植物物种多样性、功能群与生态系统多功能性的维持机制

植物物种多样性与生态系统多功能性密切相关，物种多样性越高，其营养结构越复杂，稳定性越高，越能有效地广泛利用生态位空间，更好地适应扰动和抵抗入侵（Tilman et al.，2006），增强生态系统多功能性。桉树林下的植物物种丰富度与乔木层、灌草层和群落总生物量呈极显著正相关（温远光等，2008）。虽然林下植被生物量对森林生态系统的生物量贡献不大，但林地资源的高异质性使其包含了整个生态系统中大多数的植物物种（Gilliam，2007；何志斌等，2014），也就是说，维持林下植物物种的多样性与稳定性对桉树林生态系统的完整性有着重要意义。

桉树林下植物物种的多样性与稳定性维持主要有 3 种途径：首先，植物共存于同一生态系统中，物种在形态结构（个体大小、叶片形态及根系水平和垂直分布等）、生理特性（生长发育速度、光合特性及养分利用效率等）和环境适应（光、热、水等）等方面存在差异（储诚进等，2017），因此，可以通过互补利用异质环境资源来维持林下植物物种多样性与稳定性。其次，可以通过竞争排斥形成群落斑块，使生态位相似的物种不能稳定共存，存在时间（Grubb，1977；Chesson，2000）、空间（Murrell & Law，2003）等环境与非环境资源的生态位分化，从而促使林下植物物种共存，有利于林下植物物种多样性与稳定性维持。最后，可以通过物种等位基因突变实现物种共存。物种等位基因发生的突变绝大多数是中性的，并不受环境选择的作用，中性等位基因在遗传漂变过程中是随机固定的（牛克昌等，2009），由此可推断桉树林下植物物种的中性等位基因随机固定也维持着桉树林下植物物种多样性与稳定性。可见，桉树林下植物物种多样性与稳定性维持机制符合生态位互补理论、生态位分化理论和中性理论。显然，桉树林下植物物种多样性与稳定性受人为干扰和调控的强烈影响，现行的"三高三低"营林方式严重破坏植物物种多样性与稳定性。

植物功能群（plant functional group）是指在生态系统中具有相似形态特征和功能的物种组合，也就是对特定环境因素响应相似或对某些生态过程具有相似作用的物种集合（Blondel，2003）。目前国内外研究桉树林下植物物种多样性较多，但是关于桉树林下植物物种多样性与生态系统多功能性的维持机制的研究甚少。相对于植物物种多样性，植物功能群组成及植物功能群间的相互作用对群落生产力及其稳定性具有更重要的影响（白永飞和陈佐忠，2000）。早期的许多研究表明，当某些植物功能群被有意地从生态系统中清除时，生态系统过程和功能会发生明显的变化（Tripahti et al.，2005；Wardle et al.，2008）。从此研究人类活动导致的植物功能群丧失如何影响生态系统过程和功能逐渐成为生态学领域的研究热点之一（Wardle et al.，2005；Wu et al.，2011；Murugan et al.，2014；Zhang et al.，2015）。我们的研究发现（周晓果，2016）：①不同植物功能群与土壤养分循环功能的关系具有不一致性。去除林下木本植物功能群将显著降低土壤养分的有效性，而去除草本和蕨类植物功能群则显著提高土壤养分的有效性。林下植被由多功能群组成（多样性高）的群落比单一功能群组成（多样性低）的群落更有利于凋落物的分解。②土壤氮转化速率对植物功能群去除的响应不一致。去除木本植物功能群将显著降低土壤氮氨化速率、硝化速率及矿化速率，而去除草本（含禾草）植物功能群则提高土壤氮氨化速率、硝化速率及矿化速率。木本植物功能群丧失导致土壤养分有效性降低和草本植物功能群丧失导致土壤养分有效性提高是产生这一结果的主要原因。③去除林下木本植物功能群和去除林下草本（包括禾草和杂草）植物功能群将产生完全不同的土壤生态效应。去除木本植物功能群将显著降低土壤微生物碳氮含量、土壤微生物磷脂脂肪酸（phospholipid fatty acids，PLFA）含量及土壤酶活性，去除草本植物功能群则反之。木本植物功能群丧失导致的土壤养分有效性显著降低是主因。④地上植物群落多样性与地下微生物多样性存在明显的正相关关系。地上、地下群落间的多样性指数具有显著的线性正相关关系，地上植物群落多样性指数与地下土壤微生物群落 PLFA 含量也呈显著或极显著正相关。去除木本植物功能群对土壤微生物群落 PLFA 多样性指数的影响最大，而去除草本植物功能群对土壤微生物群落 PLFA 多样性指数的影响较小。其影响机制是去除木本植物功能群物种丧失率高（40%～75%），而去除草本植物功能群物种丧失率低（8%～25%）。林下木本植物功能群是影响土壤微生物多样性最重要的驱动因子。⑤地下微生物群落多样性和土壤生态系统功能关系与地上植物物种多样性和土壤生态系统功能关系存在一致性。地上植物物种多样性的增加有利于地下土壤微生物群落多样性发展和土壤生态系统多功能的维持。⑥不同植物功能群提供或维持土壤生态系统多功能性的能力并不一致。桉树人工林，木本植物功能群提供或维持土壤生态系统多功能性的能力显著强于草本植物功能群。导致这种现象的主要原因是，木本植物功能群因其能提供更多样化的凋落物及根系分泌物，能为地下微生物群落提供更多底物和生境，从而增强了土壤养分循环、养分储量、氮转化及酶活性等土壤生态系统多功能性。⑦桉树人工林连栽生态系统退化的机制，主要是连栽导致木本植物功能群丧失，引起土壤微环境恶化、养分有效性降低，影响土壤微生物多样性和土壤酶活性，使生态系统维持土壤多功能性的能力下降，最终导致整个生态系统退化。因此，在桉树人工林抚育中应保留林下的木本植物功能群，以增强土壤养分的有效性，提高土壤微生物的生物量及酶活性，维持土壤生态系统多功能性。

（2）桉树林下植物物种多样性丧失、功能群演变及生态后果

近 20 年的研究积累已经明确显示，桉树连栽会引起植物物种多样性显著减少或丧失。究其原因，主要是桉树人工林采取的短周期连栽经营管理制度，该营林制度的轮伐期一般为 5～7 年，每个轮伐期内均采取炼山、整地、施肥、抚育、施除草剂、采伐利用、采伐剩余物处置等生产环节，连栽产生干扰累积效应，从而对生物多样性存在负效应。大多数研究认为，桉树对生物多样性存在负效应。余雪标等（1999a）的研究认为，随着连栽代数的增加，桉树林下植物物种丰富度降低，多样性下降。Bauhus 等（2001）对间伐和施肥后 6 年生的桉树林进行研究，得出桉树对植物物种多样性和土壤养分存在负效应。吴钿等（2003）对雷州半岛桉树人工林下的植物物种多样性进行研究，得出桉树林下的植物物种丰富度并不高，样方种类最多的仅 17 种。Kanowski 等（2005）研究了澳大利亚的雨林采伐后发展大规模的人工用材林对生物多样性的影响，他们发现，桉树人工林和外来松人工林对生物多样性的正效应最小。温远光等（2005a，2005b）在对广西东门林场桉树人工林的研究发现，在 18 个 10 m×10 m 的样地内，第二代林的植物种类比第一代林减少了 22 种，减少率为 31%；在同一地点，1998～2003 年的小样方监测结果显示，第二代林比第一代林的物种多样性降低了 50%。温远光等（2005b）还提出了初始植物繁殖体假说，认为林地初始植物繁殖体的丰富程度决定了桉树人工林物种多样性的高低；而短周期连栽使林下植物物种多样性无法恢复到造林前的初始状态，因此连栽必然导致植物物种多样性持续减少（温远光等，2005b）。本书的研究表明，现行的桉树营林方式下——短周期多代纯林连栽，令桉树林下植物物种多样性严重丧失，并导致大规模的外来植物入侵。

Matsushima 和 Chang（2007）在北方针叶林的研究中发现，林下植被去除显著增加了土壤表层的温度，导致净氮矿化速率和硝化速率增加。林下植被去除显著降低了科尔沁沙地樟子松人工林土壤铵态氮含量、潜在净氮矿化速率、微生物生物量碳和微生物生物量碳氮比，提高了土壤有效磷含量，而对土壤硝态氮含量、潜在净硝化速率和土壤酶活性的影响不显著；林下植被是影响樟子松人工林土壤化学和生物学性质的重要因素，在森林管理和恢复过程中不应忽视林下植被的作用（林贵刚等，2012）。而在华南地区的尾叶桉（*E. urophylla*）和厚荚相思（*Acacia crassicarpa*）人工林中，去除林下植被后林地覆盖度降低，土壤表面光照增多，土壤温度升高，0～5 cm 土层土壤净氮矿化速率和硝化速率显著降低，氮转换速率的降低导致土壤有机物含量降低，改变了土壤养分的可利用性；林下植被去除在短期内（去除处理半年后）并不会增加土壤有效养分，反而会降低表层土壤的净氮矿化速率，这在土壤氮含量少的生态系统会对土壤氮素供应造成负面影响（Wang et al., 2014）。在尾叶桉人工林中，去除林下植被能显著增加土壤 CO_2 和 N_2O 的排放通量，有利于 CH_4 的吸收（李海防等，2009）。林下植被去除会显著增加华南地区多种人工林的土壤 CO_2 排放通量（Li et al., 2011）。Wang 等（2011）对华南地区具有 30 种乡土树种的混交林进行林下植被去除及添加翅荚决明（*Cassia alata*）实验，以评价林下植被管理对土壤呼吸的影响，结果表明林下植被去除减少了土壤总呼吸速率、土壤湿度，但提高了土壤温度。在桉树人工林中，去除芒萁（*Dicranopteris pedata*）占优势的林下植被会导致土壤温度增高、土壤水分降低，从而改变土壤食物网（微生物群落，线虫、小型节肢动物的密度）的组成，减缓凋落物分解的生态过程（Liu et al., 2012；Zhao et al., 2012）。Zhao 等（2013）在桉树人工林的研究中发现，林下植被去除能提高土壤温度，降低土壤含水量，减少真菌生物量及降低真菌与细菌生物量比；林下植被能促进桉树人工林土壤微气候的维持，并成为土壤微生物群落的主要驱动者，林下植被是桉树人工林生态系统的重要组成部分，在经营管理中不应被去除。我们最近的研究表明，采用人工带状清除林下植被时，植物物种多样性与碳储量（或木材产量）为正协同关系，有利于多目标可持续经营；随着林下植被管理干扰强度的增加，林下植物物种多样性减少，而入侵植物功能群多样性增加。同时去除表土层及林下植物导致物种多样性与碳储量（或木材产量）为负协同，高频率除草剂的施用虽能提高木材产量，但增加了外来植物的入侵（Zhou et al., 2018）。

有研究表明，不同的植物对连栽重复干扰机制有不同的响应，连栽降低木本植物和 k-对策种的数量，增加草本植物和 r-对策种的数量（温远光，2006；Wen et al., 2010）。我们近年来对研究样地长期的监测发现，连栽造成桉树林下植物功能群的替代现象，即随着连栽代数的增加，林下优势植物功能群（单一功能群的盖度＞70%）存在着由木本植物功能群、禾草（或蕨类）植物功能群向入侵植物功能群演变的趋势（图 2-1），而且，此种现象还相当普遍。因此，现行的桉树营林方式导致林下植物功能群的显著改变，从而影响生态系统多功能性的维持。

（3）桉树林下植被的生态化管理

传统的人工林的经营管理中，林下植被清除是一项常用的抚育措施（Ohtonen et al., 1992；Mo et al., 2003；Li et al., 2003），用以防止林火、控制林下植被与林木的竞争，以促进林木幼苗生长和更新（Camprodon & Brotons, 2006）。大量的实践证明，这种传统经营方式导致林下植物物种多样性的丧失、土壤微环

图 2-1　桉树人工林下的优势植物功能群

（a）、（b）、（c）：以木本植物功能群为优势；（d）、（e）、（f）：以蕨类植物功能群为优势；

（g）、（h）、（i）：以禾草植物功能群为优势；（j）、（k）、（l）：以入侵植物功能群为优势

境和养分有效性的显著变化（Bret-Harte et al.，2004；Matsushima & Chang，2007），危及生态系统稳定性和生态安全。因此，在桉树生态营林中，实施林下植被的生态化管理对于促进桉树人工林的高质量发展十分必要。

在桉树生态营林中，要把林下植被作为森林生态系统经营的重要组成部分，给予适当的保护和培育，尤其对木本植物要实施重点保护。在林地清理阶段，要避免全面炼山；在整地阶段，采用带状整地方式；在林分抚育阶段，采取带状抚育，只清除种植带上的杂草，保留有重要服务功能的木本植物。着力开展人工林林下植被组成、结构和功能与林分生产力作用规律的研究，注重木材生产与其他生态系统服务的权衡，通过林下植被的生态化管理保障桉树人工林的高质量发展。

2.3.5　土壤肥力维持理论

针对桉树人工林多代连栽土壤有机质下降，化肥施用量持续增长，土壤肥力持续降低的状况，结合桉树生态营林实践，提出通过树种混交、林下植被保育、采伐剩余物有效管理、合理使用化肥等措施来维持土壤肥力，即乡土树种-土壤-微生物协同维持和修复土壤肥力的理论。

（1）土壤肥力学说

土壤肥力是土壤的基本属性和本质特征，是土壤为植物生长供应和协调养分、水分、空气和热量的能力，也是土壤物理、化学和生物学性质的综合反映，对人工林的可持续经营具有重要作用。

土壤肥力学说是关于土壤肥力形成、影响土壤肥力形成的因素及土壤培肥理论和技术的综合。在自然状态下，土壤肥力是在气候、生物、母质、地形和年龄五大成土因素作用下形成的；在森林经营条件下，土壤肥力是在自然因素和人为的整地、施肥、抚育、采伐等的综合影响下形成。土壤肥力的影响因素有养分因素（养分储量、养分强度、养分容量）、物理因素（土壤质地、结构状况、孔隙度、水分、温度等）、化学因素（土壤酸碱度、阳离子吸附与交换性能、土壤氧化还原性质、土壤含盐量等）和生物因素（微生物及其生理活性），这些因素共同影响土壤的肥力水平。土壤培肥理论和技术，是用地与养地相结合、防止肥力衰退与土壤治理相结合，能保持和提高土壤肥力水平。在桉树生态营林中，主要是增施有机肥、种植绿肥和合理施用化肥，以及充分发挥森林生态系统的自肥功能。

（2）桉树连栽林地土壤肥力演变

人工林连栽土壤肥力下降是世界性难题，受到全球的广泛关注。我们对桉树人工林的长期研究发现，桉树短周期多代纯林连栽导致林地土壤质量退化，包括物理、化学、生物和生态属性的全面退化，具体表现为：①土壤容重增加，孔隙度下降，持水能力降低；②土壤有机质、全氮、全磷、全钾、速效磷、pH 下降，$C：N$、$C：P$、$N：P$ 失衡；③PLFA 总量、真菌、丛枝菌根真菌、放线菌、革兰氏阴性菌显著降低，革兰氏阳性菌显著增加，真菌/细菌失衡，土壤微生物结构明显改变；④营养循环破坏、净生物生产力下降、碳固存能力降低（Li et al.，2015；Huang et al.，2014，2017；Zhou et al.，2017，2018；温远光，2006；周晓果，2016；李朝婷等，2019；Zhou et al.，2019）。

（3）桉树林地土壤肥力维持和修复理论

结合桉树生态营林实践，提出通过树种混交、林下植被保育、采伐剩余物有效管理、合理使用化肥等措施来维持土壤肥力，即乡土树种-土壤-微生物协同维持和修复土壤肥力的理论。基于珍贵乡土树种与桉树混交，通过上下冠层协同维持和修复林内水热资源，通过混合凋落物和混合根系分泌物协同维持和修复土壤养分循环（主要是 C、N、P），以及利用乡土树种与土壤微生物（主要是共生固氮菌、菌根真菌和根际促生菌）的共存关系协同维持和修复桉树人工林土壤质量的机制（图 2-2）。

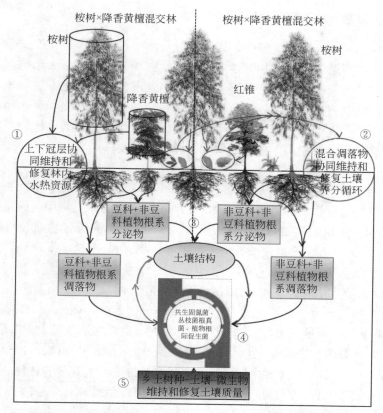

图 2-2　桉树与珍贵乡土树种混交维持和修复土壤质量的机理

①珍贵乡土树种混交，建立复层林冠结构，改善林内水热资源，增加林内及土壤湿度；②形成混合凋落物，增加凋落物数量，提高凋落物质量，促进凋落物分解和养分释放；③增加根系分泌物的多样性，促进土壤结构形成、土壤养分活化、植物养分吸收、环境胁迫缓解等；④增加根系凋落物的数量和质量，为土壤微生物提供更多的物质和能量，增强微生物活力和土壤自肥功能；⑤利用乡土树种与土壤微生物（主要是共生固氮菌、丛枝菌根真菌和植物根际促生菌）形成的共存关系维持和修复土壤质量

目前，作为肥料提供给植物需要的氮、磷、钾及微量元素大都是以化肥方式投入到土壤中。化肥含有的营养元素的种类单一或较少，但养分含量高，肥效迅速（个别除外），肥效猛而不长，改善土壤的作用不太大，甚至有破坏土壤性质的副作用；而有机肥料含养分种类多或较全面，肥效慢但肥效长，有改良土壤性质的作用。把有机肥和化肥结合施用，能互相取长补短，充分发挥肥效。化肥在林

业生产中的大量使用，会带来诸如土壤板结、污染水源、土壤微生物群落结构和功能改变等问题，而解决这些问题最根本的办法是减少化肥的使用量，增加有机肥的使用，以提高土壤有机质与土壤肥力。

2.3.6 地上植物与地下生物的协同理论

在桉树人工林的经营管理中，提高养分利用率是协调木材生产安全和生态环境安全的核心问题。地上植物对地下生物和土壤养分循环有很大影响，是地下生物的物质和能量来源，是维持地下生物生存与发展的保障。地下生物种类繁多，数量巨大，功能多样。地下生物直接参与了养分的活化、转化、吸收和运输等过程，是地上植物生产力和养分利用率的重要驱动者。因此，地上植物与地下生物的协同理论对实现桉树人工林的高质量发展具有重要作用。

（1）耦合关系

在森林生态系统中，地上与地下生态系统内各要素间存在紧密而复杂的相互关系，并主要通过物质和信息的交换，实现各要素间的相互作用。而系统各组成要素之间的作用机制主要依赖于植物和微生物所分泌的信号物质（Mathesius，2003；Umehara et al.，2008；Belimov et al.，2009；Ruyter-Spira et al.，2013；沈仁芳和赵学强，2015）。

越来越多的证据表明，地上植物与地下生物之间联系紧密，地下生物是地上生物多样性和生产力的重要驱动力（Wardle et al.，2004；van der Heijden et al.，2008）。地下生物数量巨大，例如，全球根系生物量大约是地上生物量的 3/4，地球原核生物（细菌、古菌）氮量相当于植物氮量的 10 倍（van der Heijden et al.，1998a；Whitman et al.，1998）。地下生物全程参与了土壤养分的转化、迁移、固定和植物吸收等过程，对地上植物养分利用率具有重要影响。反过来，地上植物是地下生物的物质和能量来源，对地下生物和土壤养分循环也有很大影响（沈仁芳等，2017）。因此，地上植物和地下生物紧密偶联，并显著影响植物氮、磷的利用率。

土壤微生物是土壤肥力形成和持续发展的核心动力。一方面，微生物分解有机质，释放养分；另一方面，微生物与植物争夺养分（沈仁芳和赵学强，2015）。土壤微生物几乎参与了土壤中氮素循环的所有过程，包括氮矿化、硝化、反硝化、生物固氮等。铵态氮和硝态氮是对植物有效的两种主要无机氮源，不同植物种类甚至同一种植物的不同品种对铵态氮和硝态氮具有不同偏好（Zhao et al.，2013）。通过调控土壤硝化微生物的活性，可以影响铵态氮和硝态氮比例，进而影响植物氮的利用率。土壤硝化作用主要受氨氧化细菌（ammonia oxidizing bacteria，AOB）和氨氧化古菌（ammonia oxidizing archaea，AOA）控制，氨氧化古菌主要在酸性土壤中发挥作用，氨氧化细菌更多地在中性和石灰性土壤中发挥作用（Zhang et al.，2012；Che et al.，2015）。土壤硝化作用受到多种信号分子的调控。反硝化副球菌（*Paracoccus denitrificans*）中存在群体感应系统的已知信号分子（C6-HSL），厌氧条件下该信号分子能够促进土壤反硝化作用进行（Cheng et al.，2017）。土壤代表性的化能自养氨氧化细菌——亚硝化螺菌（*Nitrosospira multiformis*）中也存在群体感应系统的信号分子的合成、识别与调控体系（Gao et al.，2014）。因此，通过调控地下生物过程，可以提高植物养分利用率，减少化肥使用量，同时能够降低化肥的环境效应。

（2）协同理论

地下生物是个"黑箱"，由于观念和技术手段的限制，过去几十年并没有完全认识到地下生物在植物养分高效利用和提高产量方面的重要地位。目前在农业科学界已经将重心转向地下生物的调控，通过遗传育种方式筛选具有优良根系的作物品种、添加外源生物物质促进根系活力、施用生物肥料改变土壤养分转化过程、增强微生物-根系共生体系的构建等措施，提高养分利用率，降低传统物理和化学调控的使用成本和环境风险，达到"增产、增效、优质和环保"的目标（沈仁芳等，2017）。

森林土壤微生物组成受气候、土壤、森林类型、营林制度等多种因素的综合影响。在森林生态系统中，森林和林木维持生长的重要能量是通过凋落物分解并向土壤中释放营养成分的形式获得的，凋落物分解对森林生态系统土壤肥力的维持和优化极为重要，同时，土壤肥力又是植物生长的主要营养的动力源，也是林地地力自我培肥的主要途径。通过研究森林生态系统自肥功能，探讨土壤氮磷转化微生物组成的演变规律，提出提高功能微生物多样性的措施，可以促进森林生态系统养分循环，增加森林土壤养分生物有效性，降低养分的损失，提高化肥利用率，减轻生态环境压力。

2.3.7　木材生产与其他生态系统服务协同理论

木材生产是人工用材林经营的主要目标。生态系统服务是指生态系统所形成及所维持的人类赖以生存的自然环境条件与效用（Daily，1997），以及人类直接或间接从生态系统得到的所有收益（Costanza et al.，1997）。生态系统服务可分为供给服务、调节服务、支持服务、文化服务 4 种服务类型（MA，2005）。木材生产属于生态系统服务中的供给服务。由于生态系统服务类型的多样性、时空异质性及人类使用的选择性，使生态系统服务类型之间的关系出现了多变性、复杂性和不确定性，表现为同时增加或同时减少或者此消彼长的情形（Stürck et al.，2015；李鹏等，2012；曹祺文等，2016）。木材生产与其他生态系统服务协同理论是指导桉树生态营林中木材生产与其他生态系统服务之间的权衡与协同决策，实现木材生产与其他生态系统服务同时得到增强的理论。

（1）木材生产与其他生态系统服务互联互作理论

木材生产与其他生态系统服务存在密切的关系，具有协同性。人工林木材生产能力的提高可以增强生态系统服务，而生态系统服务的提升也有利于木材产量的增加，两者相辅相成，相得益彰。森林生态系统各类型服务之间是相互联系、相互作用的，在自然状态下，通过自组织作用保持生态系统服务的平衡、协调状态；在人为偏好某一生态系统服务时会导致其他生态系统服务减弱，甚至丧失。在桉树人工林经营中，偏好并寻求木材生产最大化，把木材生产作为唯一的森林生态系统服务需求，忽略了木材生产与其他生态系统服务之间的互联互作关系，因而导致其他生态系统服务减弱，甚至丧失。

（2）木材生产与其他生态系统服务的协同作用

木材生产与其他生态系统服务协同理论包括生态系统服务权衡、形成、供给、传输、使用和尺度效应等。在人工林生态系统中，生态系统各类型服务之间的权衡至关重要。所谓权衡是指某些类型生态系统服务的供给，由于其他生态系统服务类型使用的增加而减少的状况（Rodriguez et al.，2006）。它既是人类选择利用生态系统服务的决策过程，也是服务关系响应选择性利用而出现的外在表征（李双成等，2013）。生态系统服务权衡在时空方面可分为 3 种类型：空间上的权衡、时间上的权衡及可逆性权衡（MA，2005；Rodriguez et al.，2006），而在权衡效应方面存在 6 种权衡类型：无相互关联、直接权衡、凸权衡、凹权衡、非单调凹权衡及倒 S 形权衡等（Lester et al.，2013）。在现行的桉树营林中的权衡属于倒 S 形权衡，即在一定范围内提高木材生产服务不会降低其他生态系统服务，但过度偏好并强调木材生产最大化将使其他生态系统服务急剧下降。桉树木材生产与其他生态系统服务协同理论强调权衡木材生产与其他生态系统服务的关系，促使生态系统服务之间保持在正协同状态，从而获得高质量的木材生产与其他生态系统服务。

2.3.8　最佳经营周期理论

传统的桉树人工林经营不注重经营周期的合理性，存在经营周期越来越短的趋势，严重影响林分质量提升、林分生物多样性恢复和林地土壤质量修复，不利于人工林的高质量发展和可持续经营。因此，在桉树生态营林中，必须高度重视和选择林分的最佳经营周期，确保木材生产与其他生态系统服务的权衡和协同，提高林分质量和效益，实现桉树人工林的高质量发展。

（1）经营周期的定义

森林的经营周期也叫轮伐期，是指林分从种植到砍伐利用的时间长短。人工林的轮伐期通常是根据林分的成熟度来确定的。森林成熟的种类可分为工艺成熟、数量成熟、经济成熟、生理成熟等。理论上，森林的数量成熟和生理成熟分别是确定森林主伐年龄的最低年限和最高年限。但是，由于森林经营目的、用材性质的不同，还应该以工艺成熟、经济成熟来决定轮伐期。因此，我国用材林轮伐期的确定主要以森林的数量成熟和工艺成熟为依据。1987 年，Kimmins 提出生态轮伐期的定义，指在一定经营方式下给定立地恢复到干扰前生态状况所需的时间（Kimmins，1987）。2017 年，我们提出了桉树人工林生态成熟的定义，即立地（林下植被和土壤质量）基本恢复到造林前的状态，并作为判断人工林最佳轮伐期的重要依据（Zhou et al.，2017）。

（2）桉树最佳轮伐期理论

我们认为，桉树最佳轮伐期是依据林分数量成熟、工艺成熟、经济成熟和生态成熟综合确定的最佳采伐时间。我们的研究表明，13 年和 21 年轮伐期桉树人工林生物量与碳储量显著高于 7 年轮伐期的。生物量与碳储量是桉树人工林生态系统的最大碳库，13 年轮伐期桉树人工林生物量、生态系统年平均碳储量分别高达（19.54±2.29）t/(hm² • a)、（38.31±4.54）t/(hm² • a)，均分别显著高于 7 年轮伐期的 [（10.78±0.50）t/(hm² • a)、（34.41±1.10）t/(hm² • a)]。从应对气候变化的视角出发，现行的 7 年短轮伐期经营方式并未获得最佳固碳效果。而在 21 年轮伐期中，桉树人工林生物量、生态系统年平均碳储量较 13 年及 7 年轮伐期已有显著下降，因此，我们认为，在南亚热带地区，巨尾桉人工林的最佳轮伐期确定在 13 年左右较为适宜，这与经济效益的最大化一致（Zhou et al.，2017；卢婵江等，2018a，2018b）。

第3章 桉树生态营林技术

在桉树传统营林理论的指导下，形成了一整套高强度干扰、高投入、高污染的桉树营林技术。这些技术包括炼山清理技术、机耕全垦整地技术、化肥超量和高频率施用技术、高浓度和高频率喷施化学除草剂技术、短周期经营技术和全树利用技术等。这些技术的长期使用导致桉树人工林生态系统服务功能减弱，木材生产与其他生态系统服务失衡，影响林地的生物安全、土壤安全、生态安全和持续利用。桉树生态营林技术体系是一整套全新的人工林经营技术，是权衡桉树人工林木材生产与其他生态系统服务关系，维护林地木材生产、生物安全、土壤安全和生态安全，实现桉树人工林高质量发展的环境友好型绿色经营技术。

3.1 林地生态化清理和整地技术

林地清理和整地是人工造林的必要环节，林地清理和整地的方式和强度对幼龄林建立、林分生长有重要作用，但同时对立地生态环境也造成深刻影响。林地生态化清理和整地技术是桉树生态营林技术中的关键技术之一。在桉树生态营林中，提出了"双龙出海+珍贵树种"模式，将造林地分为宽行和窄行，窄行种植桉树，宽行套种珍贵树种（图3-1）。林地清理和整地按种植带和保留带分别进行。

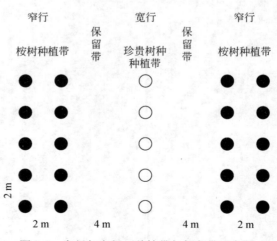

图3-1 宽行与窄行、种植带与保留带示意图

3.1.1　林地生态化清理方式和强度的确定

传统的炼山清理和人工全面清理导致林地生态的破坏，不利于生物多样性的维持，会增加碳排放。根据生态营林中的低干扰和生物多样性维持原则，以及木材生产与其他生态系统服务权衡的要求，视造林地的类型和植被状况确定林地清理方式。在林地植被茂密的区域，采取人工砍草方式全面清理林地；在林地植被稀疏区域，采取带状清理，清除种植带的植被，宽度为 1～1.5 m，保留带的植被免清理。从而降低成本，减少干扰，提高生态系统稳定性。

3.1.2　林地生态化整地方式和强度的确定

传统的桉树造林一般采取全面人工整地、机耕整地，或者是机耕翻犁，造成水土流失、土壤种子库丧失，引起土壤结构的深刻变化，对林地植被和生物多样性影响深远。从林地植被和生物多样性保育考虑，根据林地类型确定合适的整地方式，坡度≤5°的林地，采用机械带垦或机械深耕裂土法整地，丘陵坡地采用勾机带状或深挖小穴整地，沿等高线进行机械或人工带垦，带宽为 1～1.5 m，深度为 20～30 cm。保留带则免耕。

3.2　林下植被生态化管理技术

林下植被是人工林生态系统的重要组成部分，对人工林生态系统地上和地下生态过程结构和功能都有显著作用。然而，为了提高造林存活率和保存率，促进幼树生长，在造林初期，过多的林下植被也将对幼苗生长产生严重影响，甚至导致造林失败。因此，在桉树生态营林中，实施林下植被生态化管理就是要权衡和协调幼苗生长与林下植被的关系，在加速林木生长、提高林木质量的同时，确保林下植被得到有效维持。林下植被生态化管理技术主要包括林下植被清除方式、强度和频率的确定，林下植物保育对象和密度的确定，以及林下植被清除物生态化管理方式的确定等内容。

3.2.1　林下植被清除方式、强度和频率的确定

林下植被管理是人工幼龄林抚育措施中最主要的一项技术措施。采取林下植被生态化抚育方式，根据林下植被状况和生态保护需求确定林下植被清除方式、强度和频率。在林下植被茂盛的地方，全面清除杂草，保留木本植物功能群；在林下植被稀疏的地方，只对种植带进行清理。具体方法是对种植带采取松土除草，而对保留带采取砍草清理，利用割灌机或刀具清除杂草、藤本和灌丛。造林后对种植带连续抚育 3 年，每年松土除草 2 次；保留带每年铲除杂草 1 次，连续 2 年；

对于保留带植被特别茂盛的地方，在造林后第 4 年或第 5 年再铲除杂草 1 次。禁止采用高浓度、高频率喷施除草剂抚育。

3.2.2 林下植被保育对象和密度的确定

我们的研究表明，林下不同的植物功能群对生态系统多功能性的保育作用不同，木本植物功能群比草本植物功能群具有更优更强的生态保护作用（周晓果，2016）。因此，在林下植被的生态化管理中，应该将保留带上的木本植物保留，主要清除禾草特别是外来入侵植物。当林下木本植物密度过高，超过 1500 株/hm^2 时，应清除部分低价值、过密的木本植物，增强林地的透光度，提高土壤温度，促进土壤微生物群落结构和功能改善。

3.2.3 林下植被清除物生态化管理方式的确定

依据林下植被状况结合林下植被清除方式确定清除物的生态化管理方式，主要是在林下植被茂密的情况下进行。对种植带进行松土除草，对保留带铲除杂草，并将清除物覆盖在种植带内，以防止水土流失，增加土壤湿度，提高种植带的土壤肥力。

3.3 土壤质量维持和提升技术

土壤是人类赖以生存和发展的基础，也是人工林培育最重要的不可再生资源。土壤质量（soil quality）是指土壤在生态系统边界范围内维持作物生产能力，保持环境质量和促进动植物健康的能力（Doran & Pakin，1994），包括土壤物理、化学和生物组分（de Paul Obade & Lal，2016；赵其国等，1997），以及生态组分（Lal，2015）。土壤质量变化影响着生物化学循环、生物多样性、农林业生产力等，进而影响食品、能源和水资源安全，以及社会经济发展与人类健康（Lal，2009；Ohlson，2014；de Paul Obade & Lal，2016）。研发土壤质量维持和提升技术具有重大的理论和实际意义。

现行的桉树营林方式通过炼山将林下植被全面清除，导致林分生物多样性锐减，凋落物数量和质量下降，养分循环受阻，自肥功能减弱，土壤养分的有效性降低，土壤肥力难以维系，土壤质量安全难以保障。桉树林地土壤质量维持和提升技术主要有利用植物残体数量和质量、合理施肥和添加生物炭肥等。

3.3.1 利用植物残体数量和质量

土壤有机质的数量和质量是衡量土壤肥力状况的核心要素，植物残体是土壤有机质的初始来源，微生物是主导、驱动植物残体向土壤有机质转化的引擎。在土壤微生物的介导下，植物残体经由复杂的腐解过程转化为土壤有机质而稳定存在。在桉树生态营林中，利用植物残体数量的增加和质量的改善来提升土壤质量是关键技术之一。具体方法是：①采伐剩余物归还林地，提高植物残体的数量；②乡土珍贵树种与桉树混交，增加凋落物的数量，改善凋落物的质量，修复植物与土壤微生物的共生关系；③林下植被的生态化管理，砍草后覆盖种植带，增加植物残体的归还量，改善土壤水热状况，提高土壤微生物的数量和酶活性；④林下套种山毛豆，增强固氮作用和植物残体的归还量。这些措施能显著提高林地植物残体的数量，充分改善归还物的质量，降低碳氮比，为土壤微生物提供了更多的高质量的底物和生境，提高凋落物分解速率，加速植物残体向土壤有机质的转化，能提高土壤肥力和土壤质量。

3.3.2　合理施肥和添加生物炭肥

科学施肥是提高人工林生长量和林分质量的重要措施，但现行的桉树营林方式采取的高剂量、高频率施用化肥导致高投入、高污染，改变土壤微生物群落组成结构和功能，降低土壤质量。在桉树生态营林中，要权衡施肥与污染防控的关系，通过合理施肥和添加生物炭肥等措施，促进林地土壤肥力不断改善和提高。具体方法是造林当年桉树施氮磷钾复合肥（基肥）300 g/株，第 2 年施氮磷钾复合肥（追肥）200 g/株、加施氮肥（尿素）100 g/株和加施以毛竹为原料的生物炭肥500 g/株。试验表明这些技术措施对桉树×红锥混交林土壤肥力有明显的提升效果（陶彦良等，2018）。

3.4　林分生产力提升技术

除了常规施肥和抚育技术外，主要是通过利用边缘效应、密度效应、树种混交效应等技术提升林分生产力。

3.4.1　利用边缘效应提升林分生产力技术

人工林的边缘效应得到普遍认同。有研究表明，阳性速生树种有很强的边缘效应，即生长在林分边缘地带的林木胸径和树高均高于林分内的个体（丁宝永等，1990）。桉树属于强阳性速生树种，也具有很强的边缘效应。根据边缘效应的原理，设计配置了"双龙出海+珍贵树种"模式，该模式桉树双行种植于窄行，株行距为2 m×2 m，珍贵树种单行种植于宽行，株行距为 10 m×2 m，优化了林分配置和结构，更有利于利用林地空间和资源，显著提升林分生产力。试验表明，"双龙出海+珍贵树种"模式的林分生产力比传统"双龙出海"模式的林分生产力平均提高 26.80%～31.48%。

3.4.2　利用密度效应提升林分生产力技术

密度是林分生产力提升可控的一项关键技术，在生态营林过程中，保持合理的林分密度对桉树林分生产力提升有重要作用。"双龙出海+珍贵树种"模式确定了桉树的林分密度为 1333 株/hm²，珍贵树种的密度为 334 株/hm²。这样的密度配置能够更好地发挥密度效应，既考虑了密度对林分个体的效应，也充分考虑了密度对林分群体的效应。因此，能有效提高林分生产力。

3.4.3　利用树种混交效应提升林分生产力技术

传统经营的桉树人工林多为纯林，树种单一，结构简单。本书研究根据树种混交效应原理，提出"双龙出海+珍贵树种"模式，桉树与珍贵树种的比例为 8：2，桉树的密度为 1333 株/hm²，珍贵树种的密度为 334 株/hm²。按照树种混交理论，将红锥、降香黄檀、望天树与桉树混交，并以种间间距大、株间间距小的配置方式，有利于形成种间竞争小于种内竞争的效应，使混交林的生产力得以提升。

3.5　林分碳增汇和减排技术

森林是巨大的碳库，在减缓全球气候变化中发挥越来越重要的作用。森林碳增汇和减排技术是指为了吸收和固定大气中的二氧化碳、减少该气体在大气中的浓度而进行的植树绿化、加强森林经营管理、保护和恢复森林植被等活动。在桉树生态营林实践中，形成了地上增汇地下减排的桉树林分碳增汇和减排技术。

3.5.1　碳增汇技术

桉树生态营林中的碳增汇是一项复合技术措施，具体方法是：①采用"双龙出海+珍贵树种"模式造林，乡土珍贵树种与桉树混交，提高林分生长量、生物量和碳储量，混交模式的林分生物量碳储量比纯林的提高 30%；②林下植被采取生态化管理，仅对种植带进行松土除草，保留带免抚育，减少抚育次数和强度，提升林下植被的生物量和碳储量；③林下套种绿肥植物山毛豆，增强固氮作用，提高二氧化碳固定能力。这些技术的综合应用显著提高了林分的碳吸收和碳固存能力。

3.5.2　碳减排技术

桉树生态营林中的碳减排也是一项复合技术措施，具体方法是：①采用人工清理方式清除采伐迹地上的植被，禁止火烧清理，同时，人工挖穴整地，减少二氧化碳排放；②采伐剩余物全部回归林地，禁止移出生态系统；③林下植被采取生态化管理，仅对种植带进行松土除草，保留带则免抚育，减少对土壤的干扰和破坏；④林下植被清除物覆盖林地，减少土壤的碳排放。这些技术的综合应用显著降低了林分的碳排放。

3.6　木材生产与其他生态系统服务协同提升技术

木材生产与其他生态系统服务存在密切的关系，具有协同性。在现行的桉树经营中，强调木材生产最大化，把木材生产作为唯一的森林生态系统服务需求，忽略了木材生产与其他生态系统服务之间的互联互作关系，因而导致其他生态系统服务功能减弱，甚至丧失。在桉树生态营林中，强调木材生产与其他生态系统服务之间的协同性，形成了木材生产与其他生态系统服务协同提升技术，主要包括"双龙出海+珍贵树种"混交配置技术、林下植被窄抚宽留技术、修枝和植物残体覆盖技术、长短周期复合经营技术等。

3.6.1　"双龙出海+珍贵树种"混交配置技术

本书研究采取的"双龙出海+珍贵树种"混交配置技术，选择的珍贵树种有红锥、降香黄檀、望天树，采取双桉一珍双带结构，桉树双行种植于窄行，株行距为 2 m×2 m，珍贵树种单行种植于宽行，株行距为 10 m×2 m，桉树的密度为 1333 株/hm^2，珍贵树种的密度为 334 株/hm^2，桉树与珍贵树种的比例为 8：2，并以种间间距大、株间间距小的方式配置。该技术充分考虑了边缘效应、密度效应和混交效应，优化了林分配置和结构，实现了桉树木材生产与其他生态系统服务协同提升。

3.6.2　林下植被窄抚宽留技术

在桉树生态营林中，采取林下植被生态化管理方式，根据林下植被状况和生态保护需求确定林下植被清除方式、强度和频率。对桉树种植带采取松土除草，而对保留带采取砍草清理、保留木本植物功能群或免抚育，清除的植物残体覆盖在桉树种植带上，提高了桉树种植带上植物残体的数量和质量，改善土壤微生物的底物和生境，提高土壤微生物活性，有效提高种植带的土壤肥力。保留带中，套种珍贵乡土树种，保留林下植被或木本植物功能群，有利于其他生态系统服务功能的维持。因此，采取林下植被窄抚宽留技术有效解决了人工林抚育与生物多样性保护之间的矛盾，科学权衡和调控木材生产与其他生态系统服务之间的关系，实现木材生产与其他生态系统服务的双提升。

3.6.3　修枝和植物残体覆盖技术

在桉树生态营林中，基于"双龙出海+珍贵树种"模式，对桉树和珍贵树种均采取修枝和植物残体覆盖技术，修枝有利于桉树和珍贵树种形成干形通直圆满、尖削度小、节眼少、木材质地均匀等特性，可提高木材产量和质量，提高木材出材率，拓宽木材用途，增加木材产品加工附加值，实现定向培育和提质增效的目的。通过修除桉树和珍贵树种的无效非营养枝、病枝、残枝和弱枝，可改善林木健康状况，减少养分消耗，促进林木生长发育。修除的树枝叶覆盖在树干周围，可控制林下杂草生长，达到机械除草目的，枝叶腐烂分解释放营养回归土壤，可加速养分循环，有效改善林地环境。因此，修枝和植物残体覆盖技术能够有效调控木材生产与其他生态系统服务的关系。

3.6.4　长短周期复合经营技术

"双龙出海+珍贵树种"模式，令桉树与珍贵树种同时造林，桉树采取短周期经营，连续经营 3 代，每代的经营时间为 6～10 年，共 24 年，珍贵树种采取长周期经营，经营周期为 30 年。

桉树短周期经营 3 代，第一代为植苗林，第二代和第三代为萌芽林经营；第一代植苗林经营周期为 10 年，在造林后 1～2 年内，修枝以桉树生长到 5～6 m，出现非营养枝条明显较多时，进行第一次修枝，修枝高度以 3 m 为宜；桉树生长至 8～10 m 时进行第二次修枝，修枝高度为 5 m 以上；修枝一般选择在晚秋至早春进行，修除桉树无效非营养枝、病枝、残枝和弱枝，修枝强度为活枝的 1/3 左右，修枝要紧贴主干，切口应平滑，第一代经营期末对所有桉树皆伐，伐桩为 5 cm 左右。

第二代林为第一代植苗林采伐后，经萌芽更新形成的第一代萌芽林；当萌芽条高达 1.5～2 m 时，开始第一次定株，在无风害的区域，每桩保留 1 株生长最强壮的萌芽条，在沿海地区时常有台风危害，可保留 2～3 条生长最强壮的萌芽条，待台风季节过后，进行第二次定株，每桩保留生长最快、最粗壮的萌芽条 1 株；第二代林（第一代萌芽林）经营周期为 8 年，与第一代植苗林一样，进行 1～2 次修枝；第二代林经营期末对所有桉树皆伐，伐桩为 5 cm 左右。

第三代林为第一代萌芽林采伐后培育的第二代萌芽林，经营周期为 6 年；第二代萌芽林管理与第一代萌芽林相同。

珍贵树种采用长周期经营，经营周期为 30 年，在桉树采伐时，对珍贵树种实施间伐，采用伐小留大，伐劣留优，伐密留疏，以保留培育大径材（胸径≥30 cm）成材目标的保留木均匀分布，保留株数 200～300 株/hm²；珍贵树种经营中也需进行 2～3 次修枝。

因此，采取长短周期复合经营技术，将短期效益与长期效益相结合、速生树种与慢生树种相结合、广谱性用材与珍贵用材相结合、单一木材需求与生态系统服务的多目标需求相结合、生态系统服务提升与经济价值提升相结合，有效解决当前热带亚热带人工林经济价值较高、生态风险较大（如桉树人工林），生态功能较强、经济价值较低（如相思树种人工林），以及经济价值高、生态功能较强、效益迟缓（如一些珍贵树种）等人工林经济功能与生态功能不协调等问题。桉树生态营林中形成的低干扰、低投入、低污染和高产量、高价值、高效率的绿色生态营林技术，保障了桉树人工林绿色高质量发展。

下篇　桉树生态营林实践

在传统桉树营林理论的指导下，形成了一整套高强度干扰、高投入、高污染的桉树营林技术。这些技术包括炼山清理技术、机耕全垦整地技术、化肥超量和高频率施用技术、高浓度和高频率喷施化学除草剂技术、短周期经营技术和全树利用技术等。长期的生产实践证明，这些技术的长期使用导致桉树人工林生态系统服务功能减弱或生态系统多功能性丧失，木材生产与其他生态系统服务失衡，影响林地的生物安全、土壤安全、生态安全和持续利用。因此，探索能有效权衡和协调桉树人工林木材生产与其他生态系统服务关系，维护林地木材生产、生物安全、土壤安全和生态安全的生态营林方法至关重要。本书的研究从 2012 年开始，在中国林业科学研究院热带林业实验中心建立了 45 hm^2 桉树生态营林试验示范基地，并按照生态营林理论，建立了"双龙出海"的桉树纯林模式和"双龙出海+珍贵树种"的桉树和珍贵树种混交林模式。在生态营林 7 年后，对 4 种不同林分（桉树纯林、桉树×降香黄檀混交林、桉树×红锥混交林和桉树×望天树混交林）的代表性地段，共设立林分群落生态调查样地 144 个，每个样地面积为 30 m×20 m，每个林分类型分别有 36 个重复。本篇从桉树生态营林的试验设计、林分构建入手，对生态营林林分生长量和生产力、生物量和碳储量、植物物种组成和多样性、土壤养分和微生物群落结构功能进行了深入研究，同时对生态营林与传统营林林分的经济效益进行了计算和分析。7 年的实践证明本书研究采取的桉树生态营林方法可以有效权衡木材生产与其他生态系统服务之间的关系，实现了桉树人工林绿色高质量发展。桉树生态营林技术体系是一整套全新的人工林经营技术，是实现桉树人工林高质量发展的环境友好型绿色经营技术，可以在全国桉树人工林中推广应用，对全球其他地区的桉树人工林发展也有借鉴作用。

第 4 章 桉树生态营林研究区概况与试验林的构建

4.1 自然环境概况

4.1.1 地理位置

桉树生态营林研究区位于广西凭祥市（106°41′~106°59′E，21°57′~22°19′N）的中国林业科学研究院热带林业实验中心（以下简称热林中心）。热林中心是中国林业科学院下属的集科学研究、示范推广和生产经营于一体的国家级林业实验基地，地处桂西南，居凭祥市内，地跨龙州、宁明两县，西南与越南社会主义共和国毗邻。热林中心林区总面积约 30 000 hm²，占凭祥市总面积（650 000 hm²）的4.62%。

4.1.2 地质地貌

研究区地貌类型多样，既有河谷阶地和台地，也有低山和丘陵，中山和岩溶地貌亦有分布，境内最高峰大青山海拔 1046 m，最低处平而河海拔 130.0 m，平均海拔 245 m，相对高差 916 m。林区地势西北高东南低，丘陵山地，延绵起伏，形成山地、丘陵相间而又渐向东倾斜的流水侵蚀地貌。在河谷阶地，以石炭纪、二叠纪及三叠纪的石灰岩广布，构成了低山、丘陵相间和独特的岩溶地貌。

4.1.3 气候

研究区位于南亚热带季风气候区，属南亚热带湿润-半湿润气候。境内日照充足，雨量充沛，干湿季分明，光、温、水资源丰富，太阳总辐射量高，达105 kCal/(cm²·a)，全年日照数为 1218~1620 h。年均气温为 20.5~21.7 ℃，最热月（七月）平均气温 26.3 ℃，最冷月（一月）平均气温 12.1 ℃，极端高温达40.3 ℃，极端低温为-1.5 ℃；≥10 ℃的年活动积温 6000~7600 ℃；年均降水量1200~1500 mm，年蒸发量 1261~1388 mm，相对湿度 80%~84%。受大青山山地的影响，山地气候垂直变化比较明显，平均气温递减率为海拔每升高 100 m 气温降低 0.53 ℃。境内优越的光、温、水资源条件对林木的生长发育十分有利。

4.1.4 土壤

研究区成土母岩以泥岩夹砂岩、砾状灰岩、花岗岩和石灰岩等较常见。地质母岩复杂多样，通常在河谷阶地为第四纪现代冲积物；海拔 150～500 m 主要分布有二叠纪和三叠纪泥页岩、侏罗纪紫色砂岩及第四纪红色黏土；海拔 500 m 以上地带为三叠纪中酸性火山岩及花岗岩类分布。地带性土壤为砖红壤，面积约 10 000 hm²，占经营面积（15 000 hm²）的 67%。土壤类型以砖红壤、红壤为主，紫色土次之，黄壤及石灰土有少量分布。

4.1.5 植被

天然植被常因地貌类型的不同而不同。研究区的地带性植被属季雨林，分布于流水侵蚀地貌上（李治基，2001）。分布于流水侵蚀地貌上的常绿阔叶林，也有较多分布，它是季雨林区垂直带谱中的一个重要的植被类型，分界线在海拔 700 m 左右。在岩溶地貌上，也产生一类外貌和结构相同，但组成种类明显不同的类型——石灰岩石山季雨林，这是同一地理区域内植被对不同基质的反映（李治基，2001）。季雨林结构复杂，种类组成尚丰富，林木主要由山榄科（Sapotaceae）、橄榄科（Burseraceae）、桑科（Moraceae）、桃金娘科（Myrtaceae）、樟科（Lauraceae）、杜英科（Elaeocarpaceae）、豆科（Leguminosae）、楝科（Meliaceae）等组成，典型的热带科，如龙脑香科（Dipterocarpaceae）、肉豆蔻科（Myristicaceae）少有出现。季雨林是当地气候条件下的顶极群落，受人类活动的长期破坏和过度利用，已极少残存，现存的都是破坏后恢复起来的次生林。即便如此，次生林分布的范围和面积都十分有限，已被广布的人工林或农作物所替代。

研究区地处低纬，热量丰富，雨量充沛，水热同季，对热带和南亚热带林木生长十分有利，因此，该区域也是我国南方地区人工林发展的典型区、重点区和示范区。人工林以马尾松（Pinus massoniana）、杉木（Cunninghamia lanceolata）为主，其次是米老排（Mytilaria laosensis）、西南桦（Betula alnoides）、红锥（Castanopsis hystrix）、格木（Erythrophleum fordii）、火力楠（Michelia macclurei）、柚木（Tectona grandis）、降香黄檀（Dalbergia odorifera）、灰木莲（Manglietia glauce）。近年来，桉树（Eucalyptus spp.）人工林面积不断扩大，成为该区域重要的商品林之一。

4.2 造林前马尾松林的群落特征

试验区位于中国林业科学研究院热带林业实验中心青山实验场 67 林班（22°10′ N，106°41′ E），该林班的面积为 45 hm²，是 1975 年前后营造的马尾松纯林。据 2011 年对 5 个 1000 m² 样地的调查结果，分析造林前马尾松林群落的物种组成和结构特征。

4.2.1 马尾松林群落的物种组成

表 4-1 是马尾松林群落中胸径＞1 cm 的物种组成和重要值。从表 4-1 可以看出，在 5 个 1000 m² 样地中，胸径＞1 cm 的物种数为 88 种。在胸径大于 1 cm 的植物个体中，相对多度（个体数）最多的是鸭脚木，其次是马尾松和三桠苦，它们的相对多度均大于 10%。相对多度较高的有野漆、灰毛浆果楝、山乌桕和中平树，它们的相对多度在 4.25%～6.78%。从表 4-1 还可看出，相对多度在 1% 以上的只有 18 种，种数只占物种数的 20.45%，其相对多度占群落的 77.812%；相反，相对多度小于 1% 的物种数高达 70 种，占群落物种数的 79.55%，而它们的相对多度之和仅占 22.188%。

从相对频度来看，相对频度最高的是马尾松，其次是三桠苦、野漆和鸭脚木（表 4-1）。相对频度大于 1% 的有 28 种，占物种数的 31.82%，它们的相对频度之和占 79.022%；相对频度小于 1% 的有 60 种，占物种数 68.18%，它们的相对频度之和只占 20.978%。

与相对多度和相对频度不同，相对优势度是以马尾松占绝对优势，其一个种的相对优势度高达 75.533%，其余 87 种的相对优势度只占 24.467%。除马尾松外，相对优势度大于 1% 还有鸭脚木和山乌桕，其相对优势度分别为 6.680% 和 3.318%，其余物种的相对优势度均小于 1%。

按重要值分析（表 4-1），马尾松的重要值为 98.240，接近群落的 1/3，显然，马尾松是群落的优势种和建群种。群落重要值较高的种类有鸭脚木、三桠苦、野漆和山乌桕，它们的重要值均在 10 以上，分别为 27.998、18.589、14.545 和 11.840。重要值大于 5 的种类还有中平树、灰毛浆果楝、簕欓花椒、大沙叶和粗糠柴。重要值在 1 以上的有 41 种，占群落物种数的 46.59%，而占群落物种数 53.41% 的物种的重要值小于 1，可见，在马尾松林群落中超过一半的物种属于稀有种。

表 4-1 马尾松林群落中胸径 >1cm 的物种组成及重要值

序号	种名	相对多度/%	相对频度/%	相对优势度/%	重要值
1	马尾松	12.944	9.763	75.533	98.240
2	鸭脚木	14.536	6.782	6.680	27.998
3	三桠苦	10.759	7.263	0.567	18.589
4	野漆	6.786	6.800	0.959	14.545
5	山乌桕	4.269	4.253	3.318	11.840

序号	种名	相对多度/%	相对频度/%	相对优势度/%	重要值
6	中平树	4.257	3.586	0.945	8.788
7	灰毛浆果楝	4.493	2.172	0.890	7.555
8	箭檔花椒	2.583	4.075	0.666	7.324
9	大沙叶	2.311	3.943	0.745	6.999
10	粗糠柴	2.861	2.989	0.524	6.374
11	大果榕	1.809	2.334	0.706	4.849
12	杜茎山	1.366	2.671	0.047	4.084
13	红荷木	1.282	2.060	0.679	4.021
14	南方荚蒾	2.387	1.493	0.071	3.951
15	斜叶榕	1.679	1.721	0.397	3.797
16	红皮水锦树	1.146	1.841	0.285	3.272
17	枫香	1.206	1.314	0.583	3.103
18	杜英	0.980	1.234	0.742	2.956
19	刨花润楠	0.964	1.428	0.447	2.839
20	黄牛木	0.936	1.426	0.091	2.453
21	华南毛柃	0.972	1.338	0.083	2.393
22	毛稔	1.138	1.060	0.164	2.362
23	山黄皮	0.804	1.288	0.157	2.249
24	椴树	0.954	1.072	0.160	2.186
25	盐肤木	0.654	1.322	0.205	2.181
26	两面针	0.676	1.406	0.016	2.098
27	山杜英	0.648	0.695	0.741	2.084
28	对叶榕	0.742	1.114	0.152	2.008
29	毛桐	0.644	1.274	0.049	1.967
30	海南蒲桃	0.732	0.926	0.188	1.846
31	罗浮柿	0.422	0.962	0.399	1.783
32	黄丹木姜子	0.880	0.537	0.311	1.728
33	假苹婆	0.600	0.697	0.258	1.555
34	大戟科一种	0.586	0.567	0.330	1.483
35	方叶五月茶	0.412	0.952	0.030	1.394
36	展毛野牡丹	0.586	0.699	0.071	1.356

序号	种名	相对多度/%	相对频度/%	相对优势度/%	重要值
37	九节	0.564	0.761	0.023	1.348
38	猪脚楠	0.586	0.379	0.244	1.209
39	构树	0.352	0.613	0.186	1.151
40	潺槁树	0.304	0.701	0.035	1.040
41	余甘子	0.346	0.617	0.039	1.002
42	土密树	0.346	0.617	0.030	0.993
43	毛果算盘子	0.438	0.525	0.012	0.975
44	西南八角枫	0.310	0.527	0.118	0.955
45	猪肚木	0.412	0.429	0.045	0.886
46	水东哥	0.314	0.533	0.018	0.865
47	野桐	0.252	0.379	0.082	0.713
48	山油麻	0.192	0.433	0.033	0.658
49	大果山香圆	0.226	0.254	0.160	0.640
50	齿叶黄皮	0.242	0.363	0.026	0.631
51	水锦树	0.240	0.359	0.021	0.620
52	黄毛榕	0.158	0.363	0.018	0.539
53	五月茶	0.154	0.353	0.018	0.525
54	乌榄	0.100	0.271	0.130	0.501
55	猫尾木	0.226	0.254	0.014	0.494
56	大罗伞	0.198	0.270	0.002	0.470
57	大叶算盘子	0.224	0.174	0.022	0.420
58	香椿	0.168	0.188	0.038	0.394
59	大叶紫珠	0.112	0.254	0.026	0.392
60	白纸扇	0.168	0.188	0.020	0.376
61	大叶朴	0.150	0.174	0.040	0.364
62	黄杞	0.084	0.188	0.084	0.356
63	毛黄肉楠	0.084	0.188	0.064	0.336
64	香叶树	0.084	0.188	0.056	0.328
65	糖胶树	0.080	0.188	0.043	0.311
66	白背桐	0.084	0.188	0.022	0.294
67	秋枫	0.084	0.188	0.022	0.294

续表

序号	种名	相对多度/%	相对频度/%	相对优势度/%	重要值
68	罗葵柃	0.084	0.188	0.023	0.295
69	柿叶木姜子	0.084	0.188	0.018	0.290
70	山黄麻	0.084	0.188	0.014	0.286
71	鸟不企	0.084	0.188	0.008	0.280
72	木姜子	0.084	0.188	0.006	0.278
73	八角枫	0.084	0.188	0.004	0.276
74	常山	0.084	0.188	0.004	0.276
75	大青	0.084	0.188	0.004	0.276
76	柿树科一种	0.084	0.188	0.004	0.276
77	芸香科一种	0.084	0.188	0.004	0.276
78	山石榴	0.084	0.188	0.002	0.274
79	山胡椒	0.080	0.178	0.004	0.262
80	黑面神	0.074	0.174	0.012	0.260
81	粗叶榕	0.082	0.178	0.002	0.262
82	扁担杆	0.081	0.178	0.001	0.260
83	干花豆	0.082	0.178	0.001	0.261
84	舶梨榕	0.082	0.178	0.001	0.261
85	琴叶榕	0.080	0.178	0.001	0.259
86	算盘子	0.081	0.178	0.001	0.260
87	紫薇科一种	0.074	0.174	0.004	0.252
88	苦里根	0.074	0.174	0.002	0.250
	合计	100.000	100.000	100.000	300.000

表 4-2 是马尾松林群落灌木（胸径＜1 cm）层的物种组成和重要值，由表 4-2 可以看出，马尾松林下灌木层的物种组成比较丰富，在 50 个 5 m×5 m 的样方中出现的物种数为 119 种。灌木层中，相对多度最高的是海金沙，占 20.762%，其次是络石，为 10.254%；此外，相对多度＞3%的种类还有三桠苦、舶梨榕、玉叶金花、粗叶榕、勾藤、山芝麻；相对多度＞1%的物种数有 19 种，其相对多度之和为 73.260%，其余相对多度＜1%的 100 种中，其相对多度之和仅占 26.740%。由表 4-2 还可看出，相对频度＞1%的物种有 28 种，其中相对频度较高的有三桠苦（5.396%）、络石（4.976%）、粗叶榕（4.840%）、舶梨榕（4.250%）、玉叶金花（4.008%）等，这些种类的相对频度之和占群落的 68.938%。其余 91 个物种的相

对频度＜1%，其种数占灌木层群落物种数的 76.47%，但其相对频度之和仅占 31.062%。

马尾松林群落灌木层物种的相对优势度，也是以海金沙的最高，为 17.140%，其次是络石、三桠苦和杜茎山，它们的相对优势度分别是 8.244%、7.166%和 4.664%；相对优势度＞1%的物种共有 21 种，占灌木层物种数的 17.65%，其相对优势度之和占 75.234%，而相对优势度＜1%的物种共有 98 种，占灌木层物种数的 82.35%，其相对优势度之和只占 24.766%。

从马尾松林群落灌木层（含层间植物）物种的重要值分析，重要值＞10 的物种有 7 种，它们是海金沙、络石、三桠苦、杜茎山、舶梨榕、玉叶金花和粗叶榕，其重要值分别是 41.346、23.474、18.304、11.380、11.130、10.992、10.714，显然这些种类是马尾松林群落灌木层的优势种和共优势种。从表 4-2 还可看出，马尾松林群落灌木层植物重要值＞1 的有 54 种，占灌木层物种数的 45.38%，其重要值之和为 269.329，占灌木层植物重要性的 89.78%；群落灌木层植物重要值＜1 的有 65 种，占灌木层物种数的 54.62%，其重要值之和为 30.671，只占灌木层植物重要值的 10.22%。

表 4-2　马尾松林群落灌木（胸径＜1 cm）层的物种组成和重要值

序号	种名	相对多度/%	相对频度/%	相对优势度/%	重要值
1	海金沙	20.762	3.444	17.140	41.346
2	络石	10.254	4.976	8.244	23.474
3	三桠苦	5.742	5.396	7.166	18.304
4	杜茎山	2.836	3.870	4.664	11.380
5	舶梨榕	4.190	4.250	2.690	11.130
6	玉叶金花	3.170	4.008	3.814	10.992
7	粗叶榕	3.906	4.840	1.968	10.714
8	勾藤	3.724	1.538	4.500	9.762
9	两面针	1.554	3.552	2.528	7.634
10	野漆	1.868	3.562	1.822	7.252
11	山芝麻	3.498	1.100	2.644	7.242
12	大沙叶	1.300	2.026	2.440	5.766
13	粗糠柴	1.374	2.138	1.760	5.272
14	马莲鞍	2.008	2.430	0.684	5.122
15	鸭脚木	1.170	2.004	1.942	5.116
16	草珊瑚	2.068	1.640	1.130	4.838
17	灰毛浆果楝	0.974	1.434	2.392	4.800

序号	种名	相对多度/%	相对频度/%	相对优势度/%	重要值
18	粗叶悬钩子	0.998	0.646	3.122	4.766
19	土密树	1.094	2.540	0.972	4.606
20	藤构	0.978	1.484	1.666	4.128
21	毛桐	0.542	1.442	1.362	3.346
22	菝葜	0.936	2.020	0.370	3.326
23	簕欓花椒	0.874	1.308	0.630	2.812
24	细圆藤	0.822	1.340	0.620	2.782
25	九节	0.650	1.088	0.962	2.700
26	琴叶榕	1.368	0.644	0.642	2.654
27	粪箕笃	0.814	1.468	0.368	2.650
28	越南悬钩子	0.650	0.782	1.102	2.534
29	地桃花	1.374	0.836	0.306	2.516
30	牛白藤	0.684	0.982	0.662	2.328
31	山乌桕	0.768	1.210	0.300	2.277
32	乌蔹梅	0.414	1.572	0.264	2.250
33	羊角藤	0.632	0.454	1.138	2.224
34	薯芋	0.484	1.258	0.352	2.093
35	菝葜	0.754	0.624	0.680	2.058
36	山黄皮	0.406	0.932	0.654	1.991
37	南方菝葜	0.738	0.306	0.732	1.776
38	念珠藤	0.760	0.564	0.432	1.755
39	毒根斑鸠菊	0.246	0.644	0.854	1.744
40	八角枫	0.494	0.744	0.268	1.506
41	方叶五月茶	0.118	0.514	0.874	1.506
42	山黄麻	0.406	0.848	0.248	1.502
43	齿叶黄皮	0.222	0.806	0.428	1.456
44	鹿藿	0.634	0.544	0.244	1.421
45	千里光	0.412	0.758	0.248	1.418
46	网脉酸藤子	0.186	0.304	0.904	1.394
47	斑鸠菊	0.316	0.836	0.242	1.394
48	酸藤子	0.322	0.424	0.632	1.378
49	崖豆藤	0.304	0.494	0.472	1.270

序号	种名	相对多度/%	相对频度/%	相对优势度/%	重要值
50	毛果算盘子	0.304	0.560	0.308	1.172
51	劈荔	0.890	0.202	0.060	1.152
52	毛稔	0.292	0.684	0.170	1.146
53	大青	0.294	0.560	0.226	1.080
54	杜英	0.332	0.596	0.146	1.074
55	红皮水锦树	0.182	0.478	0.336	0.995
56	盐肤木	0.190	0.446	0.344	0.980
57	白背桐	0.256	0.546	0.148	0.950
58	斜叶榕	0.250	0.526	0.174	0.950
59	假鹰爪	0.204	0.580	0.136	0.920
60	铁线莲	0.128	0.588	0.176	0.892
61	鸡矢藤	0.218	0.608	0.034	0.860
62	银背藤	0.206	0.342	0.278	0.826
63	野桐	0.210	0.462	0.144	0.816
64	桑科一种	0.372	0.304	0.066	0.741
65	葫芦茶	0.302	0.272	0.166	0.740
66	假苹婆	0.060	0.136	0.538	0.734
67	余甘子	0.098	0.428	0.174	0.700
68	石岩枫	0.268	0.238	0.178	0.684
69	枫香	0.224	0.152	0.300	0.675
70	黄牛木	0.090	0.412	0.168	0.670
71	水东哥	0.212	0.136	0.322	0.670
72	扁担杆	0.120	0.272	0.268	0.660
73	水锦树	0.182	0.276	0.168	0.626
74	大叶山芝麻	0.120	0.276	0.216	0.612
75	华南毛柃	0.060	0.282	0.270	0.612
76	掌叶榕	0.224	0.304	0.066	0.594
77	罗浮柿	0.182	0.276	0.118	0.576
78	黄丹木姜子	0.134	0.408	0.032	0.574
79	常山	0.114	0.102	0.330	0.546
80	毛黄肉楠	0.058	0.238	0.218	0.514
81	野牡丹	0.122	0.276	0.108	0.506

续表

序号	种名	相对多度/%	相对频度/%	相对优势度/%	重要值
82	山油麻	0.224	0.152	0.120	0.496
83	白花酸藤果	0.152	0.276	0.060	0.488
84	番石榴	0.030	0.136	0.322	0.488
85	大花紫玉盘	0.030	0.140	0.270	0.440
86	桃金娘	0.090	0.272	0.064	0.426
87	扁担藤	0.028	0.102	0.276	0.406
88	破布木	0.028	0.102	0.276	0.406
89	买麻藤	0.074	0.152	0.180	0.405
90	珠仔树	0.152	0.136	0.108	0.396
91	当归藤	0.030	0.140	0.216	0.386
92	瓜馥木	0.122	0.136	0.108	0.366
93	山胡椒	0.074	0.152	0.120	0.345
94	丝瓜	0.030	0.140	0.162	0.332
95	展毛野牡丹	0.066	0.254	0.012	0.332
96	干花豆	0.112	0.152	0.060	0.324
97	包茎菝葜	0.076	0.170	0.070	0.316
98	罗伞树	0.086	0.102	0.110	0.298
99	大果榕	0.030	0.140	0.108	0.278
100	黑面神	0.058	0.202	0.012	0.272
101	断肠草	0.060	0.140	0.054	0.254
102	榆科	0.060	0.136	0.054	0.250
103	红紫珠	0.028	0.102	0.110	0.240
104	萝藦科一种	0.028	0.102	0.110	0.240
105	纤毛扁担杆	0.028	0.102	0.110	0.240
106	黄独	0.074	0.152	0.006	0.232
107	米扬噎	0.074	0.152	0.006	0.232
108	石松	0.074	0.152	0.006	0.232
109	中平树	0.030	0.136	0.054	0.220
110	竹叶榕	0.038	0.152	0.006	0.196
111	楤木	0.028	0.102	0.056	0.186
112	算盘子	0.028	0.102	0.056	0.186
113	虎掌藤	0.030	0.140	0.006	0.176

续表

序号	种名	相对多度/%	相对频度/%	相对优势度/%	重要值
114	黄毛榕木	0.030	0.140	0.006	0.176
115	乌胶木	0.030	0.136	0.006	0.172
116	黄姜	0.058	0.102	0.006	0.166
117	老鼠拉冬瓜	0.058	0.102	0.006	0.166
118	红荷木	0.028	0.102	0.012	0.142
119	亮叶崖豆藤	0.028	0.102	0.012	0.142

表 4-3 是马尾松林群落草本层的植物组成和重要值。从表 4-3 可以看出，马尾松林群落草本层的物种数为 24 种，其中相对多度最大的是小花露籽草和半边旗，其相对多度分别为 22.682%和 20.708%；相对多度较大的种类还有蔓生莠竹（12.820%）、铁芒萁（7.782%）、荩草（7.032%）、淡竹叶（5.242%）、东方乌毛蕨（4.928%）和飞机草（4.064%），大型蕨类植物金毛狗和高草植物棕叶芦、五节芒也有一定分布，其相对多度分别是 1.888%、2.532%和 2.052%。

马尾松林群落草本层植物的相对频度，以半边旗和小花露籽草为最高，分别是 17.868%和 12.194%，其次是铁芒萁、荩草和蔓生莠竹，它们的相对频度分别是 9.690%、9.122%和 9.040%；飞机草和淡竹叶的也较高，分别为 7.194%和 6.538%；其余种类的相对频度均小于 5%（表 4-3）。

马尾松林群落草本层植物中，相对优势度＞10%的种类较多，有 5 种，即铁芒萁、半边旗、金毛狗、蔓生莠竹和小花露籽草，其相对优势度分别是 16.560%、15.028%、12.326%、10.262%和 10.008%；相对优势度较大的种类还有东方乌毛蕨（9.240%）、飞机草（7.020%）、棕叶芦（5.598%）。

从马尾松林群落草本层植物的重要值分析，重要值＞10 的物种有 10 种，它们是半边旗（53.604）、小花露籽草（44.884）、铁芒萁（34.032）、蔓生莠竹（32.122）、飞机草（18.278）、东方乌毛蕨（18.250）、荩草（18.214）、金毛狗（17.140）、淡竹叶（14.448）、棕叶芦（10.968），显然这些种类是马尾松林群落草本层的优势种和共优势种（表 4-3）。从表 4-3 还可看出，马尾松林群落草本层植物重要值较大的还有肾蕨、五节芒和扇叶铁线蕨，其重要值分别是 8.568、8.350 和 5.802，这些种类在群落草本层中也有较重要的地位。

表 4-3　马尾松林群落草本层的植物组成和重要值

序号	种名	相对多度/%	相对频度/%	相对优势度/%	重要值
1	半边旗	20.708	17.868	15.028	53.604
2	小花露籽草	22.682	12.194	10.008	44.884

序号	种名	相对多度/%	相对频度/%	相对优势度/%	重要值
3	铁芒萁	7.782	9.690	16.560	34.032
4	蔓生莠竹	12.820	9.040	10.262	32.122
5	飞机草	4.064	7.194	7.020	18.278
6	东方乌毛蕨	4.928	4.082	9.240	18.250
7	荩草	7.032	9.122	2.060	18.214
8	金毛狗	1.888	2.926	12.326	17.140
9	淡竹叶	5.242	6.538	2.668	14.448
10	棕叶芦	2.532	2.838	5.598	10.968
11	肾蕨	2.236	3.452	2.880	8.568
12	五节芒	2.052	3.388	2.910	8.350
13	扇叶铁线蕨	1.968	3.360	0.474	5.802
14	黄茅	1.280	1.622	0.792	3.694
15	团叶鳞始蕨	0.724	2.040	0.100	2.864
16	莎草	0.948	0.540	0.360	1.848
17	艳山姜	0.142	0.540	0.720	1.402
18	蹄盖蕨	0.090	0.500	0.418	1.008
19	华南毛蕨	0.258	0.488	0.224	0.970
20	厚叶双盖蕨	0.134	0.500	0.292	0.926
21	井栏边草	0.344	0.526	0.048	0.918
22	闭鞘姜	0.068	0.526	0.004	0.598
23	华山姜	0.034	0.526	0.004	0.564
24	高秆珍珠茅	0.044	0.500	0.004	0.548

4.2.2 马尾松林群落的物种多样性

据 2011 年对 5 个 1000 m² 样地的调查结果,马尾松林群落乔木层(胸径>1 cm)的物种丰富度变化在 23~48 种/1000 m²,平均为 39 种,变异系数为 25.45%;香农-威纳(Shannon-Wiener)指数变化在 2.41~3.15,变异系数为 10.09%;皮卢(Pielou)均匀度指数的平均值为 0.80,变异系数为 3.23%(表 4-4)。

马尾松林群落灌木层的物种数平均为 58.6 种/250 m²,变异系数为 18.64%;Shannon-Wiener 指数平均值为 3.06,变异系数为 10.64%;Pielou 均匀度指数的平均值为 0.75,变异系数为 6.92%(表 4-4)。

马尾松林群落草本层的物种数平均为 13.4 种/100 m²,变异系数为 13.56%;

Shannon-Wiener 指数低于乔木层和灌木层，平均值为 1.99，变异系数为 8.80%；Pielou 均匀度指数居乔木层和灌木层之间，平均值为 0.77，变异系数为 11.15%（表 4-4）。

表 4-4　马尾松林群落的物种多样性

层次	指数	样方号					平均值	标准差	变异系数/%
		1	2	3	4	5			
乔木层	$S/(种/1000\ m^2)$	48	41	46	23	37	39	9.92	25.45
	H	3.02	3.07	3.15	2.41	2.86	2.90	0.29	10.09
	J	0.78	0.83	0.82	0.77	0.79	0.80	0.03	3.23
灌木层	$S/(种/250\ m^2)$	57	72	63	59	42	58.6	10.92	18.64
	H	3.11	3.56	3.10	2.82	2.72	3.06	0.33	10.64
	J	0.77	0.83	0.75	0.69	0.73	0.75	0.05	6.92
草本层	$S/(种/100\ m^2)$	14	11	15	12	15	13.4	1.82	13.56
	H	1.80	1.97	2.17	2.17	1.84	1.99	0.18	8.80
	J	0.68	0.82	0.80	0.87	0.68	0.77	0.09	11.15

注：S 为物种丰富度；H 为 Shannon-Wiener 指数；J 为 Pielou 均匀度指数

4.2.3　马尾松林群落植物功能群的相对丰富度

根据 5 个 1000 m^2 样地的调查结果，马尾松林群落中出现的植物共 182 种，6390 株。本书将植物划分为木本植物、藤本植物、禾草植物、蕨类植物、杂草植物和入侵植物 6 种植物功能群，分析不同植物功能群的相对丰富度。从表 4-5 可以看出，马尾松林群落是以木本植物功能群为主，其相对丰富度最高，为 41.46%；其次是藤本植物功能群，其相对丰富度为 25.24%；禾草植物功能群和蕨类植物功能群也占据较高比例，分别是 17.77% 和 13.15%；杂草植物功能群的相对丰富度最低，仅为 0.95%；而入侵植物功能群的相对丰富度明显高于杂草植物功能群，为 1.44%（表 4-5）。

表 4-5　马尾松林群落植物功能群的相对丰富度　　　　　　（单位：%）

功能群	样方号					平均值	标准差	变异系数
	1	2	3	4	5			
木本植物	35.81	49.89	46.50	37.03	38.08	41.46	6.32	15.24
藤本植物	22.82	17.82	22.44	40.21	22.88	25.24	8.64	34.22
禾草植物	23.05	19.65	18.18	8.77	19.21	17.77	5.35	30.13
蕨类植物	16.97	10.25	7.51	12.84	18.17	13.15	4.48	34.05

功能群	样方号					平均值	标准差	变异系数
	1	2	3	4	5			
杂草植物	0.23	0.00	1.69	1.15	1.66	0.95	0.79	83.98
入侵植物	1.12	2.39	3.68	0.00	0.00	1.44	1.59	110.78

4.2.4 马尾松林群落的结构特征

据 2011 年对 5 个 1000 m² 样地的调查结果，马尾松林分主林层林木的平均胸径为 26.35 cm，平均树高 17.87 m，平均密度为 274 株/hm²。更新层林木的平均胸径、平均树高和平均密度分别为 4.13 cm、5.20 m 和 2354 株/hm²（表 4-6）。从表 4-6 还可看出，主林层林木的密度变化较大，变异系数为 39.44%，更新层林木密度的变化较小，变异系数为 12.85%。

表 4-6 马尾松林群落结构

样方号	主林层			更新层		
	密度 /(株/hm²)	平均胸径 /cm	平均树高 /m	密度 /(株/hm²)	平均胸径 /cm	平均树高 /m
1	150	28.06	16.11	2390	4.36	4.92
2	300	26.99	16.42	2820	3.64	4.21
3	440	22.64	18.27	2390	3.66	4.70
4	260	28.11	19.25	2110	4.44	5.50
5	220	26.04	19.28	2060	4.55	6.66
平均值	274	26.35	17.87	2354	4.13	5.20
标准差	108.07	2.25	1.52	302.37	0.44	0.94
变异系数/%	39.44	8.55	8.51	12.85	10.74	18.07

4.3 试验林的营造与试验设计

4.3.1 试验林的营造

2011 年 11 月，对试验区中的 45 hm² 马尾松林实施采伐。随后对采伐迹地进行人工清理，按照随机区组设计方法，设置 Ⅰ、Ⅱ、Ⅲ主区（图 4-1），即三个重复，每个重复设立 4 个 2 hm² 试验小区，于 2012 年春季按"双龙出海"模式（图 4-2）种植桉树。在每个重复中的 1 小区是桉树纯林；2 小区是桉树×红锥混交林；3 小区是桉树×降香黄檀混交林；4 小区是桉树×望天树混交林。桉树纯林的造林密度均为 1333 株/hm²，窄行的行距为 2 m，株行距为 2 m×2 m，宽行为 7 m；混交林包括桉树×红锥混交林、桉树×降香黄檀混交林和桉树×望天树混交林。混交林中，桉树按纯林规格造林，珍贵乡土树种种植于宽行之间，每公顷的株数为 334 株。试验林地的管理及抚育措施一致，均为人工带状整地，带宽为 1m，深 20 cm，长度沿等高线延伸。人工挖穴，规格为 50 cm×50 cm×30 cm。桉树种植前 7 天，每穴施 250 g 复合肥作基肥，定植后的第一年追肥 1 次，每穴施 500 g 桉树专用肥；珍贵乡土树种不施肥。2012 年和 2013 年秋季，进行人工抚育，沿等高线作业，以种植行为中心，抚育带宽 1～1.5 m，深度≥20 cm。2013 年 12 月后，停止人为干预，让林下植被自然恢复。2014 年 1 月，在各林分随机设置 12 个 30 m×20 m 的固定样方，共计 144 个样方（12 样地×4 林分×3 重复）。

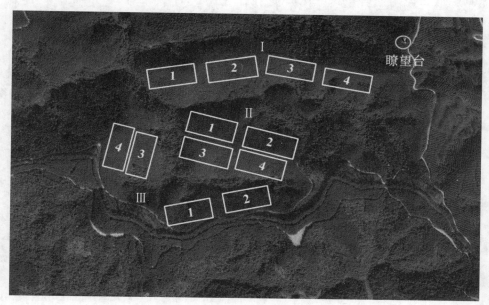

图 4-1　试验分区设计图

4.3.2　试验设计理念

　　森林资源是实现经济社会可持续发展的物质基础，是国家生态安全的重要保证，增加森林资源也是科学应对全球气候变暖的有效措施。面对全球天然林资源大幅减少、森林资源总量急剧下降的严峻现实，世界各国都在大力发展人工林，以缓解木材、林产品和生态系统服务功能的供需矛盾，保持经济社会生态的持续健康发展。

图 4-2　试验林分构建

（a）1975 营造的马尾松林外貌（2011-07 摄）；（b）挖坎整地（2011-12 摄）；（c）试验林营建（2012-05 摄）；（d）

幼林外貌（2013-07 摄）；（e）林分外貌（2018-07 摄）；（f）桉林采伐（2019-07 摄）

　　我国是世界上人工林保存面积最大的国家，也是森林资源匮乏的国家。广西是我国人工林面积最大的省区，速生丰产林面积居全国首位。人工林的快速发展，在提高国家可用木材资源总量、增加森林覆盖率、保障国家木材安全、增强应对气候变化能力、促进林农增收等方面发挥了巨大的作用。但是，随着人工林的大规模发展，人工林生物多样性下降、地力退化、生态系统服务功能剧降、面源污染扩大、病虫害风险加剧等生态环境问题日趋严峻（刘世荣等，2018；温远光等，2018）。人工林发展过程中经济功能与生态功能、经济效益与生态效益、长期效益与短期效益的不协调，日益成为影响人工林可持续经营和区域生态安全的重大障碍，受到国际社会的广泛关注。

长期以来，国内外对桉树发展有三大疑问：在短周期多代纯林连栽制度下桉树人工林的长期生产力能否保持？桉树人工林生态系统服务功能能否长期维持？有千年人工林文明的中国，通过完善和改变营林方法，能否既保证木材高产稳产又增强生态系统服务功能？

中国经济蓬勃发展和可持续发展战略实施对木材原料和生态系统服务功能存在巨大的刚性需求。要满足经济社会高速发展和人民生活水平提高对木材、林产品和生态产品的巨大需求，实现经济社会可持续发展目标，必须大力发展速生丰产林，迅速增加可利用森林资源。因此，发展南方速生丰产林关系到国家的木材安全、资源安全和生态安全，已成为国家重大战略需求。因此，我国政府提出，到 2020 年将新增人工林面积 4000 万 hm^2，使人工林面积突破 1 亿 hm^2，约占全国森林面积的 1/2。如何解决人工林生态系统服务和木材产量的权衡将成为国家未来重大科技需求。

针对当前热带亚热带人工林经济价值较高、生态风险较大（如桉树人工林），生态功能较强、经济价值较低（如相思树种人工林），以及经济价值高、生态功能较强、效益迟缓（如一些珍贵树种）等人工林经济功能与生态功能不协调等问题，开展基于生态功能与经济功能协调的多目标生态高值人工林生态经济范式设计，在研究思路上将人工林结构与功能、生态与经济有机结合，在实现人工林木材生产不减、比较效益倍增的同时，实现生态系统服务功能的提升；在设计理念上将短期效益与长期效益相结合、速生树种与慢生树种相结合、广谱性用材与珍贵用材相结合、单一木材需求与生态系统服务的多目标需求相结合、生态系统服务提升与经济价值提升相结合；在技术方法上利用低干扰、低投入、低污染、绿色可持续经营技术，实现生态高值人工林林分、生态系统和景观的可持续经营，促进人工林的科学发展。

第 5 章 桉树生态营林试验研究方法

5.1 林 分 调 查

5.1.1 林分生长量调查

林分生长（stand growth）通常是指林分的蓄积量随着林龄的增加所发生的变化，而林木胸径和树高的变化是评价林分生长的基础。于 2018 年 1 月，将每个 600 m^2 的样地细分成 6 个 10 m×10 m 的样方，并以此为单位，对 144 个样地进行每木检尺，实测林木胸径、树高、枝下高和冠幅等，进而分析在一个经营周期内桉树生长量（包括胸径、树高、蓄积量）的动态变化。

5.1.2 林分生物量调查

林分生物量（stand biomass）指在一定时间，单位面积林分内所有有机物质的总和，通常以 t/hm^2 或 kg/hm^2 表示。林分生物量包括林木的生物量（干、皮、枝、叶、根、花果、种子和凋落物等的总重量）和林下植被的生物量。林木生物量是衡量森林结构与功能变化的重要指标，也是陆地生态系统碳循环和碳动态分析的基础，在全球气候变化研究中具有不可替代的作用。分别于 2016 年 1 月和 2018 年 7 月开展林木生物量测定。在样地每木检尺的基础上，根据林木径阶分布，在固定样地外选取不同径阶的标准木，共 46 株。径阶标准木选定后，伐倒。地上部分，按 Monsic 分层切割法，每 2 m 为一区分段，分干材、干皮、枝、叶测定鲜重。地下部分，采用全根挖掘法（刘世荣和温远光，2005），按根兜、粗根（根系直径＞2.0 cm）、细根（0.5～2 cm）和吸收根（＜0.5 cm）称其鲜重。在测定器官鲜重的同时分别采集各器官部分样品（一般不小于 500 g），带回室内，测定各器官的含水率及干重。

在林木生物量测定的同时，测定林下植被的生物量。根据林下植被调查结果，在固定样地外同类林分中，选择林下植被的代表性地段，于每个样地周围各设置 3 个 2 m×2 m 和 3 个 1 m×1 m 的小样方，采用收获法测定小样方内灌木层和草本层植被的生物量，在 1 m×1 m 的小样方同时收集林地枯落物的现存量。将小样方内的植物按地上部分和地下部分收获并称重，同时采集部分样品，带回室内，在 85 ℃恒温下烘至恒重，进而计算林下植被各组分的含水率和干重。

5.2　群　落　调　查

5.2.1　乔木层植物群落调查

在 144 个样方中，将每个 30 m×20 m 样地划分为 6 个 10 m×10 m 样方，分别于 2018 年 1 月，记录树高大于 3 m 的林木的种名、株数、高度、盖度。

5.2.2　灌木层植物群落调查

在 144 个样方中，将每个 30 m×20 m 样地划分为 6 个 10 m×10 m 样方，分别在 2 号样方右上角、4 号及 6 号样方右下角设置 1 个 5 m×5 m 的小样方，于 2018 年 1 月，记录林下灌木层植物的种名、株数、高度、盖度。

5.2.3　草本层植物群落调查

在 144 个样方中，将每个 30 m×20 m 样方划分为 6 个 10 m×10 m 中样方，分别在 2 号中样方右上角、4 号及 6 号样方右下角设置 1 个 2 m×2 m 的小样方，于 2018 年 1 月，记录林下草本植物的种名、株数、高度、盖度。

5.3　土壤调查和样品采集

5.3.1　土壤调查

在每个样方中随机挖取 2 个土壤剖面，分为 0～20 cm、20～40 cm、40～60 cm 三个土层，采用环刀法测定土壤物理性质，同时采集各个土层的土样，风干用于土壤化学性质的测定。

5.3.2　土壤样品采集

在每个 30 m×20 m 样方中心及距离样方中心 9～10 m 处，每隔 45°设置一个采样点，共 9 个采样点（图 5-1），用内径为 8.5 cm 的不锈钢土钻采集 0～10 cm 土层的土样，去除植物根系及石砾，制成混合土样后过 2 mm 孔径筛，将样品分为 3 份，一份风干用于测定土壤物理化学性质，一份迅速冷冻干燥用于土壤微生物群落磷脂脂肪酸（PLFA）分析，另一份保存于 4℃冰箱用于土壤酶活性、微生物生物量碳氮及铵态氮、硝态氮的测定。

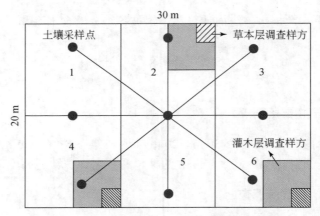

图 5-1　林下植被及土壤样品采样点分布图

5.4　室内样品分析

5.4.1　植物样品的处理和测定

将植物样品带回实验室用烘箱 105 ℃进行杀青，后在 85 ℃恒温烘至恒重，并算出含水率。烘干后的植物样品干物质粉碎后过 60 目筛，对所有样品编号后全碳采用重铬酸钾氧化-外加热法测定，全氮采用 H_2SO_4-H_2O_2 消煮法 AA3 型连续流动分析仪测定，全磷采用 H_2SO_4-H_2O_2 消煮-钒钼黄比色法测定。

5.4.2　土壤物理化学性质测定

（1）土壤物理性质测定

采用环刀法测定土壤容重、土壤孔隙度、土壤含水量、土壤最大持水量、土壤田间持水量等物理性状。

（2）土壤化学性质测定

取 10 g 风干土样与去离子水（土样与去离子水质量体积比为 1：2.5）充分混匀，待土壤溶液澄清后，取上清液，用 pH 计（Starter2100，Ohaus，USA）测定土壤 pH。土壤有机碳含量采用重铬酸钾氧化-外加热法测定，全氮采用凯氏定氮法在全自动凯氏定氮仪（Kjeltec 8420，Foss，Dánsko）上测定，全磷采用氢氧化钠碱熔-钼锑抗比色法测定，有效磷用钼锑抗比色法测定，速效钾采用乙酸铵浸提-火焰光度计法测定（鲍士旦，2000）。称取 10 g 鲜土，用 0.5 mol/L K_2SO_4 溶液提取后于总有机碳分析仪（Multin/C3100，Foss，Dánsko）测定土壤可溶性有机碳（dissolved organic carbon，DOC）及可溶性有机氮（dissolved organic nitrogen，

DON）含量。铵态氮、硝态氮经 2 mol/L KCl 溶液提取后采用 AA3 型连续流动分析仪测定。

5.4.3　土壤微生物测定

（1）土壤微生物群落磷脂脂肪酸测定

本研究采用 Bossio 和 Scow（1998）改进的方法测定 PLFA。具体操作步骤为：称取 8 g 冷冻干燥的土样，置于事先采用己烷清洗并干燥的 35 ml Teflon 离心管中，加 5 ml 磷酸缓冲液，再加 6 ml 氯仿（$CHCl_3$）和 12 ml 甲醇（MeOH）。中速振荡 2 h 后在 25 ℃温度下，2500 r/min 离心 10 min。将离心上清液小心倒入分离漏斗，加入 12 ml 氯仿和 12 ml 磷酸缓冲液。同时加 23 ml 提取液于离心管中的剩余样品中，涡流搅拌并在振荡器上摇动 0.5 h，然后 25 ℃、2500 r/min 离心 10 min，将离心液倒入对应的分离漏斗。均匀摇动分离漏斗 2 min，黑暗条件下静置过夜。第二天上午将分离漏斗中的下层溶液缓慢放入大口径的长玻璃试管，在 30～32 ℃的水浴锅中用 N_2 吹干氯仿浓缩磷脂。加 5 ml 氯仿调节柱子，用 4 份 250 μl 氯仿转移磷脂到硅胶柱中。过柱后再加 5 ml 氯仿洗去中性脂肪酸；加 2 次 5 ml 丙酮（C_3H_6O）过柱洗去糖脂脂肪酸。过柱后加 5 ml 甲醇，并收集过柱的脂肪酸。再次在 32 ℃的水浴锅中用 N_2 吹干浓缩后加 1 ml 1∶1 的 MeOH∶C_7H_8（甲苯）溶液和 1 ml 0.2 mol/L KOH，涡流搅拌充分混匀，在 37 ℃水浴加热 15 min 后加 0.3 ml 乙酸、2 ml 正己烷及 2ml 超纯水，低速下摇动 10 min，用移液枪小心将上层溶液移至一次性螺口小管。再加 2 ml 己烷，摇动 10 min 后，再次用移液枪将上层溶液移至对应的螺口小管中，用 N_2 吹干。用加有内标（19∶0）的正己烷溶解后，用气相色谱（安捷伦 6890）结合 MIDI 微生物鉴定系统来确定微生物的类群。单个脂肪酸种类用 nmol/g 干土表示，单个标记的相对丰度用摩尔百分比（mol%）表示。

在各个组分中，采用 9∶0，12∶0，14∶0，14∶1ω5c，15∶0 iso，15∶0 anteiso，15∶0，16∶0 iso，16∶1ω7c，16∶1 2OH，17∶0 iso，17∶0，17∶0 anteiso，17∶1ω6c，17∶1ω7c，17∶1ω8c，18∶0，19∶0，17∶0 cyclo，19∶0 cyclo 指示细菌（Frostegård & Bååth，1996；Bossio & Scow，1998）；其中，15∶0 iso，15∶0 anteiso，16∶0 iso，17∶0 iso，17∶0 anteiso 指示革兰氏阳性菌（Gram-positive bacteria，GP）；14∶1ω5c，16∶1ω7c，17∶1ω6c，17∶1ω7c，17∶1ω8c 指示革兰氏阴性菌（Gram-negative bacteria，GN），且这些标记物能指示土壤 N 循环，其含量越高，表明 N 循环越快（Bossio & Scow，1998）。采用 16∶1ω5c，18∶1ω9c 及 18∶2ω6，9c 指示真菌，其中 16∶1ω5c 指示丛枝菌根真菌。真菌/细菌的比例用真菌的 PLFA 量与各细菌指示物的总 PLFA 量来计算（Frostegård & Bååth，1996；Bardgett et al.，1996）。其他的种类如 16∶1ω9c，17∶1ω5c，17∶1ω8c，18∶1ω5c、18∶3ω3c、18∶3ω6c、20∶1ω9c 等仍然用来计算微生物的总量和群落组成。

（2）土壤微生物生物量碳、生物量氮测定

采用氯仿熏蒸浸提法（chloroform fumigation extraction method，FE）提取土壤微生物生物量碳（microbial biomass carbon，MBC）、生物量氮（microbial biomass nitrogen，MBN）。每个土样称取相当于 10 g 烘干土的新鲜土样 1 份，放于 100 ml 塑料瓶，用于氯仿熏蒸培养，具体方法是：将放置土样的塑料瓶置于底部放置湿滤纸的真空干燥器中，同时放入装有 10 ml 氯仿的小烧杯（放防暴沸瓷片）1 个，并放置 1 个装有 50 ml 稀 NaOH 溶液的小烧杯，以吸收熏蒸期间释放出来的 CO_2，然后抽真空使氯仿剧烈沸腾 3～5 min 后关闭真空干燥器阀门，于 25 ℃培养箱黑暗培养 24 h。培养结束后，用真空泵反复抽真空以去除参与的氯仿。熏蒸结束后，每个样品同时称取等量新鲜土样做未熏蒸土样对照。分别在放置熏蒸及未熏蒸土样的塑料瓶中，加入 50 ml 0.5 mol/L 的 K_2SO_4 溶液，振荡 30 min 后过滤，澄清溶液立即采用总有机碳仪测定微生物生物量碳、生物量氮。微生物生物量碳含量换算公式为：MBC=$\Delta E_C/K_C$，其中 ΔE_C 为熏蒸与未熏蒸土样浸提液中可溶性有机碳含量的差值，K_C 为转换系数，取值为 0.38（Vance et al.，1987）。微生物生物量氮含量换算公式为：MBN=$\Delta E_N/K_N$，ΔE_N 为熏蒸与未熏蒸土样浸提液中可溶性有机氮含量的差值，K_N 为转换系数，取值为 0.45（Brookes et al.，1985）。

（3）土壤酶活性测定

本书集中测定α-葡萄糖苷酶（α-glucosidase，AG）、β-葡萄糖苷酶（β-glucosidase，BG）、β-D-纤维二糖水解酶（β-D-cellobiosidase，CBH）、β-1，4-N-乙酰葡糖胺糖苷酶（β-1，4-N-acetylglucosaminidase，NAG）、亮氨酸氨肽酶（leucine aminopeptidase，LAP）、酸性磷酸酶（acid phosphatase，ACP）、酚氧化酶（phenol oxidase，PHO）、过氧化物酶（peroxidase，PEO）8 种酶活性（表 5-1），其中 AG 为将淀粉降解为葡萄糖的重要酶，BG 和 CBH 分别是将纤维素降解为葡萄糖和纤维二糖的重要酶，这 3 种酶表征着土壤碳循环的 3 个重要步骤；NAG 参与氮循环中几丁质和肽聚糖的降解，LAP 则从多肽中水解亮氨酸和其他氨基酸，这两种酶表征着土壤氮循环的两个重要步骤；ACP 可水解土壤磷循环中的重要底物磷酸多糖和磷酸酯；PHO 和 PEO 是参与木质素降解的重要氧化酶（Sinsabaugh & Follstad Shah，2012）。

土壤水解酶类的活性测定采用微孔板荧光法，利用底物与酶水解释放 4-甲基伞形酮酰（4-methylumbelliferyl，4-MUB）和 7-氨基-4-甲基香豆素（7-amino-4-methylcoumarin，AMC）进行荧光检测的原理（Grandy et al.，2008），使用多功能酶标仪（Scientific Fluoroskan Ascent FL，Thermo）测定，各种酶的水解底物见表 5-1。

土壤悬浊液制备：称取 1 g 鲜土于 100 ml 离心管中，加入 50 mmol/L 灭菌后冷却的乙酸缓冲液 125 ml，在磁力搅拌器上搅拌 10 min 充分混匀，制成土壤均质悬浊液。土壤酶活性测定：取 200 μl 样品悬浊液于 96 孔微孔板中，每个样品做 8 个平行，样品微孔中加入 50 μl 200 μmol/L 的底物；空白微孔中加入 50 μl 去离子水和 200 μl 样品悬浊液；阴性对照微孔中加入 50 μl 底物和 200 μl 去离子水；淬火标准微孔中加入 50 μl 标准物质（10 μmol/L 4-MUB）和 200 μl 样品悬浊液；参考标准微孔中加入 50 μl 标准物质和 200 μl 去离子水。每个样品的空白、阴性对照、淬火标准和参考标准均做 8 个平行。微孔板于 25 ℃黑暗条件下培养 4 h，然后在每孔中加入 10 μl 0.5 mol/L 的 NaOH 结束反应，反应 1 min 后用酶标仪测定荧光值。4-MUB 和 AMC 在 365 nm 处激发，在 450 nm 处检测荧光值。

表 5-1　所测土壤酶的名称、缩写和底物

类别	名称	缩写	底物
水解酶	α-葡萄糖苷酶	AG	4-MUB-α-D-glucoside
	β-葡萄糖苷酶	BG	4-MUB-β-D-glucoside
	β-D-纤维二糖水解酶	CBH	4-MUB-β-D-cellobioside
	β-1, 4-N-乙酰葡萄糖胺糖苷酶	NAG	4-MUB-N-acetyl-β-D-glucosaminide
	亮氨酸氨肽酶	LAP	L-Leucine-7-amino-4-methylcoumarin
	酸性磷酸酶	ACP	4-MUB-phosphate
氧化酶	酚氧化酶	PHO	L-dopa
	过氧化物酶	PEO	L-dopa

过氧化物酶活性和酚氧化酶采用左旋多巴胺（L-DOPA）为底物进行测定（Sinsabaugh et al.，1993）。过氧化物酶活性测定步骤：每个土样均称取 2 份 1 g 新鲜土样，分别做土样和空白对照，各加入 2 ml 5 mmol/L 的 L-DOPA，0.2 ml 过氧化氢（0.3%）及 1.5 ml pH 为 5.0 的乙酸钠溶液，20 ℃恒温 100 r/min 振荡培养 60 min。酚氧化酶活性测定步骤：每个土样均称取 2 份 1 g 新鲜土样，分别做土样和空白对照，各加入 2 ml 5 mmol/L 的 L-DOPA 及 1.5 ml pH 为 5.0 的乙酸钠溶液，20 ℃恒温 100 r/min 振荡培养 1 h。培养结束后，吸取上清液 1.5 ml 放置于 2 ml 离心管，11 000 r/min 离心 4 min，上清液于多功能酶标仪（Scientific Fluoroskan Ascent FL，Thermo）在 460 nm 处比色测定吸光度。

5.5　林分经济效益分析

5.5.1　营林成本

传统营林方式中，桉树人工林营林成本主要包括：造林时的炼山和机耕整地费（1200 元/hm²）、基肥（1200 元/hm²）；造林第 1 年的种苗和种植费（4500 元/hm²）；植苗后第 1～3 年的追肥（6750 元/hm²）、除草抚育费（6750 元/hm²）；各年度的地租［800 元/(hm²·a)］。7 年的营林成本为 26 000 元/hm²。

生态营林方式中，桉树与珍贵树种混交林营林成本主要包括：造林时的人工清理整地费（600 元/hm²）、基肥（1200 元/hm²）；造林第 1 年的种苗和种植费（4768 元/hm²）；植苗后第 1 年的追肥（2250 元/hm²）、除草抚育费（1125 元/hm²）；各年度的地租［800 元/(hm²·a)］。7 年的营林成本分别为 15543 元/hm²。

生态营林方式中，桉树纯林营林成本主要包括：造林时的人工清理整地费（600 元/hm²）、基肥（930 元/hm²）；造林第 1 年的种苗和种植费（3600 元/hm²）；植苗后第 1 年的追肥（1800 元/hm²）、除草抚育费（1125 元/hm²）；各年度的地租［800 元/(hm²·a)］。7 年的营林成本分别为 13 655 元/hm²。

5.5.2　经济效益分析

依据巨尾桉人工林多年平均采伐费用，将采伐费用计为 120 元/m³，其中包括人工费 50 元/m³、运输费 20 元/m³、税费 50 元/m³。木材单价为 600～800 元/m³，具体上，第 3、4 年按 600 元/m³，第 5、6、7 年按 800 元/m³ 计算。平均出材率为 45%～75%，具体上第 3 年按 45%，第 4 年按 60%，第 5 年按 70%，第 6、7 年按 75% 计算。贴现率采用林业行业的通用值 12%。采用以下公式计算净现金流（Zhou et al.，2017）：

$$C_t = 600 \times (SV_t \times 75\%) - EMC_t - CC \times SV_t$$

式中，C_t 为第 t 年的净现金流，SV_t 为第 t 年的蓄积量，EMC_t 为第 t 年的营林成本，CC 为采伐成本。

采用净现值（net present value，NPV）（Zhou et al.，2017）计算经营利润：

$$NPV = \sum_{t=0}^{n} \frac{C_t}{(1+i)^t}$$

式中，n 为轮伐期（经营周期），C_t 为第 t 年的净现金流，i 为贴现率。

内部收益率（internal rate of return，IRR）（Zhou et al.，2017）采用以下公式计算：

$$\sum_{t=0}^{n}\frac{C_t}{(1+\mathrm{IRR})^t}=0$$

式中，n 为轮伐期（经营周期），C_t 为第 t 年的净现金流。

5.6　数据处理与统计分析

5.6.1　生物量和林分蓄积量的计算

（1）生物量计算

根据建立好的桉树各器官（干、皮、枝、叶、根）异速生长模型（表 5-2），利用样方内桉树的胸径、树高数据，计算每个样方内桉树各器官的生物量，各器官生物量总和即为样方总生物量（Zhou et al.，2017）。

表 5-2　桉树各器官异速生长模型

器官	异速生长模型	r	p	RMSE
干	$W=0.0227\times(D^2H)^{0.958}$	0.993	<0.001	0.108
皮	$W=0.0086\times(D^2H)^{0.824}$	0.981	<0.001	0.113
枝	$W=<0.00148\times(D^2H)^{1.191}$	0.942	<0.001	0.176
叶	$W=<0.00123\times(D^2H)^{1.196}$	0.918	<0.001	0.382
根蔸	$W=0.0132\times(D^2H)^{0.769}$	0.879	0.001	0.117
粗根	$W=<0.0014\times(D^2H)^{1.117}$	0.925	<0.001	0.140
中根	$W=<0.0013\times(D^2H)^{0.979}$	0.884	0.001	0.275
细根	$W=0.0011\times(D^2H)^{0.832}$	0.844	0.001	0.110

注：W 为生物量（kg）；D 为胸径（cm）；H 为树高（m）。r 为相关系数；p 为模型的显著性；RMSE 为模型的均方根误差

（2）林分蓄积量计算

采用自然形数法计算桉树林分蓄积量：

$$SV = f_e\times(H+3)\times\pi\times(1/4)\times D^2$$

式中，SV 为林分蓄积量（stand vilume）；f_e 为实验形数，此处取值为 0.4（沐海涛等，2006；陈少雄等，2008；李崇武和刘碧云，2012）；H 为树高（m）；π 为圆周率；D 为胸径。

5.6.2　林下植物群落物种多样性指数计算

本研究采用物种丰富度指数（R）、Shannon-Wiener 指数（H）、Pielou 均匀度指数（J）、谱系多样性（phylogenetic diversity，PD）来度量林下植物的多样性。

物种丰富度指数（R）：即为样方内出现的物种数。

Shannon-Wiener 指数（H）：

$$H = -\sum_{i=1}^{s} P_i \ln P_i$$

式中，$P_i = n_i / N_i$ 代表第 i 个物种的个体数 n_i 占所有个体总数 N_i 的比例。

Pielou 均匀度指数（J）：

$$J = H/\ln S$$

式中，H 为 Shannon-Wiener 指数，S 为物种数。

谱系多样性（PD）是样方中所有物种谱系距离（枝长）的总和。计算谱系多样性时，首先在线构建基于被子植物种系发生学组（angiosperm phylogeny group，APG）Ⅲ的进化树（http://phylodiversity.net/phylomatic/），此进化树包含了样方中物种系统发育重要节点的枝长，然后采用 Phylocom 4.2 计算谱系多样性。

选用的β多样性指数，包括基于二元属性数据的 Cody 指数（β_c）、基于数量数据的相似性系数 Jaccard 指数（C_j）和 Sorenson 指数（C_s）、Bray-Curtis 指数（C_N），计算公式为

$$\beta_c = (b + c)/2$$
$$C_j = a/(a + b + c)$$
$$C_s = 2a/(2a + b + c)$$

式中，a 为 2 个研究样地中的共有物种数目；b 为样地 A 独有的物种数目；c 为样地 B 独有的物种数目。

Bray-Curtis 指数：

$$C_N = 2jN/(N_a + N_b)$$

式中，N_a 为样地 A 内各物种所有个体数目之和；N_b 是样地 B 中物种所有个体数目之和；jN 为样地 A 和 B 中共有种个体数目较小者之和：

$$jN = \sum \min(jN_a, jN_b)$$

5.6.3　林下植物群落物种重要值计算

林下植物群落物种重要值（important value，IV）为相对密度、相对频度与相对盖度之和。

$$\text{IV=相对密度+相对频度+相对盖度}$$

其中，相对密度=100%×某个种的株数/所有种的总株数；相对频度=100%×某个种在统计样方内出现的次数/所有种出现的总次数；相对盖度=100%×某个种的盖度/所有种的盖度之和。

5.6.4　土壤质量指数的计算

土壤质量指数（soil quality index，SQI）是土壤物理、化学和生物指标的综合反映。本书选取所测定的土壤物理性状、土壤养分、土壤酶活性和土壤微生物指标作为评价土壤质量的总数据集。土壤质量指数的计算涉及 3 个步骤（Andrews et al.，2004；Askari & Holden，2015）：①确定土壤质量评价的最小数据集（minimum data set，MDS）；②利用线性赋分函数（linear scoring functions）对最小数据集中的土壤指标赋分；③综合最小数据集中各土壤指标的分值生成土壤质量指数。

MDS 的确定分为两步。第一步，利用主成分（principal component analysis，PCA）分析方法对总数据集中的所有土壤指标进行分析，从而选择出最适合评价研究区土壤质量变化的土壤指标。在 PCA 分析中，具有较高特征根的主成分和具有较高载荷的土壤指标被认为是监测土壤质量变化的最敏感和最具代表性的指标；因此，我们只选择主成分分析结果中那些特征根数值大于 1，且在特征根总值中贡献率超过 5%的主成分中进行土壤指标的选择（Askari & Holden，2015；Raiesi，2017）。在每一个主成分中，只有那些载荷值大于 0.45，且载荷值超过该主成分中最大载荷值 90%的土壤指标才能被选择作为土壤质量评价的最小数据集中的土壤指标。当每个主成分中符合要求的土壤指标超过 1 个时，需要对该主成分中所有的土壤指标进行相关性分析。如果这些土壤指标都不具有显著的相关性，将这些指标全部选入最小数据集中；如果这些土壤指标中全部指标或部分指标具有显著的相关性，需要对这些具有相关性的土壤指标与总数据集中所有的土壤指标进行进一步的相关性分析，然后将这些土壤指标与总数据集中所有土壤指标的相关系数的绝对值进行加和，选择加和值最大的那个土壤指标进入最小数据集中（Andrews et al.，2004；Raiesi，2017）。第二步，利用线性赋分函数法对最小数据中的土壤指标进行赋分：

$$S_{ij} = (V_{ij} - V_{imin})/(V_{imax} - V_{imin})$$

式中，S_{ij} 为样方 j 中土壤指标 i 的分值，为 V_{ij} 样方 j 中土壤指标 i 的实测值，V_{imax} 为土壤指标 i 的最大值，V_{imin} 为土壤指标 i 的最小值。

土壤质量指数

$$SQI = \sum_{i=1}^{n} \frac{S_i}{n}$$

式中，S_i 是指标 i 的分值，n 为 MDS 中指标的个数。

5.6.5　数据统计分析

采用单因素方差分析（one-way ANOVA）检验生物量及林分蓄积量，林下植物多样性、土壤微生物多样性，微生物生物量碳、生物量氮，土壤物理化学性质及土壤酶活性的差异显著性，采用 LSD 法进行多重比较。以上分析采用 SPSS 19.0（SPSS，Inc，Chicago，IL）运行，显著性水平设置为 $p < 0.05$。数据绘图由 Sigmaplot 11.0 软件完成。采用冗余度分析（redundancy analysis，RDA）分别检验与林下植物群落和土壤微生物群落显著相关的环境因子。采用最小二乘法（ordinary least squares，OLS）回归模型评估地上、地下多样性的关联。

第6章 生态营林方式下不同林分的生长量和生产力

森林的生长发育是森林提供一切生态系统服务的生物学基础，森林生长规律和结构规律是生态营林的基础。了解和掌握林木的生长规律和林分的结构规律，对于人工林的生态营林实践有着十分重要的意义。

森林生长（forest growth）可分为林木个体生长（tree individual growth）和林木群体（或林分）生长（stand growth）两大部分（沈国舫，2001）。林木个体生长是指林木由于原生质的增加而引起的重量和体积的不可逆增加，以及新器官的形成和分化。林木群体是由林木个体组成的，因此，林木群体的生长发育与林木个体的生长发育有着密切的关系。林木生长量是指一定间隔期内林木各种调查因子（如树高、胸径等）所发生变化的量。林分生长通常是指林分的蓄积量随着林龄的增加所发生的变化（沈国舫，2001）。通常，按照调查因子的不同，可把林木生长量划分为树高生长量（tree height increment）、胸径生长量（diameter increment）、材积生长量（volume increment）等。生产力（productivity）是指单位时间、单位面积上有机物质的生产速率，是反映林分生产能力高低的重要指标。因此，林分生长量（如胸径、树高、蓄积量）和生产力一直是林学和生态学研究的热点之一（温远光，2006）。

6.1 林分生长量和生产力研究概况

6.1.1 国外研究概况

（1）林分生长量和生产力

胸径和树高是衡量林木生长状况的最直观、最基本的指标，也是评价立地条件和林分结构优劣的重要测树因子（da Silva et al.，2002；Sumida et al.，2013），同时，还是估算林分蓄积量、生物量最重要的基本因子。因此，国际上长期以来都把胸径和树高作为森林调查和林业科学研究不可缺少的测定指标。特别是人们发现林木胸径、树高等测树因子与林木个体不同器官或林分蓄积量、生物量等存在紧密的异速生长关系后，胸径和树高测定变得非常普遍（Kitterge，1944；da Silva et al.，2002；Sumida et al.，2013），而且在方法上由过去的临时样地监测发展到用金属树木胸径生长测量仪进行长期定位监测（da Silva et al.，2002），尤其是在森林大样地研究的推动下，长期、定位、定时和自动监测成为林木胸径研究的发展趋势。

林分蓄积量和生产力是反映林分生长水平的基本数量特征，也是评价森林生产力高低的重要指标。林分蓄积量是林分中所有活立木材积之和，是林业生产上常用的指标，而生产力则是单位时间、单位面积林分的有机物质的生产速率，是生态学研究中的重要指标。森林生产力为所有有机体提供了能量和物质基础，它与当今人类社会发展面临的食物、能源、资源和环境问题有着非常密切的联系，是分析森林生态系统碳储量、固碳速率和碳汇潜力的理论基础（于贵瑞等，2018）。因此，国际上更加关注森林生产力问题。自 1876 年德国林学家 Ebermayer 提出了森林的第一个干物质生产力的数字（里思等，1985）以来，人们对森林生产力的研究方兴未艾，特别是在 20 世纪 60 年代，在国际生物学计划（Internation Biological Programme，IBP）和人与生物圈计划（Man and Biosphere Programme，MAB）实施的推动下，生产力研究作为生态学的一个新分支——产量生态学（production ecology）得到迅速发展，并成为森林生态系统研究的重要分支领域（刘世荣和温远光，2005）。此后，国际上有关森林生产力的研究著作浩如烟海（Reyer et al.，2014，2017；Ammer，2019），出版了《森林生态系统的动态特征》（美国）（Reichle，1981）、《陆地植物群落的生产量测定法》（日本）（木村允，1981）、《生物圈的第一性生产力》（美国）（里思等，1985）、《陆地植物群落的物质生产》（日本）（佐藤大七郎和堤利夫，1986）等专著。近年来，国际上开展的国际生物学计划（IBP）、国际地圈-生物圈计划（Inter national Geosphere-Biosphere Programme，IGBP）、全球变化与陆地生态系统（Global Change and Terrestrial Ecosystem，GCTE）和京都协定（Kyoto Protocol）等都把植被的生产力确定为核心内容（Uchijima & Seino，1985；IGBP Terrestrial Carbon Working Group，1998；Fang et al.，2003；Reyer et al.，2017）。在当今全球气候变化和全球治理背景下，森林生产力研究一直是全球生态学研究的热点，而生物多样性和气候变化对森林生产力的影响成为研究的重点和主要方面（Boisvenue & Running，2006；Keeling & Phillips，2007；Zhang et al.，2012；Liang et al.，2016；Bohn & Huth，2017；Reyer et al.，2014，2017；Ammer，2019）。

（2）桉树人工林生长量和生产力

国外关于桉树人工林生长量和生产力的研究已有很多报道（Singh & Toky，1995；Harmand et al.，2004；Gonçalves et al.，2004，2008；de Aguiar Ferreira & Stape，2009；Almeida et al.，2010；Rocha et al.，2016，2019）。如 Binkley 等（1992）对桉树（*Eucalyptus saligna*）和南洋楹（*Albizia falcataria*）纯林及其混交林的生物量、生产力、凋落物中的养分循环及养分利用开展研究，结果发现混交林（34%的桉树和 66%的南洋楹）具有最高的生物量，为 174 t/hm^2，而桉树纯林和南洋楹纯林的生物量都比较低，分别是 148 t/hm^2 和 132 t/hm^2；上述混交林的地上净生产

力也最高，为 52 t/(hm² · a)；认为桉树有更高的养分利用效率，南洋楹却有更高的养分循环效率，而混交林中则具有更大的光捕获和光使用效率（Binkley et al.，1992）。Singh 和 Toky（1995）在印度干旱地区，对银合欢（*Leucaena leucocephala*）、细叶桉（*Eucalyptus tereticornis*）和阿拉伯金合欢（*Acacia nilotica*）三种主要树种高密度（株行距为 0.6 m×0.6 m）林分（能源林）地上部分生物量和初级生产力进行研究，结果表明，4 年生林分银合欢和细叶桉的生产力分别是 33 t/(hm² · a)、29 t/(hm² · a)，是阿拉伯金合欢的 2 倍，其中有 23%～27% 的净初级生产量以凋落物的方式回归土壤；8 年生林分，银合欢、细叶桉和阿拉伯金合欢的林分初级生产力分别是 25 t/(hm² · a)、21 t/(hm² · a) 和 14 t/(hm² · a)，其中 38%～45% 的净初级生产量以凋落物的方式回归土壤。Stape 等（2010）通过巴西桉树潜在生产力项目，研究了水分、养分和林分均匀性对木材生产力的影响，他们的研究表明，在阿拉克鲁斯（Aracruz），6 年生桉树人工林（密度为 1069～1111 株/hm²）的平均胸径为 14.9～16.7 cm，平均树高为 21.1～24.4 m，林分生产力为 18.3～28.2 t/(hm² · a)。在不施肥或不灌溉的情况下，桉树的林分生产力［16.2 t/(hm² · a)，约 33 m³/(hm² · a)］比施肥处理的［22.6 t/(hm² · a)，约 46 m³/(hm² · a)］低 28%。他们认为，施肥并没有促进生长，而灌溉则使生长提高了约 30%［至 30.6 t/(hm² · a)，约 62 m³/(hm² · a)］（Stape et al.，2010）。Rocha 等（2016）研究了桉树人工林采伐剩余物对木材生产力的影响，结果发现，森林采伐剩余物燃烧增加了土壤的初始养分有效性，然而，这种效应在短时间内恢复到最初的水平。随着第一代中所有森林采伐剩余物的清除，木材生产力下降了约 40%；在第二代中，去除或燃烧森林采伐剩余物后的木材生产力比所有森林采伐剩余物保持在土壤上时低 6%（Rocha et al.，2016）。2019年，他们对在不施氮、磷、钾、钙和镁的情况下巨桉人工林的生长动态和生产力开展研究，结果发现，在没有钾的情况下，木材蓄积量急剧下降（约 70%），这种效应一直持续到第一代和第二代结束；在没有氮、磷和石灰的情况下，木材的蓄积量在 2 年生时下降 20%～50%；这种反应随着年龄的增长而减少；所有养分施肥后的树木对气候变化的响应都很好，雨季基断面积增加约 1.0 m²/(hm² · 月)，旱季数值小于 0.2 m²/(hm² · 月)；缺钾导致植株生长缓慢，但生长稳定，约为 0.2 m²/(hm² · 月)（Rocha et al.，2019）；他们还指出，在水分利用率较高的月份，树木对肥料施用的响应较大；而在水分利用率较低的月份，树木对肥料施用的反应较低或没有反应；认为低水分利用月降低了树木对施肥的累积响应，反之亦然（Rocha et al.，2019）。

6.1.2　国内研究概况

（1）林分生长量和生产力

国内有关林分生长量和生产力的研究起步相对较晚。从 1973 年开始对全国森林的生长量和蓄积量每 5 年进行一次监测，迄今已连续监测 9 次。20 世纪 70 年代初，李文华、陈昌笃等率先把国外有关生物量和生产力的最新研究方法介绍到中国（李文华，1978）。20 世纪 70 年代末，潘维俦、朱守谦、冯宗炜、俞新妥等先后开展了杉木人工林生产力研究（温远光，1987），之后，许多林学和生态学工作者相继开展了这一工作，极大地推动了我国森林生产力研究，到 20 世纪末，已对上百个树种的生产力进行了研究，冯宗炜和王效科（1999）、刘世荣和温远光（2005）对此进行了综述，阮宏华等（2016）对中国森林生产力进行了评估。与此同时，出版了《青冈林生产力研究》（陈启瑺，1993）、《南亚热带常绿阔叶林的生产力》（陈章和等，1996）、《中国森林生态系统的生物量和生产力》（冯宗炜和王效科，1999）、《杉木人工林生态学》（陈楚莹等，2000）、《杉木生产力生态学》（刘世荣和温远光，2005）、《杉木人工林长期生产力保持机制研究》（盛炜彤和范少辉，2005）、《中国森林生产力评估》（阮宏华等，2016）等学术著作。

在全球气候变化背景下，国内众多学者利用各种模型对森林生产力的地理分布格局，以及未来气候变化情景下森林生产力的变化进行了分析和预测（温远光和刘世荣，1994；周广胜等，1998；方精云，2000；Su et al.，2007；Ren et al.，2011；Zhao & Running，2010）。这些研究成果为科学应对全球气候变化提供了理论依据。

（2）桉树人工林生长量和生产力

中国桉树人工林生长量和生产力的研究已有许多报道（陈远生，1980；彭少麟，1993；陈北光等，1995；余雪标等，1999b；温远光等，2000a，2000b；陈婷等，2005；温远光，2006）。诚然，学者们主要聚焦林分密度、连栽、植物多样性，以及经营措施对桉树人工林生长量和生产力的影响。如陈远生（1980）较早对窿缘桉（*Eucalyptus exserta*）、柠檬桉（*Eucalyptus citriodora*）、雷林 1 号桉（*Eucalyptus leizhouensis* No.1）林分生长与密度的关系进行研究；姚东和等（2000）对林分密度为 900 株/hm^2、1125 株/hm^2 和 1500 株/hm^2 的 6 年生巨尾桉林分的生产力进行研究，结果发现巨尾桉的年均净生产力高于杉木中心产区杉木人工林的水平，分别达到 22.57 t/(hm^2·a)、24.85 t/(hm^2·a)和 25.37 t/(hm^2·a)。李志辉等（2007）对湘南低山丘岗区密度为 1110 株/hm^2、1667 株/hm^2 和 2500 株/hm^2 的 8 年生邓恩桉（*Eucalyptus dunnii*）林分生产力研究，结果表明，各密度林分的年均净生产力分别为 32.35 t/(hm^2·a)、43.97 t/(hm^2·a)和 59.51 t/(hm^2·a)。余雪标等（1999b）对 1～4 代刚果 12 号桉 4.5 年生林分的生产力进行研究，结果表明，连栽导致林分生产力的显著下降，与第一代林相比，第二、第三和第四代林分的生产力分别比第一代林减少 19.68%、26.70%和 44.65%；温远光（2006）对广西东门林场 1～2 代尾巨桉林分的生产力进行研究，结果显示出，第一代 3.8 年生、5.8 年生、7.3 年生林分的生产力分别是 13.03 t/(hm^2·a)、16.08 t/(hm^2·a)、18.75 t/(hm^2·a)，而第二代林分相应为 11.82 t/(hm^2·a)、16.62 t/(hm^2·a)、19.07 t/(hm^2·a)，表明低代次连栽对林分生产力没有显著影响。他们进一步对连栽 1～6 代的桉树人工林生产力进行研究，结果发现，桉树高代次连栽必然导致林分生产力的显著下降，连栽 6 代的林分生产力比 1 代林分减少 50% 以上（李朝婷等，2019；Zhou et al.，2019）。

6.2　林分胸径和树高生长量

6.2.1　不同林分桉树的胸径和树高生长量及结构

（1）桉树的胸径和树高生长量

根据 2018 年 1 月的调查结果，桉树纯林的平均胸径和树高分别是（11.74±1.07）cm 和（17.04±0.88）m；桉树×红锥混交林、桉树×降香黄檀混交林和桉树×望天树混交林的平均胸径和树高相应为（12.38±0.87）cm 和（17.57±0.71）m、（12.60±0.89）cm 和（17.75±0.74）m、（12.59±0.98）cm 和（17.74±0.81）m。方差分析结果表明，3 种混交林中桉树的平均胸径和树高生长量均显著高于桉树纯林的生长量（$p<0.05$），而 3 种混交林之间差异不显著（$p>0.05$）（图 6-1）。

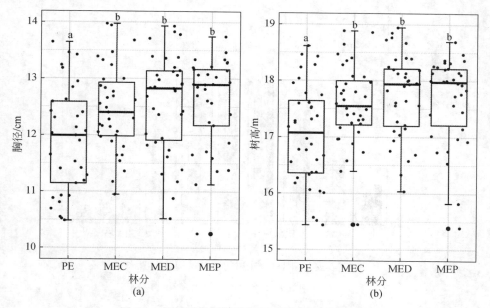

图 6-1　不同林分桉树的胸径和树高生长量比较

PE：pure *Eucalyptus* plantations，桉树纯林；MEC：mixed *Eucalyptus* and *Castanopsis* hystrix plantantions，桉树×红锥混交林；MED：mixed *Eucalyptus* and *Dalbergia odorifera* plantantions，桉树×降香黄檀混交林；MEP：mixed *Eucalyptus* and *Parashorea chinensis* plantantions，桉树×望天树混交林。不同小写字母表示林分间差异显著（$p<0.05$，$n=36$）

（2）桉树的大小结构和树高结构

在林分内各种直径（胸径）林木的分配状态称为林分直径结构（stand diameter structure）或林分直径分布（stand diameter distribution）。林木的直径（胸径）分布反映了林分群体的分化程度和林分结构发育状况，是最基本的林分结构。图 6-2 表明：①不同林分桉树的胸径在 4～22 cm 变化，林分直径分布曲线的具体形状虽有差异，但就其直径结构规律来说，形成一条以林分算术平均直径为峰点、中等大小的林木株数占多数、向其两端径级的林木株数逐渐减少的单峰、左右近似于对称的近似正态分布，尤其纯林表现得更为明显；②不同林分桉树林木大小结构存在显著差异，在胸径小于 10 cm 的林木中，纯林的个体数显著高于混交林，混交林之间无显著差异；在 12～16 cm 胸径径级中，除桉树×红锥混交林外，其余混交林中桉树的个体数高于纯林，而且桉树×降香黄檀混交林和桉树×望天树混交林中 14～16 cm 林木个体数显著高于纯林（$p < 0.05$）；③随着林木胸径径级的增加，不同林分的差异减小，差异不显著（$p > 0.05$）。因此，混交有利于林分中中等胸径径级（12～16 cm）林木个体数的提高（图 6-2）。

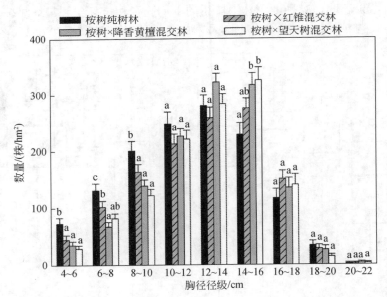

图 6-2　不同林分桉树的胸径结构分布图

不同小写字母表示林分间差异显著

在林分中，不同树高林木的分配状态称为林分树高结构（stand height structure），也称林分树高分布（stand height distribution）。在林相整齐的林分中，仍有林木高矮之别，即使是无性系人工林也是如此，并且形成一定的树高结构规律（温远光，2006）。

　　不同林分桉树树高分布也呈现出接近于林分平均树高的林木株数最多的非对称性的单峰型曲线（图 6-3），但由于桉树树高生长的速生性特别明显，树高分布曲线呈现出峰值高和偏右的特点。方差分析结果表明，桉树纯林树高 6~8 m、8~10 m、10~12 m 范围的个体数量显著高于桉树×红锥混交林和桉树×望天树混交林（$p < 0.05$），相反，树高 16~18 m 的个体数为桉树×红锥混交林和桉树×望天树混交林显著高于桉树纯林（$p < 0.05$），其余树高级之间差异不显著（$p > 0.05$）（图 6-3）。

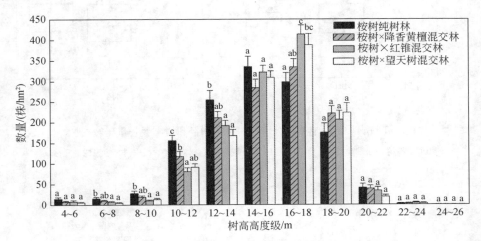

图 6-3　不同林分桉树树高结构分布图

不同小写字母表示林分间差异显著

6.2.2　不同混交林分珍贵树种的胸径和树高生长量及结构

（1）珍贵树种的胸径和树高生长量

图 6-4 是不同混交林分珍贵树种的胸径和树高生长量比较。从图 6-4 可以看出，桉树×红锥混交林中，红锥的平均胸径和树高分别是（6.98±0.86）cm 和（9.01±1.32）m；桉树×降香黄檀混交林中，降香黄檀相应为（2.89±0.91）cm 和（3.99±1.22）m；桉树×望天树混交林中，望天树的平均胸径和树高分别是（3.88±0.97）cm 和（5.02±1.40）m。方差分析结果表明，红锥的平均胸径和树高生长量显著高于降香黄檀和望天树，而望天树显著高于降香黄檀（$p < 0.05$）（图 6-4）。

（2）珍贵树种的大小结构和树高结构

图 6-5 表明：①不同混交林分珍贵树种的胸径大小差异明显，红锥在 2~18 cm 变化，降香黄檀林木胸径变化于 2~8 cm 之间，而望天树相应为 2~12 cm。除红锥林木大小分布曲线表现为正态分布外，降香黄檀和望天树林木大小分布曲线均表现为随着林木径级增加株数逐渐减少的趋势；②不同混交林分珍贵树种林木大

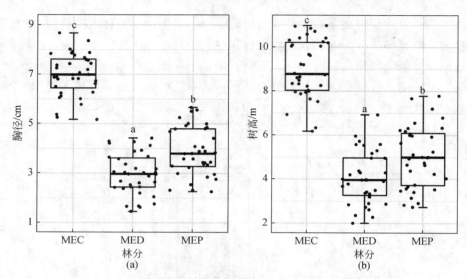

图 6-4　不同混交林分珍贵树种的胸径和树高生长量比较

MEC：桉树×红锥混交林；MED：桉树×降香黄檀混交林；MEP：桉树×望天树混交林。

不同小写字母表示林分间差异显著

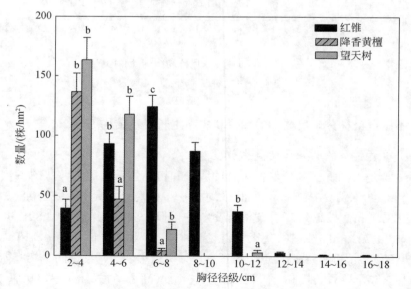

图 6-5　不同混交林分珍贵树种的胸径结构

不同小写字母表示林分间差异显著

小结构存在显著差异，在胸径 2~4 cm 的林木中，红锥的个体数显著低于降香黄檀和望天树，降香黄檀和望天树之间无显著差异；在 4~6 cm 径级中，红锥和望天树的个体数显著高于降香黄檀，红锥与望天树差异不显著；其余径级红锥的个体数显著高于其他两个树种，而且在 6～8 cm 径级，望天树的个体数显著高于降香黄檀。

图 6-6 显示：①不同混交林分珍贵树种林木树高存在明显差异，红锥变化在 2～18 m，降香黄檀变化在 2～10 m，而望天树相应为 2～14 m。除红锥林木的高度级分布曲线表现为正态分布外，降香黄檀林木高度级分布曲线表现为随着林木高度级增加株数逐渐减少的趋势，而望天树却表现为峰值偏左的分布曲线；②不同混交林分珍贵树种林木高度级结构存在显著差异，在 2～6 m 高度级的林木中，红锥的个体数显著低于降香黄檀和望天树，而在 4～6 m 高度级林木中，望天树的个体数显著高于降香黄檀；在 6～8 m 的高度级林木中，红锥和望天树的个体数显著高于降香黄檀，红锥与望天树差异不显著；其余高度级红锥的个体数显著高于其他两个树种。

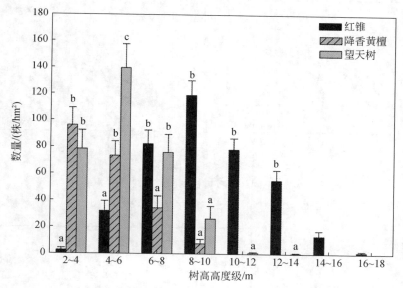

图 6-6　不同混交林分珍贵树种林木的高度级结构

不同小写字母表示林分间差异显著

6.2.3　不同林分林木胸径与树高的相关性

（1）桉树林木胸径与树高的关系

大量的研究表明，林木不同器官或组分之间存在相关性（刘世荣和温远光，2005），在桉树人工林中，无论是纯林还是混交林，林木胸径与树高的关系均表现为线性关系，即随着林木胸径的增大树高也随之增大。相关分析表明，不同林分桉树胸径与树高均呈极紧密的正相关，但不同林分林木树高随胸径增加的变化有所差异，在桉树×望天树混交林中，桉树树高随胸径增加而增加的速率最大，而桉树纯林中的速率最小，桉树×降香黄檀混交林和桉树×红锥混交林居两者之间（图6-7）。

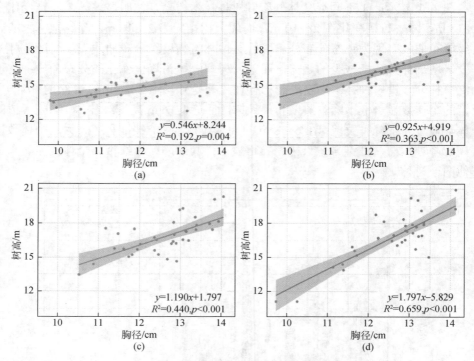

图 6-7　不同林分桉树林木胸径与树高的关系

（a）桉树纯林；（b）桉树×红锥混交林；（c）桉树×降香黄檀混交林；（d）桉树×望天树混交林

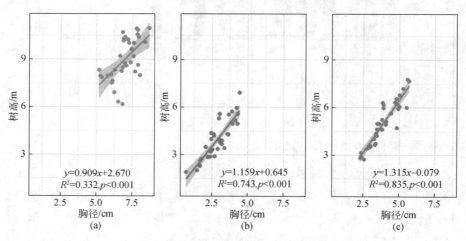

图 6-8　不同林分珍贵树种林木胸径与树高的关系

（a）桉树×红锥混交林；（b）桉树×降香黄檀混交林；（c）桉树×望天树混交林

（2）珍贵树种林木胸径与树高的关系

在混交林中，珍贵树种林木胸径与树高的关系如图 6-8 所示。从图 6-8 可以看出，3 个珍贵树种的林木胸径与树高的关系均表现为极紧密的正相关关系（$p <$ 0.001），桉树×望天树混交林中望天树树高随胸径增加而增加的速率高于降香黄檀和红锥。

6.3　林分蓄积量

6.3.1　林分平均单株蓄积量

（1）桉树平均单株蓄积量

根据 2018 年 1 月的调查结果，桉树纯林平均单株蓄积量为（0.088±0.020）m³/株，桉树×红锥混交林、桉树×降香黄檀混交林和桉树×望天树混交林中桉树的平均单株蓄积量相应为（0.100±0.017）m³/株、（0.105±0.018）m³/株和（0.105±0.019）m³/株。方差分析结果表明，3 种混交林中桉树的平均单株材积均显著高于桉树纯林（$p < 0.05$），而 3 种混交林之间差异不显著（$p > 0.05$）（图 6-9a）。

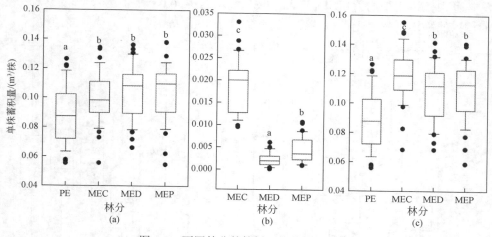

图 6-9　不同林分的桉树平均单株蓄积量

PE：桉树纯林；MEC：桉树×红锥混交林；MED：桉树×降香黄檀混交林；MEP：桉树×望天树混交林

（2）珍贵树种平均单株蓄积量

如图 6-9b 所示，不同混交林分珍贵树种的平均单株蓄积量均较低，其中以降香黄檀最低，平均单株蓄积量仅为（0.002±0.002）m³/株，最高为红锥，相应为（0.019±0.006）m³/株，望天树居两者之间，为（0.004±0.003）m³/株。方差分析结果表明，混交林中红锥的平均单株蓄积量显著高于望天树和降香黄檀，望天树显著高于降香黄檀（$p < 0.05$）。

（3）林分平均单株蓄积量

如图 6-9c 所示，不同林分的平均单株蓄积量有所不同，桉树纯林的平均单株蓄积量最小，为（0.088±0.020）m³/株，桉树×红锥混交林的平均单株蓄积量最大，为（0.119±0.018）m³/株，桉树×降香黄檀混交林和桉树×望天树混交林的相似，分别为（0.107±0.018）m³/株和（0.109±0.019）m³/株。方差分析结果表明，混交林的平均单株蓄积量均显著高于桉树纯林，桉树×红锥混交林显著高于桉树×降香黄檀混交林和桉树×望天树混交林（$p < 0.05$），而桉树×降香黄檀混交林和桉树×望天树混交林的差异不显著（$p > 0.05$）。

6.3.2 不同林分的蓄积量

（1）不同林分桉树的蓄积量

图 6-10 显示出，不同林分桉树的平均蓄积量是以桉树纯林的最低，为（133.17±29.30）m³/hm²，以桉树×降香黄檀混交林的最高，为（151.90±30.78）m³/hm²，桉树×红锥混交林和桉树×望天树混交林居两者之间，其中前者为（146.96±24.97）m³/hm²，后者为（150.44±30.01）m³/hm²。方差分析结果表明，3 种混交林林分中桉树的平均蓄积均显著高于桉树纯林（$p < 0.05$），而 3 种混交林林分之间桉树的平均蓄积量无显著差异（$p > 0.05$）（图 6-10a）。

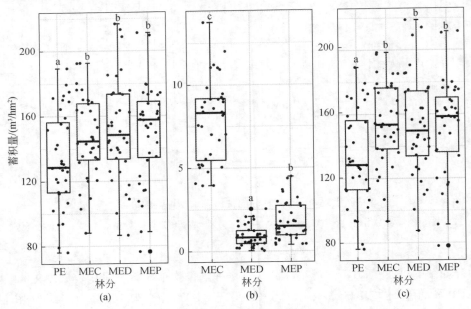

图 6-10　不同林分桉树的蓄积量

PE：桉树纯林；MEC：桉树×红锥混交林；MED：桉树×降香黄檀混交林；MEP：桉树×望天树混交林

（2）不同混交林分珍贵树种的蓄积量

不同混交林分珍贵树种的蓄积量存在差异，以红锥的平均蓄积量最高，为（7.89±2.47）m³/hm²，其次是望天树，（1.80±1.13）m³/hm²，降香黄檀的最低，为（0.92±0.63）m³/hm²。方差分析结果表明，3 种混交林分中红锥的平均蓄积均显著高于望天树和降香黄檀，而望天树显著高于降香黄檀（$p < 0.05$）（图 6-10b）。

（3）不同林分的蓄积量

与不同林分桉树的蓄积量不同，林分总蓄积量以桉树×红锥混交林的最高，为（154.85±25.23）m³/hm²，桉树纯林最低，为（133.17±29.30）m³/hm²，桉树×降香黄檀混交林和桉树×望天树混交林的总蓄积量分别是（152.82±30.92）m³/hm²和（152.24±29.82）m³/hm²。方差分析结果表明，混交林的总蓄积量均显著高于纯林（$p < 0.05$），而 3 种混交林之间无显著差异（$p > 0.05$）（图 6-10c）。

6.4　林分生产力

6.4.1　不同林分桉树和珍贵树种的生产力

（1）桉树的生产力

根据 2018 年 1 月的调查结果，不同林分桉树各器官的生产力存在显著差异（表 6-1）。纯林桉树的生产力最低，为（17.82±3.93）t/(hm²·a)；桉树×红锥混交林、桉树×降香黄檀混交林和桉树×望天树混交林中的桉树生产力分别是（19.67±3.35）t/(hm²·a)、（20.33±4.13）t/(hm²·a)、（20.13±4.02）t/(hm²·a)。方差分析结果表明，3 种混交林中桉树的生产力均显著高于纯林中的桉树生产力（$p < 0.05$），而 3 种混交林中桉树的生产力差异不显著（$p > 0.05$）（表 6-1）。

表 6-1　不同林分桉树各器官的生产力　　　　［单位：t/(hm²·a)］

林分	树干	树皮	树枝	树叶	树根	合计
桉树纯林	11.30±2.39[a]	1.51±0.31[a]	1.24±0.30[a]	0.72±0.21[a]	3.05±0.71[a]	17.82±3.93[a]
桉树×红锥混交林	12.44±2.04[b]	1.66±0.27[b]	1.38±0.26[b]	0.81±0.18[a]	3.38±0.61[b]	19.67±3.35[b]
桉树×降香黄檀混交林	12.86±2.52[b]	1.72±0.33[b]	1.42±0.31[b]	0.84±0.22[a]	3.49±0.74[b]	20.33±4.13[b]
桉树×望天树混交林	12.74±2.46[b]	1.70±0.32[b]	1.41±0.31[b]	0.82±0.21[a]	3.46±0.72[b]	20.13±4.02[b]

注：不同小写字母表示差异显著

由表 6-1 还可看出，不同林分中桉树不同器官的生产力也存在显著差异。混交林中桉树器官生产力均高于纯林中桉树，其中混交林桉树树干生产力比纯林桉树树干的高 10.09%～13.81%，树皮高 9.93%～13.91%，树枝高 11.29%～14.52%，树叶高 12.50%～16.67%，树根高 10.82%～14.43%。方差分析表明，除树叶的生产力外，其余树干、树皮、树枝和树根的生产力均为混交林中桉树显著高于纯林中桉树。

（2）珍贵树种的生产力

不同混交林分珍贵树种的生产力存在显著差异（表 6-2）。桉树×红锥混交林、桉树×降香黄檀混交林和桉树×望天树混交林中的红锥、降香黄檀和望天树的生产力分别是（1.94±0.55）t/(hm² · a)、（0.27±0.18）t/(hm² · a)、（0.50±0.30）t/(hm² · a)。红锥的生产力是望天树的 3.88 倍、是降香黄檀的 7.19 倍，而望天树的生产力是降香黄檀的 1.85 倍。方差分析结果表明，3 种混交林中红锥的生产力显著高于降香黄檀和望天树，望天树的生产力显著高于降香黄檀（$p < 0.05$）。

表 6-2　不同混交林分珍贵树种的生产力　　　　　　［单位：t/(hm² · a)］

林分	珍贵树种	树干	树皮	树枝	树叶	树根	合计
桉树×红锥混交林	红锥	0.78±0.24[c]	0.14±0.03[c]	0.27±0.07[c]	0.36±0.10[c]	0.40±0.11[c]	1.94±0.55[c]
桉树×降香黄檀混交林	降香黄檀	0.09±0.07[a]	0.03±0.02[a]	0.04±0.03[a]	0.05±0.03[a]	0.06±0.04[a]	0.27±0.18[a]
桉树×望天树混交林	望天树	0.18±0.12[b]	0.05±0.02[b]	0.08±0.04[b]	0.09±0.05[b]	0.10±0.06[b]	0.50±0.30[b]

注：不同小写字母表示差异显著

不同混交林分中珍贵树种不同器官的生产力也存在显著差异。树干、树皮、树枝、树叶和树根生产均为红锥＞望天树＞降香黄檀，方差分析表明，红锥树干、树皮、树枝、树叶和树根的生产力均显著高于望天树和降香黄檀，望天树的树干、树皮、树枝、树叶和树根的生产力均显著高于降香黄檀（$p < 0.05$）（表 6-2）。

（3）林分总生产力

由表 6-3 可知，生态营林方式下不同林分的总生产力存在明显差异。纯林桉树的生产力最低，为（22.18±3.94）t/(hm² · a)，桉树×红锥混交林的生产力最高，为（26.01±3.58）t/(hm² · a)，桉树×降香黄檀混交林和桉树×望天树混交林居二者之间，分别是（25.42±4.33）t/(hm² · a)和（24.97±4.21）t/(hm² · a)。方差分析结果表明，3 种混交林的林分总生产力均显著高于桉树纯林（$p < 0.05$），而 3 种混交林的生产力差异不显著（$p > 0.05$）。

表 6-3　不同林分的总生产力　　　　　　［单位：t/(hm² · a)］

林分	乔木层	灌木层	草本层	合计
桉树纯林	17.82±3.93[a]	2.00±0.65[a]	2.36±0.20[b]	22.18±3.94[a]
桉树×红锥混交林	21.62±3.44[b]	2.19±0.84[ab]	2.21±0.24[a]	26.01±3.58[b]
桉树×降香黄檀混交林	20.60±4.17[b]	2.41±0.75[b]	2.41±0.17[b]	25.42±4.33[b]
桉树×望天树混交林	20.63±3.98[b]	2.00±0.80[a]	2.33±0.21[b]	24.97±4.21[b]

注：不同小写字母表示差异显著

从表 6-3 还可看出，不同林分灌木层和草本层的生产力也存在显著差异，桉树×降香黄檀混交林灌木层生产力显著高于桉树纯林和桉树×望天树混交林（$p < 0.05$），与桉树×红锥混交林的差异不显著（$p > 0.05$），而草本层的生产力则表现为桉树×红锥混交林显著低于桉树纯林、桉树×降香黄檀混交林和桉树×望天树混交林（$p < 0.05$），桉树纯林、桉树×降香黄檀混交林和桉树×望天树混交林之间差异不显著（$p > 0.05$）。

6.4.2　不同林分生产力的分配

（1）桉树器官生产力分配

不同林分桉树各器官生产力分配比例见表 6-4。由表 6-4 可以看出，无论是桉树纯林还是桉树与珍贵树种混交林，桉树各器官的分配规律都是一致的，均表现为树干＞树根＞树皮＞树枝＞树叶。树干占 63.29%～63.55%，树根占 17.07%～17.17%，树皮占 8.46%～8.51%，树枝占 6.91%～6.99%，树叶占 3.96%～4.09%。方差分析结果表明，不同林分桉树的各器官生产力分配格局无显著差异（$p > 0.05$）。

表 6-4　不同林分桉树各器官生产力分配比例　　　　　　　（单位：%）

林分	树干	树皮	树枝	树叶	树根
桉树纯林	63.55±0.66[a]	8.51±0.14[a]	6.91±0.19[a]	3.96±0.35[a]	17.07±0.25[a]
桉树×红锥混交林	63.29±0.50[a]	8.46±0.10[a]	6.99±0.15[a]	4.09±0.27[a]	17.17±0.19[a]
桉树×降香黄檀混交林	63.33±0.49[a]	8.47±0.10[a]	6.98±0.14[a]	4.06±0.27[a]	17.16±0.19[a]
桉树×望天树混交林	63.38±0.52[a]	8.47±0.11[a]	6.97±0.16[a]	4.04±0.28[a]	17.14±0.20[a]

注：不同小写字母表示差异显著

（2）珍贵树种器官生产力分配

不同混交林分珍贵树种各器官生产力分配比例见表 6-5。由表 6-5 可以看出，珍贵树种各器官生产力分配与桉树有所不同，但 3 种珍贵树的器官生产力分配比例均表现为树干＞树根＞树叶＞树枝＞树皮。树干占 33.82%～39.75%，树根占 20.43%～21.11%，树叶占 17.25%～18.30%，树枝占 13.99%～16.79%，树皮占 7.53%～11.03%。方差分析结果表明，不同混交林分珍贵树种的各器官生产力分配格局存在显著差异（$p < 0.05$），但不同器官生产力的分配比例不同。树干生产力分配比例为红锥显著高于降香黄檀和望天树，而望天树又显著高于降香黄檀（$p < 0.05$）；树皮和枝均为降香黄檀显著高于红锥和望天树，望天树显著高于红锥（$p < 0.05$）；树叶是红锥显著高于降香黄檀和望天树，望天树显著高于降香黄檀（$p < 0.05$）；树根则是降香黄檀显著高于红锥和望天树，望天树又显著高于红锥（$p < 0.05$）。

表 6-5　不同混交林分珍贵树种各器官生产力分配比例　　　（单位：%）

林分	珍贵树种	树干	树皮	树枝	树叶	树根
桉树×红锥混交林	红锥	39.75 ± 0.80^c	7.53 ± 0.41^a	13.99 ± 0.37^a	18.30 ± 0.11^c	20.43 ± 0.13^a
桉树×降香黄檀混交林	降香黄檀	33.82 ± 2.38^a	11.03 ± 1.73^c	16.79 ± 1.10^c	17.25 ± 0.54^a	21.11 ± 0.13^c
桉树×望天树混交林	望天树	35.68 ± 1.78^b	9.83 ± 1.10^b	15.90 ± 0.84^b	17.63 ± 0.34^b	20.96 ± 0.18^b

注：不同小写字母表示差异显著

（3）生态系统生产力分配

不同林分生态系统生产力分配比例如表 6-6 所示。由表 6-6 可知，不同林分生态系统生产力分配格局存在一定的差异，桉树纯林乔木层、灌木层和草本层生产力分配比例分别是 79.76%、9.26% 和 10.98%；桉树×红锥混交林乔木层（桉树+珍贵树种）、灌木层和草本层生产力分配比例分别是 82.87%、8.45% 和 8.68%；桉树×降香黄檀混交林相应为 80.61%、9.66% 和 9.73%；桉树×望天树混交林依次为 82.27%、8.07% 和 9.66%。

表 6-6　不同林分生态系统生产力分配比例　　　（单位：%）

林分	乔木层	灌木层	草本层	生态系统
桉树纯林	79.76 ± 4.75^a	9.26 ± 3.44^a	10.98 ± 2.31^b	100
桉树×红锥混交林	82.87 ± 3.52^c	8.45 ± 3.05^a	8.68 ± 1.64^a	100
桉树×降香黄檀混交林	80.61 ± 3.89^{ab}	9.66 ± 3.31^a	9.73 ± 1.61^b	100
桉树×望天树混交林	82.27 ± 3.66^{bc}	8.07 ± 2.76^a	9.66 ± 2.19^b	100

注：不同小写字母表示差异显著

6.5　小　　结

本章重点研究和分析了生态营林方式下不同林分的林木生长量、林分蓄积量、乔木层净生产力和林分总生产力，结果表明，桉树×红锥混交林、桉树×降香黄檀混交林和桉树×望天树混交林的平均胸径、平均树高、林分蓄积量、乔木层净生产力和林分生态系统净生产力均显著高于桉树纯林，而 3 种混交林之间差异不显著。其中，混交林的平均胸径和树高分别比桉树纯林提高 5.45%～7.33% 和 3.11%～4.17%；混交林的平均蓄积量比桉树纯林高 14.32%～16.28%；混交林林分乔木层净生产力和林分总生产力分别比桉树纯林高 15.60%～21.32% 和 12.58%～17.27%。采取珍贵树种与桉树混交的生态营林方式可以显著提高林分生长量和净生产力。

第7章　生态营林方式下不同林分的生物量和碳储量

　　森林作为陆地生态系统的主体，是全球气候系统的重要组成部分。联合国粮食与农业组织（FAO）对全球森林资源的评估表明，全球森林面积约 40 亿 hm²，约占全球陆地面积的 30%（FAO，2010）。据报道，森林每生产 1 t 木材，就要吸收 1.6 t CO_2，释放 1.1 t O_2，可以固定 0.5 t 的碳（李坚等，2012）。森林植被的碳储量约为全球植被的 77%，森林土壤的碳储量约占全球土壤的 39%（Ciais et al.，2001）。因此，森林和树木具有吸收 CO_2、固定碳素的重要功能和减少 CO_2 排放、减缓温室效应的独特作用（许明和李坚，2013），在调节全球碳循环、减缓全球气候变化方面发挥着不可或缺的重要作用（刘世荣，2013）。

　　森林经营是一项缓解气候变化影响的关键措施（布拉沃等，2013），利用森林的吸碳和储碳功能，通过植树造林和减少毁林、维持和提高森林面积、优化林分组成和结构、合理的疏伐和采伐制度等活动，吸收和固定大气中的 CO_2，是国际社会公认的应对全球气候变化最为经济、有效的手段（布拉沃等，2013；温远光等，2018）。近年来，为了满足对林产品和碳吸收的日益增长的需求，同时避免过度砍伐天然林，人工林作为造林/再造林的一个主要组成部分正在全球迅速扩大（Carle & Holmgren，2008；Pan et al.，2011；Zhang et al.，2018）。然而，学术界普遍认为，热带、温带和北方森林生态系统是碳汇，而对于亚热带森林生态系统究竟是碳源还是碳汇一直存在争论（Woodwell，1978；Ciais et al.，1995；Zhou et al.，2006）。因此，需要开展更加广泛的研究，进一步明确亚热带森林，特别是人工林的碳源/碳汇性质。生态营林方式是绿色可持续的经营技术，对人工林生物量和碳储量将产生深刻影响。

7.1　森林生物量和碳储量的研究概况

7.1.1　国外研究概况

（1）森林生物量和碳储量

　　国际上，森林生物量的研究可以追溯到 140 多年前，Ebermeyer 在德国巴伐利亚对几种森林的枯枝落叶和木材重量的测定（Ebermeyer，1876）。但在之后的几十年间，森林生物量的测定并没有引起学者们的广泛关注。1935 年英国生态学家 Tansley 提出生态系统的概念后（Tansley，1935），人们认识到要定量地揭示生态系统不同组分间的物质与能量关系，必须开展生态系统生物量的研究。直到 1950 年初，森林生物量的研究开始受到重视。特别是 20 世纪 60 年代由国际科学联盟理事会发起的国际生物学计划（IBP）和 20 世纪 70 年代由联合国教科文组织开展的人与生物圈计划（MAB）在全球展开，把森林生物量的研究推向一个崭新的阶段。在上述计划的支持下，一些学者开始对不同森林生态系统的生物量进行测定（Whittaker et al.，1963；Ogawa et al.，1965；Kira & Shidei，1967；Whittaker，1969；Olson，1971；Jordan，1982）。与此同时，Duvigneaud（1971）、Leith & Whittaker（1975）、Cannell & Sheppard（1982）、Olson 等（1983）对全球森林的生物量开展研究。

随着森林生物量研究的深入，人们逐渐意识到森林生物量是陆地生态系统碳动态和碳循环研究的基础（Young，1977；Montes et al.，2000；Nascimento & Laurance，2002）。早在 20 世纪 70 年代末至 80 年代，国际上多名学者已对森林生态系统碳储量开展研究，例如，Woodwell（1978）研究了全球的碳收支；Olson 等（1983）对全球森林植被的地上部分碳储量进行了估算；Oikawa（1985）及 Kira（1987）分别对东南亚地区森林植被、热带雨林进行碳储量及动态变化的研究。这些研究表明，森林不但能较好地维护区域生态环境，而且在全球碳平衡中发挥着巨大作用，其植被碳库约占全球植被碳库的 85% 以上（Oikawa，1985；Kira，1987）。20 世纪 90 年代以后，森林生物量和碳储量的研究逐渐成为全球森林生态学与气候变化科学研究的前沿和热点。森林生态系统碳储量研究是全球陆地碳循环研究的主要内容，也是世界气候研究计划（World Climate Research Programme，WCRP）、国际地圈-生物圈计划（IGBP）和国际全球环境变化人文因素计划（International Human Dimensions Programme on Global Environmental Change，IHDP）等重大科学计划的主题。一些林业发达国家对本国的森林碳储量进行了大量的测定，取得了丰硕的成果。例如，Cannel 和 Sheppard（1992）对欧洲森林的碳储量进行了研究，得到该地区森林林木和凋落物储存了约 2.8 Gt 的碳，相当于欧洲因化石燃料燃烧排放的 4 年的碳量，并建议栽种短轮伐期速生用材树种适当延长轮伐期，尽可能地固定更多的 CO_2；Kurz 和 Apps（1993）基于加拿大北方森林经常受到诸如山火等周期性的林分更替干扰，分析了林火干扰对加拿大北方森林碳储量的影响，认为这种不变的林火干扰使天然林中幼龄林分的面积增大，而老龄林面积急剧下降。他们假设干扰强度减弱使林分的平均年龄增加，从而使森林总生物量碳增加；Botkin 等（1993）估算了北美洲东部落叶阔叶林的碳储量，约为 8.1 亿 t，碳密度约为 360 t/hm^2，低于先前全球碳预算的范围（770～1040 t/hm^2），因此，他们认为全球森林碳储量有可能被高估；同年，Burschel 等（1993）研究德国森林的碳汇作用，提出了相应的提高碳汇水平的营林措施，这些措施包括延长轮伐期、套种、改良树种和非林地造林等；Kolchugina 和 Vinson（1993）估算了苏联森林的碳储量，约为 46.33~50.2 Pg，认为在区域尺度上，西伯利亚东部森林的净碳汇总量为 440 Gt；Dixon 等（1994）估算了全球热带、温带和北方森林碳储量占全球森林植被总碳储量的百分比；Karjalainen 等（1995）对芬兰森林碳平衡进行了研究预测，结果表明：如果一直以 20 世纪 80 年代的木材利用率为标准，则到 2039 年立木碳的净增量将会从 1990 年的 5.5 Tg/a 增加到 2039 年的 16.3 Tg/a，碳平衡在很大程度上取决于对森林木材的使用程度，并指出适当延长轮伐期对维持森林碳平衡有很大的积极作用。进入 21 世纪，森林生态系统碳储量的研究更是如火如荼。例如，Christopher 等（2008）基于卫星观测数据，通过建立植被和土壤仿真模型，估算了美国森林生物量和碳储量，结果表明：20 世纪 90 年代末，虽然在美国西北和东南地区，森林生物量和碳储量积累的速率较高，但美国本土仍存在大面积生物量和碳储量相对偏低的森林；Pacala 等（2001）估算了北美洲森林的碳收支，发现森林的恢复和造林使得美国的森林表现为显著的碳汇。最近，中国学者刘魏魏等（2015）对全球森林生态系统碳储量、固碳能力估算及其区域特征进行了综合分析，得出如下结果：①全球生态系统总碳库为 1950~3150 Pg（IPCC，2000，2013；Lal，2004，2008），其中植被碳库为 450~650 Pg，碳密度为 2~133 t/hm^2（IPCC，2000），土壤碳库为 1500~2500 Pg/hm^2（IPCC，2000；IPCC，2013；Lal，2008），1 m 深土壤碳密度为 42~709 t/hm^2（IPCC，2000，2001）；②全球森林面积约 40 亿~42 亿 hm^2（Bonan，2008；FAO，2010），约占陆地面积的 31%（FAO，2010）；全球森林碳储量为 652~927 Pg（FAO，2010；Pan et al.，2011），占全球有机碳储量的 33%~46%（IPCC，2000；Bonan，2008；Kutch et al.，2010），其中 42%~50%储存在植被中（FAO，2010；Pan et al.，2011；The Biomass Mission Advisory Group，2013），11%~13%储存在枯死木和枯枝落叶中，44%~45%储存在土壤中（刘魏魏等，2015）；③随着纬度的增高，森林植被的碳储量呈递减趋势，相反，森林土壤碳储量呈递增趋势；④从地理区域来看，南美洲（187.7~290 Pg）和欧洲（162.6 Pg）森林生态系统碳储量最大，其次是北美洲（106.7 Pg）、非洲（98.2 Pg）和亚洲（74.5 Pg），而大洋洲（21.7 Pg）最小（FAO，2010；Bellassen et al.，2011；Pan et al.，2011；Gloor et al.，2012；Hayes et al.，2012）。

（2）桉树人工林生物量和碳储量

国外有关桉树人工林生物量和碳储量的研究已有许多报道。例如，Singh 和 Toky（1995）研究了印度干旱地区高密度经营的短周期细叶桉、阿拉伯金合欢、银合欢人工林的生物量和净初级生产力；Bernardo 等（1998）分析了巴西南部多种桉树人工林株行距对林分生长和生物量分布的影响；Resh 等（2002）利用稳定碳同位素技术，追踪了以前 C$_4$ 植物土地利用中旧土壤有机碳（SOC$_4$）的流失和固氮、非固氮 C$_3$ 植物树种人工林中新土壤有机碳（SOC$_3$）的增加，指出固氮树种林分固定的土壤有机碳总量（SOC_T）为（0.11 ± 0.07）$kg/(m^2 \cdot a)$（平均值和标准误），而桉树林分土壤有机碳总量为 [（0.00 ± 0.07）$kg/(m^2 \cdot a)$；$p=0.02$]（Resh et al.，2002）。在固氮树种林分下，有 55%的 SOC_T 属于原先 C_4 植物保留的 SOC_4，而 45%的土壤总有机碳是 C_3 植物新固定的 SOC_3（Resh et al.，2002）。他们的研究还发现，在固氮树种林分中，土壤氮增加解释了原先 C_4 植物保留的 SOC_4 变异的 62%（Resh et al.，2002）。从而，他们认为，在固氮树种林分下更大程度地保留较老的土壤 C 是一项新发现，对于利用造林或再造林来抵消 C 排放的战略可能是重要的。Nouvellon 等（2012）在巴西研究了巨桉（*Eucalyptus grandis*）和马占相思（*Acacia mangium*）纯林及其混交林的生产量和碳分配，结果表明，在轮伐期结束时（6 年），马占相思纯林的地上生物量最低（105 t/hm^2），巨桉和马占相思混交林（混交比例为 5∶5）居中（122 t/hm^2），巨桉纯林最高（139 t/hm^2），指出巨桉与马占相思混交导致碳分配从地上转到地下，从生长量转向凋落物产量；Forrester（2013）研究了 8 年生蓝桉（*Eucalyptus globulus*）与固氮树种黑荆树（*Accasia mearnsii*）混交林分的土壤有机碳，结果发现，土壤有机碳含量在 50%蓝桉+50%黑荆树的混交林中最高，且与地上生物量高度相关，与混交林分中黑荆树的比例无关。同时指出，在蓝桉人工林中种植固氮树种可以通过提高生产力来增加土壤碳储量（Forrester，2013）。

7.1.2　国内研究概况

（1）森林生物量和碳储量

国内森林生物量的研究开始于 20 世纪 70 年代后期，而碳储量的研究要稍晚一些。20 世纪 70 年代初，我国老一辈生态学和林学家李文华、陈昌笃等率先将国外有关生物量和生产力的研究方法及成果引入国内（李文华等，1981），随后，潘维俦、冯宗炜等学者先后开展了杉木人工林生物量及生产力的研究（潘维俦和田大伦，1981；冯宗炜等，1984）。此后，不少林学和生态学科研人员相继在全国各地开展森林生物量和生产力研究工作（马钦彦，1983；温远光等，1988；刘世荣等，1990；方精云等，1996），取得许多原创性成果，有些学者就我国森林生物量和生产力的研究进行了综述（冯宗炜和王效科，1999；刘世荣和温远光，2005；罗云建等，2013）。特别是 21 世纪初，在中国科学院战略性先导科技专项"应对气候变化的碳收支认证及相关问题"（简称碳专项）："中国森林生态系统固碳现状、速率、机制和潜力研究"课题的推动下，全国各大区域开展了我国森林生物量和碳储量的研究。如方精云和陈安平基于大量的生物量实验数据，运用生物量换算因子连续函数法，构建中国主要森林类型生物量与蓄积量的相关模型，研究我国森林植被碳库及其动态变化（方精云和陈安平，2001）；众多学者，如周玉荣等（2000）、李克让等（2003）分析了我国主要森林生态系统的碳储量及区域特征；

王效科等（2001）对中国森林生态系统的植物碳储量和碳密度进行研究，得出中国森林生态系统的植物碳储量为 3.26～3.73 Pg，占全球的 0.6%～0.7%；熊江波（2015）对南亚热带 5 种人工林成熟林分的生物量和碳储量进行研究，得出 5 种林分乔木层生物量大小顺序为：杉木林（198.24 t/hm²）＞米老排林（186.05 t/hm²）＞红锥林（147.79 t/hm²）＞马尾松林（140.61 t/hm²）＞火力楠林（132.39 t/hm²）；5 种林分植被层的碳储量大小顺序为：米老排林（102.68 t/hm）＞杉木林（99.94 t/hm²）＞马尾松林（76.18 t/hm²）＞红锥林（75.43 t/hm²）＞火力楠林（63.69 t/hm²）；而 5 种人工林生态系统的碳储量表现为：米老排林（282.17 t/hm²）＞杉木林（243.31 t/hm²）＞火力楠林（238.58 t/hm²）＞马尾松林（225.23 t/hm²）＞红锥林（214.09 t/hm²）（熊江波，2015）。黄雪蔓等（2016）研究了不同间伐强度对杉木人工林生物量和碳储量的影响，结果表明，间伐 8 年后，3 种间伐强度（74%、50%、34%）与对照（不间伐）林分的生物量和碳储量均无显著差异（黄雪蔓等，2016）。同时，也有大量的研究论文在国外期刊上发表（Chen et al.，2010；Zhang et al.，2012；Chen et al.，2013b；He et al.，2013；Wang et al.，2013a，2013b；Du et al.，2015；Li et al.，2015；Zhou et al.，2017；You et al.，2018）。近年来，中国的森林生态系统碳储量研究取得了许多重要进展，特别是在中国科学院“碳专项”项目的推动下，更是取得了举世瞩目的研究成果。最近，有系列成果在《美国科学院院刊》（PNAS）上发表（Chen et al.，2018；Fang et al.，2018；Lu et al.，2018；Tang et al.，2018），出版了著作《中国陆地生态系统增汇技术途径及其潜力分析》（于贵瑞等，2018）。彰显了我国科学家在森林生态系统碳储量和碳收支研究方面的国际领先地位。

（2）桉树人工林生物量和碳储量

我国桉树人工林生物量和碳储量的研究始于 20 世纪 90 年代，彭少麟（1993）研究了广东电白小良桉树人工林第二代萌芽林生物量和生产力；陈北光等（1995）对雷州半岛两种桉树人工林地上部分生物量和生产力进行研究；余雪标等（1999b）研究了连栽桉树人工林生物量及生产力结构；温远光等（2000a，2000b）分别对广西合浦窿缘桉海防林和东门林场尾叶桉人工林的生物量和生产力进行研究。进入 21 世纪，桉树人工林生物量和碳储量研究迅速增多，在国内外发表了大量的研究论文。如温远光（2006）研究了广西东门林场不同连栽代次桉树人工林的生物量和生产力，认为连栽第二代对桉树人工林的生物量和生产力无显著影响；向仰州等（2012）对海南桉树人工林生物量和碳储量的时空格局开展研究，结果表明，1～6 年生桉树林分的生物量为 2.96～95.58 t/hm²，生态系统碳储量相应为 40.77～294.18 t/hm²；侯学会等（2012）对 2002 年广东省桉树人工林的碳储量进行测算，得出广东桉树人工林的总碳储量为 1153.32 万 t，成熟林的碳密度最大，为 50.50 t/hm²，幼龄林的碳密度最小，仅 12.72 t/hm²；Li 等（2015）在广西东门林场研究了一个经营周期（7 年）连栽桉树人工林生物量和碳储量随连栽代次和林分年龄的变化规律；Zhou 等（2017）研究了广西东门林场不同年龄序列（4 年、7 年、10 年、13 年和 21 年）桉树人工林的生物量和碳储量的动态规律，结果表明，桉树林分生物量碳储量随着年龄的增加而增加，而土壤有机碳在造林初期逐渐增加，10 年后达到峰值，之后逐渐下降；5 个生长发育阶段林分的生态系统碳库分别为 111.76 t/hm²、167.66 t/hm²、234.04 t/hm²、281.00 t/hm² 和 299.29 t/hm²，指出 12～15 年为桉树人工林最佳轮伐期；Zhou 等（2018）研究了不同林下植被管理方式下桉树人工林木材生产与植物多样性、生物量、碳储量的权衡关系。桉树人工林生物量和碳储量成为林学和生态学研究热点之一。

7.2　林分生物量及分配

7.2.1　不同林分的平均单株生物量及分配

（1）桉树平均单株生物量及分配

由表 7-1 可以看出，不同林分桉树的平均单株生物量不同，纯林中桉树的平均单株生物量为（76.70±17.18）kg/株，桉树×红锥混交林、桉树×降香黄檀混交林和桉树×望天树混交林中的桉树平均单株生物量分别是（85.72±14.04）kg/株、（87.39±14.80）kg/株和（86.96±15.70）kg/株。方差分析结果表明，3 种混交林中桉树的平均单株生物量均显著高于桉树纯林（$p<0.05$），而 3 种混交林之间差异不显著（$p>0.05$）。

表 7-1　不同林分桉树和珍贵树种的平均单株生物量　　　　（单位：kg/株）

组分	桉树纯林	桉树×红锥混交林		桉树×降香黄檀混交林		桉树×望天树混交林	
		桉树	红锥	桉树	降香黄檀	桉树	望天树
树干	48.64±10.45[a]	54.19±8.53[b]	10.56±3.20[C]	55.28±8.99[b]	1.27±0.90[A]	55.04±9.57[b]	2.48±1.57[B]
树皮	6.51±1.36[a]	7.24±1.11[b]	1.96±0.46[C]	7.38±1.17[b]	0.37±0.21[A]	7.35±1.25[b]	0.62±0.31[B]
树枝	5.33±1.33[a]	6.01±1.09[b]	3.67±0.96[C]	6.12±1.15[b]	0.59±0.36[A]	6.08±1.21[b]	1.04±0.57[B]
树叶	3.09±0.93[a]	3.54±0.78[a]	4.84±1.41[C]	3.58±0.81[a]	0.64±0.43[A]	3.55±0.84[a]	1.20±0.73[B]
树根	13.13±3.11[a]	14.74±2.55[b]	5.39±1.50[C]	15.02±2.68[b]	0.76±0.50[A]	14.94±2.84[b]	1.41±0.83[B]
合计	76.70±17.18[a]	85.72±14.04[b]	26.42±7.53[C]	87.39±14.80[b]	3.62±2.39[A]	86.96±15.70[b]	6.75±4.01[B]

注：不同小写字母表示不同林分间桉树单株生物量差异显著；不同大写字母表示不同林分间珍贵树种单株生物量差异显著（$p<0.05$，$n=36$）。数据为平均值±标准差

不同林分桉树各器官生物量的分配比例如表 7-2。由表 7-2 可知，无论是纯林还是混交林，其器官生物量分配规律是相似的，都是以树干的生物量最高，约占

整株生物量的 63%，其次是根系，约占 17%，树皮、树枝和树叶的生物量比例均较小，分别是 8%、7% 和 4% 左右。方差分析表明，各林分间不同器官的生物量分配差异不显著（$p > 0.05$）。

表 7-2　不同林分桉树各器官生物量的分配比例　　　　　（单位：%）

林分	树干	树皮	树枝	树叶	树根
桉树纯林	63.55±0.66[a]	8.51±0.14[a]	6.91±0.19[a]	3.96±0.35[a]	17.07±0.25[a]
桉树×红锥混交林	63.29±0.50[a]	8.46±0.10[a]	6.99±0.15[a]	4.09±0.27[a]	17.17±0.19[a]
桉树×降香黄檀混交林	63.33±0.49[a]	8.47±0.10[a]	6.98±0.14[a]	4.06±0.27[a]	17.16±0.19[a]
桉树×望天树混交林	63.38±0.52[a]	8.47±0.11[a]	6.97±0.16[a]	4.04±0.28[a]	17.14±0.20[a]

注：不同小写字母表示不同林分间桉树单株各器官生物量分配比例差异显著（$p < 0.05$，$n=36$）。数据为平均值±标准差

（2）混交林中珍贵树种的平均单株生物量

不同混交林中珍贵树种的平均单株生物量也不同，桉树×红锥混交林中，红锥的平均单株生物量为（26.42±7.53）kg/株，桉树×降香黄檀混交林中降香黄檀的平均单株生物量为（3.62±2.39）kg/株，桉树×望天树混交林中的望天树平均单株生物量相应为（6.75±4.01）kg/株。方差分析结果表明，3 种混交林中不同珍贵树种的平均单株生物量差异显著，红锥显著高于降香黄檀和望天树，望天树显著高于降香黄檀（$p < 0.05$）（表 7-1）。

表 7-3 是不同混交林中珍贵树种各器官生物量的分配比例。由表 7-3 可以看出，虽然不同珍贵树种的器官生物量分配规律相似，均为树干（33.82%～39.75%）>树根（20.43%～21.11%）>树叶（17.25%～18.30%）>树枝（13.99%～16.79%）>树皮（7.35%～11.03%），但不同树种间还是存在差异。方差分析结果表明，红锥树干、树叶的分配比例显著高于降香黄檀和望天树，望天树显著高于降香黄檀（$p < 0.05$）；树根、树皮和树枝的生物量比例为降香黄檀显著高于红锥和望天树，望天树显著高于红锥（$p < 0.05$）。

表 7-3　不同混交林中珍贵树种各器官生物量的分配比例　　　　（单位：%）

混交林	珍贵树种	树干	树皮	树枝	树叶	树根
桉树×红锥混交林	红锥	39.75±0.80[c]	7.53±0.41[a]	13.99±0.37[a]	18.30±0.11[c]	20.43±0.13[a]
桉树×降香黄檀混交林	降香黄檀	33.82±2.38[a]	11.03±1.73[c]	16.79±1.10[c]	17.25±0.54[a]	21.11±0.13[c]
桉树×望天树混交林	望天树	35.68±1.78[b]	9.83±1.10[b]	15.90±0.84[b]	17.63±0.34[b]	20.96±0.18[b]

注：不同小写字母表示不同混交林间珍贵树种单株各器官生物量分配比例差异显著（$p < 0.05$，$n=36$）。数据为平均值±标准差

7.2.2 不同林分生态系统生物量及分配

（1）乔木层生物量及分配

由表 7-4 可以看出，不同林分乔木层桉树的生物量不同，桉树纯林的平均生物量（100.89±22.25）t/hm²，桉树×红锥混交林、桉树×降香黄檀混交林和桉树×望天树混交林中乔木层桉树平均生物量分别是（111.34±18.97）t/hm²、（115.06±23.37）t/hm² 和（113.95±22.77）t/hm²。方差分析结果表明，3 种混交林中乔木层桉树的生物量均显著高于桉树纯林（$p<0.05$），而 3 种混交林之间差异不显著（$p>0.05$）。

表 7-4　不同林分乔木层桉树的生物量　　　　　　　（单位：t/hm²）

林分	树干	树皮	树枝	树叶	树根	合计
桉树纯林	63.98±13.55[a]	8.56±1.77[a]	7.01±1.72[a]	4.06±1.21[a]	17.27±4.03[a]	100.89±22.25[a]
桉树×红锥混交林	70.39±11.54[b]	9.40±1.51[b]	7.81±1.47[b]	4.60±1.04[a]	19.15±3.44[b]	111.34±18.97[b]
桉树×降香黄檀混交林	72.78±14.29[b]	9.72±1.87[b]	8.06±1.78[b]	4.73±1.23[a]	19.78±4.20[b]	115.06±23.37[b]
桉树×望天树混交林	72.11±13.95[b]	9.63±1.83[b]	7.97±1.73[b]	4.66±1.18[a]	19.58±4.09[b]	113.95±22.77[b]

注：不同小写字母表示不同林分间桉树生物量差异显著（$p<0.05$，$n=36$）。数据为平均值±标准差

由表 7-5 可以看出，不同林分乔木层珍贵树种的生物量不同，桉树×红锥混交林、桉树×降香黄檀混交林和桉树×望天树混交林中乔木层珍贵树种的生物量分别是（11.03±3.14）t/hm²、（1.51±1.00）t/hm² 和（2.81±1.67）t/hm²。方差分析结果表明，3 种混交林珍贵树种中，红锥的生物量显著高于降香黄檀和望天树，而望天树显著高于降香黄檀（$p<0.05$）。

表 7-5　不同林分乔木层珍贵树种的生物量　　　　　　（单位：t/hm²）

林分	珍贵树种	树干	树皮	树枝	树叶	树根	合计
桉树×红锥混交林	红锥	4.40±1.33[c]	0.82±0.19[c]	1.53±0.40[c]	2.02±0.59[c]	2.25±0.63[c]	11.01±3.14[c]
桉树×降香黄檀混交林	降香黄檀	0.53±0.37[a]	0.15±0.09[a]	0.24±0.15[a]	0.26±0.18[a]	0.32±0.21[a]	1.51±1.00[a]
桉树×望天树混交林	望天树	1.03±0.65[b]	0.26±0.13[b]	0.43±0.24[b]	0.50±0.30[b]	0.59±0.34[b]	2.81±1.67[b]

注：不同小写字母表示不同林分间珍贵树种生物量差异显著（$p<0.05$，$n=36$）。数据为平均值±标准差

不同林分乔木层的总生物量不同（表 7-6），以桉树×红锥混交林的最高[（122.35±19.44）t/hm²]，桉树纯林的最低[（100.89±22.25）t/hm²]，桉树×降香黄檀混交林和桉树×望天树混交林相近，分别是（116.57±23.59）t/hm² 和（116.77±22.50）t/hm²。方差分析表明，3 种混交林乔木层的生物量均显著高于桉树纯林（$p<0.05$），3 种混交林之间差异不显著（$p>0.05$）。

表 7-6　不同林分乔木层的总生物量　　（单位：t/hm²）

林分	树干	树皮	树枝	树叶	树根	合计
桉树纯林	63.98±13.55[a]	8.56±1.77[a]	7.01±1.72[a]	4.06±1.21[a]	17.27±4.03[a]	100.89±22.25[b]
桉树×红锥混交林	74.79±11.71[b]	10.22±1.53[b]	9.34±1.54[c]	6.62±1.23[c]	21.40±3.54[b]	122.35±19.44[a]
桉树×降香黄檀混交林	73.31±14.37[b]	9.87±1.89[b]	8.30±1.82[b]	4.99±1.29[b]	20.10±4.25[b]	116.57±23.59[a]
桉树×望天树混交林	73.14±13.84[b]	9.89±1.81[b]	8.41±1.70[b]	5.16±1.17[b]	20.16±4.04[b]	116.77±22.50[a]

注：不同小写字母表示不同林分乔木层生物量差异显著（$p<0.05$）。数据为平均值±标准差

　　不同林分乔木层各器官生物量的分配比例见表 7-7。由表 7-7 可知，4 种林分乔木层各器官生物量的分配规律一致，均为树干（61.15%～63.55%）>树根（17.07%～17.47%）>树皮（8.36%～8.51%）>树枝（6.91%～7.62%）>树叶（3.96%～5.39%）。方差分析表明，不同林分同一器官生物量的分配比例存在显著差异。其中，桉树纯林树干生物量比例显著高于 3 种混交林（$p<0.05$），而 3 种混交林之间差异不显著（$p>0.05$）；桉树×红锥混交林的树皮生物量比例显著低于其他 3 种林分（$p<0.05$），而这 3 种林分之间差异不显著（$p>0.05$）；桉树纯林的树枝生物量比例显著低于 3 种混交林（$p<0.05$），而 3 种混交林之间差异不显著（$p>0.05$）；桉树×红锥混交林的树叶生物量比例显著高于其他 3 种林分（$p<0.05$），桉树×降香黄檀混交林和桉树×望天树混交林树叶生物量比例也显著高于桉树纯林（$p<0.05$），而桉树×降香黄檀混交林和桉树×望天树混交林树叶生物量比例差异不显著（$p>0.05$）；桉树×红锥混交林的树根生物量比例显著高于其他 3 种林分（$p<0.05$），而桉树纯林、桉树×降香黄檀混交林和桉树×望天树混交林之间差异不显著（$p>0.05$）（表 7-7）。

表 7-7　不同林分乔木层各器官生物量的分配比例　　（单位：%）

林分	树干	树皮	树枝	树叶	树根
桉树纯林	63.55±0.66[a]	8.51±0.14[a]	6.91±0.19[b]	3.96±0.35[c]	17.07±0.25[b]
桉树×红锥混交林	61.15±0.52[b]	8.36±0.11[b]	7.62±0.14[a]	5.39±0.36[a]	17.47±0.15[a]
桉树×降香黄檀混交林	62.97±0.52[b]	8.49±0.10[a]	7.10±0.15[b]	4.24±0.28[b]	17.21±0.18[b]
桉树×望天树混交林	62.69±0.48[b]	8.49±0.11[a]	7.18±0.14[a]	4.39±0.27[b]	17.24±0.18[b]

注：不同小写字母表示不同林分乔木层各器官生物量分配比例差异显著（$p<0.05$）。数据为平均值±标准差

（2）林下植被生物量

　　由表 7-8 可以看出，不同林分灌木层的生物量不同，纯林中灌木层的平均生物量为（11.35±3.69）t/hm²，桉树×红锥混交林、桉树×降香黄檀混交林和桉树×望天树混交林中灌木层的平均生物量分别是（12.38±4.78）t/hm²、（13.64±4.26）t/hm² 和（11.35±4.54）t/hm²。方差分析结果表明，桉树×降香黄檀混交林

灌木层生物量显著高于桉树纯林和桉树×望天树混交林（$p<0.05$），与桉树×红锥混交林的差异不显著，桉树纯林和桉树×红锥混交林、桉树×望天树混交林之间差异不显著（$p>0.05$）（表 7-8）。

不同林分草本层的生物量也不同，以桉树×降香黄檀混交林的最高，其草本层的生物量为（13.65±0.94）t/hm²，其次是桉树纯林和桉树×望天树混交林，分别为（13.33±1.15）t/hm² 和（13.20±1.20）t/hm²，桉树×红锥混交林草本层生物量最小，为（12.51±1.38）t/hm²。方差分析结果表明，桉树×红锥混交林草本层生物量显著低于桉树纯林、桉树×降香黄檀混交林和桉树×望天树混交林（$p<0.05$），而后三者之间差异不显著（$p>0.05$）（表 7-8）。

不同林分林下植被的生物量以桉树×降香黄檀混交林的最高，为（27.29±4.04）t/hm²，其余 3 种林分的很相似，在 24.54～24.89t/hm² 变化。方差分析结果表明，桉树×降香黄檀混交林林下植被生物量显著高于桉树纯林、桉树×红锥混交林和桉树×望天树混交林（$p<0.05$），而后三者之间差异不显著（$p>0.05$）（表 7-8）。

（3）林地枯落物层现存量

不同林分林地枯落物层的现存量如表 7-8 所示。由表 7-8 可知，不同林分枯落物层现存量在 6.86～9.08 t/hm² 变化，以桉树×望天树混交林的最高，桉树×降香黄檀混交林的最低。方差分析表明，桉树×望天树混交林林地枯落物层现存量显著高于桉树纯林、桉树×红锥混交林和桉树×降香黄檀混交林（$p<0.05$）；桉树纯林显著高于桉树×红锥混交林和桉树×降香黄檀混交林（$p<0.05$）；而桉树×红锥混交林显著高于桉树×降香黄檀混交林（$p<0.05$）。

表 7-8　不同林分生态系统生物量　　　　　　　　（单位：t/hm²）

层次	组分	桉树纯林	桉树×红锥混交林	桉树×降香黄檀混交林	桉树×望天树混交林
乔木层		100.89±22.25[a]	122.35±19.44[b]	116.57±23.59[b]	116.77±22.50[b]
灌木层	地上部分	7.98±3.39[a]	9.10±4.52[ab]	10.14±4.02[b]	8.05±4.25[a]
	地下部分	3.36±0.77[a]	3.28±0.63[a]	3.50±0.77[a]	3.30±0.72[a]
	整体	11.35±3.69[a]	12.38±4.78[ab]	13.64±4.26[b]	11.35±4.54[a]
草本层	地上部分	10.16±1.27[a]	10.42±1.25[a]	11.46±0.92[b]	11.01±1.00[a]
	地下部分	3.17±1.53[b]	2.10±1.20[a]	2.19±0.33[a]	2.19±0.52[a]
	整体	13.33±1.15[b]	12.51±1.38[a]	13.65±0.94[b]	13.20±1.20[b]
林下植被		24.68±3.70[a]	24.89±4.78[a]	27.29±4.04[b]	24.54±4.53[a]
枯落物层		7.92±0.65[c]	7.45±0.87[b]	6.86±0.75[a]	9.08±0.46[d]
生态系统生物量		133.49±22.36[a]	154.70±20.33[b]	150.73±24.39[b]	150.38±23.83[b]

注：不同小写字母表示生物量差异显著（$p<0.05$）。数据为平均值±标准差

（4）林分生态系统生物量及分配

不同林分生态系统的生物量不同，桉树纯林的总生物量最低，仅为（133.49±22.36）t/hm²，桉树×红锥混交林的生物量最高，为（154.70±20.33）t/hm²，桉树×降香黄檀混交林和桉树×望天树混交林居两者之间，分别是（150.73±24.39）t/hm²和（150.38±23.83）t/hm²。方差分析结果表明，桉树纯林生态系统生物量显著低于桉树×红锥混交林、桉树×降香黄檀混交林和桉树×望天树混交林生态系统生物量（$p<0.05$），而 3 种混交林之间差异不显著（$p>0.05$）（表 7-8）。

不同林分生态系统生物量分配比例如表 7-9 所示。4 种林分均以乔木层生物量的比例最高，占生态系统总生物量的 74.93%～78.83%，灌木层和草本层相似，分别占生态系统总生物量的 7.56%～9.20% 和 8.24%～10.29%，枯落物层现存量所占比例最小，为 4.68%～6.21%。方差分析结果显示出，不同林分同一层次的生物量分配比例存在显著差异。桉树×红锥混交林乔木层生物量比例显著高于桉树纯林（$p<0.05$），其余 3 林分差异不显著（$p>0.05$）；灌木层生物量比例则是桉树×降香黄檀混交林显著高于桉树×望天树混交林（$p<0.05$），其余林分之间差异不显著（$p>0.05$）；草本层的生物量比例是桉树纯林显著高 3 种混交林，桉树×降香黄檀混交林显著高于桉树×红锥混交林（$p<0.05$），桉树×红锥混交林与桉树×望天树混交林差异不显著（$p>0.05$）；枯落物层现存量比例为桉树纯林和桉树×望天树混交林显著高于桉树×红锥混交林和桉树×降香黄檀混交林（$p<0.05$），桉树纯林和桉树×望天树混交林之间，以及桉树×红锥混交林和桉树×降香黄檀混交林之间差异不显著（$p>0.05$）（表 7-9）。

表 7-9　不同林分生态系统的生物量分配比例　　　　　（单位：%）

林分	乔木层	灌木层	草本层	枯落物层
桉树纯林	74.93±5.08[a]	8.69±3.18[ab]	10.29±2.06[c]	6.10±1.13[b]
桉树×红锥混交林	78.83±3.73[b]	8.03±2.89[ab]	8.24±1.50[a]	4.90±0.87[a]
桉树×降香黄檀混交林	76.86±4.20[ab]	9.20±3.10[b]	9.26±1.46[b]	4.68±1.00[a]
桉树×望天树混交林	77.19±4.05[ab]	7.56±2.59[a]	9.04±1.92[ab]	6.21±1.21[b]

注：不同小写字母表示差异显著（$p<0.05$）。数据为平均值±标准差

7.3　林分碳储量及分配

7.3.1　不同林分植被和土壤碳含量

（1）林木不同器官的碳含量

由表 7-10 可以看出，不同林分不同树种不同器官的碳含量存在一定差异，但

差异并不明显。4 种林分中，桉树不同器官的碳含量变化于 43.50%～48.94%，其中树干的碳含量为 47.68%～48.04%，树皮为 43.50%～43.90%，树枝为 44.06%～44.74%，树叶为 47.89%～48.94%，以及树根为 44.35%～44.92%。不同林分碳含量的差异很小，在 1 个百分点以内。3 种珍贵树种不同器官的碳含量也比较相近，变化于 42.76%～49.07%，其中树干的碳含量为 47.50%～47.78%，树皮为 42.76%～43.42%，树枝为 44.48%～44.76%，树叶为 48.38%～49.07%，以及树根为 44.64%～44.75%。不同树种碳含量的差异很小，在 0.5 个百分点以内。方差分析结果表明不同林分同一树种同一器官及不同林分不同树种同一器官的碳含量无显著差异（$p > 0.05$）。

表 7-10　不同林分不同树种不同器官的碳含量　　　　　（单位：%）

林分	树种	树干	树皮	树枝	树叶	树根
桉树纯林	桉树	48.02±1.47	43.76±1.27	44.39±2.07	48.62±2.01	44.36±1.82
桉树×红锥混交林	桉树	48.04±1.49	43.90±1.42	44.54±1.74	48.94±1.79	44.92±1.70
桉树×降香黄檀混交林	桉树	47.99±1.23	43.80±1.48	44.06±1.52	47.89±2.10	44.50±1.48
桉树×望天树混交林	桉树	47.68±1.58	43.50±1.66	44.74±1.70	48.06±2.10	44.35±1.56
桉树×红锥混交林	红锥	47.50±2.06	42.76±1.36	44.48±1.21	48.38±1.36	44.67±1.53
桉树×降香黄檀混交林	降香黄檀	47.70±1.88	43.31±1.65	44.75±1.06	48.45±1.24	44.75±1.27
桉树×望天树混交林	望天树	47.78±2.12	43.42±1.39	44.76±1.16	49.07±0.78	44.64±1.24

注：同一树种不同林分间同一器官含碳量均无显著差异（$p > 0.05$，$n = 36$）；不同树种不同林分间同一器官含碳量均无显著差异（$p > 0.05$，$n = 36$）。数据为平均值±标准差

（2）林下植被和枯落物层的碳含量

不同林分林下植被和枯落物层的碳含量如表 7-11 所示，由表 7-11 可以看出，4 种林分中，灌木层地上部分的碳含量变化于 50.24%～50.43%，地下部分的碳含量较低，为 46.09%～46.24%；草本层的碳含量也是地上部分高于地下部分，分别为 51.25%～51.55% 和 45.92%～46.22%；枯落物层的碳含量也较高，变化于 51.36%～51.58%。方差分析结果表明，不同林分间同一层次的碳含量无显著差异（$p > 0.05$）。

表 7-11　不同林分林下植被和枯落物层的碳含量　　　　　（单位：%）

林分	灌木层		草本层		枯落物层
	地上部分	地下部分	地上部分	地下部分	
桉树纯林	50.24±1.04	46.09±0.85	51.25±0.71	45.92±0.57	51.36±0.66
桉树×红锥混交林	50.43±0.96	46.21±0.86	51.49±0.76	46.02±0.73	51.54±0.69
桉树×降香黄檀混交林	50.33±0.87	46.24±0.92	51.36±0.79	46.02±0.70	51.41±0.67
桉树×望天树混交林	50.42±0.76	46.13±0.84	51.55±0.78	46.22±0.71	51.58±0.73

注：不同林分间同一层次碳含量均无显著差异（$p > 0.05$，$n = 36$）。数据为平均值±标准差

（3）林地土壤的碳含量

不同林分土壤不同层次的碳含量如图 7-1 所示，由图 7-1 可以看出，4 种林分中，土壤不同层次的碳含量随着土层深度的增加而递减。4 种林分 0～20 cm 土层土壤碳含量变化于 22.65～25.46 g/kg，方差分析表明，桉树纯林 0～20 cm 土层土壤的碳含量（22.65 g/kg）显著低于桉树×望天树混交林和桉树×降香黄檀混交林 0～20 cm 土层土壤碳含量，桉树×红锥混交林 0～20 cm 土层土壤碳含量（23.33 g/kg）显著低于桉树×望天树混交林（$p<0.05$），桉树×降香黄檀混交林与桉树×红锥混交林、桉树×红锥混交林与桉树纯林两两之间差异不显著（$p>0.05$）；4 种林分 20～40 cm 土层土壤碳含量变化于 17.09～18.13 g/kg，无显著差异（$p>0.05$）；4 种林分 40～60 cm 土层土壤碳含量为 10.77～14.82 g/kg，方差分析结果表明，桉树×降香黄檀混交林 40～60 cm 土层土壤碳含量显著高于桉树纯林和桉树×望天树混交林（$p<0.05$），其余林分间差异不显著（$p>0.05$）（图 7-1）。

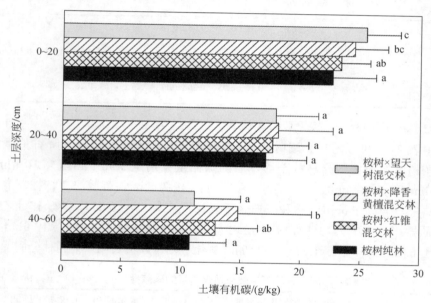

图 7-1 不同林分土壤不同层次的碳含量

7.3.2 不同林分植被的碳储量

（1）乔木层的碳储量

由表 7-12 可以看出，4 种林分中桉树纯林乔木层的碳储量最低，为 47.21 t/hm²，桉树×红锥混交林、桉树×降香黄檀混交林和桉树×望天树混交林中桉树的碳储量较高，分别是 52.26 t/hm²、53.78 t/hm² 和 53.07 t/hm²。方差分析结果表明，3 种混交林中桉树的碳储量显著高于桉树纯林中桉树的碳储量（$p<0.05$），而混交林之间无显著差异（$p>0.05$）。

混交林中红锥、降香黄檀和望天树的碳储量分别是 5.10 t/hm^2、0.70 t/hm^2 和 1.31 t/hm^2。方差分析结果表明，红锥的碳储量显著高于降香黄檀和望天树，望天树显著高于降香黄檀（$p<0.05$）（表 7-12）。

表 7-12　不同林分乔木层的碳储量　　　　　　　（单位：t/hm^2）

林分	树种	树干	树皮	树枝	树叶	树根	合计
桉树纯林	桉树	30.70±6.41^a	3.75±0.80^a	3.12±0.79^a	1.98±0.60^a	7.67±1.83^a	47.21±10.34^a
桉树×红锥混交林	桉树	33.80±5.63^b	4.13±0.69^{ab}	3.48±0.68^b	2.25±0.51^a	8.60±1.57^b	52.26±8.98^b
桉树×降香黄檀混交林	桉树	34.91±6.86^b	4.26±0.85^b	3.55±0.81^a	2.26±0.60^a	8.79±1.88^b	53.78±10.92^b
桉树×望天树混交林	桉树	34.40±6.82^b	4.18±0.75^{ab}	3.58±0.82^a	2.24±0.56^a	8.68±1.83^b	53.07±10.67^b
桉树×红锥混交林	红锥	2.09±0.63^c	0.35±0.09^c	0.68±0.18^c	0.98±0.29^c	1.00±0.28^c	5.10±1.45^c
桉树×降香黄檀混交林	降香黄檀	0.25±0.18^a	0.07±0.04^a	0.11±0.07^a	0.13±0.09^a	0.14±0.09^a	0.70±0.46^a
桉树×望天树混交林	望天树	0.49±0.31^b	0.11±0.05^b	0.20±0.11^b	0.25±0.15^b	0.26±0.15^b	1.31±0.78^b

（2）林下植被和枯落物层的碳储量

由表 7-13 可以看出，桉树纯林、桉树×红锥混交林、桉树×降香黄檀混交林和桉树×望天树混交林林下灌木层的碳储量分别是 5.56 t/hm^2、6.10 t/hm^2、6.73 t/hm^2 和 5.57 t/hm^2。方差分析结果表明，桉树×降香黄檀混交林林下灌木层的碳储量显著高于桉树纯林和桉树×望天树混交林（$p<0.05$），其余林分之间差异不显著（$p>0.05$）。其中，灌木层地上部分碳储量变化于 4.01～5.12 t/hm^2，灌木层地下部分碳储量在 1.52～1.62 t/hm^2 变化，方差分析表明，不同林分间灌木层

表 7-13　不同林分林下植被和枯落物层的碳储量　　　　　　　（单位：t/hm^2）

层次	组分	桉树纯林	桉树×红锥混交林	桉树×降香黄檀混交林	桉树×望天树混交林
灌木层	地上部分	4.01±1.71^a	4.58±2.26^{ab}	5.12±2.06^b	4.05±2.13^a
	地下部分	1.55±0.35^a	1.52±0.30^a	1.62±0.37^a	1.52±0.33^a
	整体	5.56±1.85^a	6.10±2.39^{ab}	6.73±2.16^b	5.57±2.26^a
草本层	地上部分	5.21±0.67^a	5.36±0.63^a	5.89±0.48^b	5.68±0.54^b
	地下部分	1.46±0.71^b	0.97±0.56^a	1.01±0.15^a	1.01±0.24^a
	整体	6.67±0.53^b	6.33±0.68^a	6.90±0.49^b	6.69±0.61^b
林下植被		12.23±1.88^a	12.43±2.38^a	13.63±2.05^b	12.26±2.25^a
枯落物层		4.07±0.33^c	3.84±0.45^b	3.53±0.38^a	4.68±0.26^d

地上部分碳储量的差异性与灌木层整体相似，而不同林分间灌木层地下部分碳储量无显著差异（$p > 0.05$）。

桉树纯林、桉树×红锥混交林、桉树×降香黄檀混交林和桉树×望天树混交林林下草本层的碳储量分别是 6.67 t/hm^2、6.33 t/hm^2、6.90 t/hm^2 和 6.69 t/hm^2。方差分析结果表明，桉树×红锥混交林林下草本层的碳储量显著低于桉树纯林、桉树×降香黄檀混交林和桉树×望天树混交林（$p < 0.05$），其余林分之间差异不显著（$p > 0.05$）。其中，草本层地上部分碳储量为 5.21～5.89 t/hm^2，草本层地下部分碳储量为 0.97～1.46 t/hm^2，方差分析表明，不同林分间草本层地上部分碳储量为桉树纯林和桉树×红锥混交林显著低于桉树×降香黄檀混交林和桉树×望天树混交林（$p < 0.05$），桉树纯林与桉树×红锥混交林、桉树×降香黄檀混交林与桉树×望天树混交林两两之间差异不显著（$p > 0.05$），而不同林分间草本层地下部分碳储量为桉树纯林显著高于 3 种混交林（$p < 0.05$）（表 7-13）。

由表 7-13 还可看出，4 种林分林下植被的碳储量为桉树×降香黄檀混交林（13.63 t/hm^2）显著高于桉树纯林（12.23 t/hm^2）、桉树×红锥混交林（12.43 t/hm^2）和桉树×望天树混交林（12.26 t/hm^2）（$p < 0.05$），而后三种林分间差异不显著（$p > 0.05$）。

4 种林分枯落物层的碳储量，以桉树×望天树混交林的最高（4.68 t/hm^2），桉树×降香黄檀混交林的最低（3.53 t/hm^2），方差分析表明，桉树×望天树混交林枯落物层的碳储量显著高于桉树纯林、桉树×红锥混交林、桉树×降香黄檀混交林（$p < 0.05$），桉树纯林显著高于桉树×红锥混交林、桉树×降香黄檀混交林（$p < 0.05$），桉树×红锥混交林显著高于桉树×降香黄檀混交林（$p < 0.05$）（表 7-13）。

7.3.3　不同林分的土壤碳储量

（1）土壤不同土层深度的碳储量

由表 7-14 可以看出，四种林分土壤碳储量均随着土层深度的增加而减少，但林分之间稍有差异。桉树纯林、桉树×红锥混交林和桉树×望天树混交林均表现为表层（0～20 cm）显著高于中层（20～40 cm）和下层（40～60 cm），中层显著高于下层（$p < 0.05$）；桉树×降香黄檀混交林稍有例外，其表层土壤碳储量显著高于中层、下层（$p < 0.05$），中层和下层之间无显著差异（$p > 0.05$）。桉树纯林、桉树×红锥混交林、桉树×降香黄檀混交林和桉树×望天树混交林 0～20 cm 土层土壤碳储量分别是 55.98 t/hm^2、56.69 t/hm^2、59.89 t/hm^2 和 62.41 t/hm^2。方差分析结果表明，桉树纯林 0～20 cm 土层土壤碳储量显著低于桉树×降香黄檀混交林和桉树×望天树混交林（$p < 0.05$），桉树纯林与桉树×红锥混交林，以及 3 种混交林之间差异不显著（$p > 0.05$）；4 种林分 20～40 cm 土层土壤碳储量变化在 49.30～52.16 t/hm^2，差异不显著（$p > 0.05$）；而 4 种林分 40～60 cm 土层土壤碳储量变化在 33.77～46.35 t/hm²，方差分析表明，桉树×降香黄檀混交林显著高于桉树纯林和桉树×望天树混交林（$p < 0.05$），与桉树×红锥混交林差异不显著（$p > 0.05$）；桉树纯林与桉树×红锥混交林、桉树×望天树混交林差异不显著（$p > 0.05$）。

表 7-14　不同林分土壤不同土层深度碳储量　　　　（单位：t/hm²）

土层深度/cm	桉树纯林	桉树×红锥混交林	桉树×降香黄檀混交林	桉树×望天树混交林
0～20	55.98±8.92^{aC}	56.69±6.11^{abC}	59.89±6.97^{bB}	62.41±7.13^{bC}
20～40	49.30±10.05^{aB}	50.70±8.85^{aB}	52.16±12.91^{aA}	51.66±10.42^{aB}
40～60	33.77±9.80^{aA}	40.36±11.20^{abA}	46.35±18.94^{bA}	34.95±12.32^{aA}
0～60	139.05±18.82^{a}	147.75±17.86^{ab}	158.40±30.59^{b}	149.02±19.14^{ab}

注：不同小写字母表示不同林分间土壤碳含量差异显著（$p < 0.05$，$n = 36$）；不同大写字母表示同一林分不同土层深度间土壤碳含量差异显著（$p < 0.05$，$n = 36$）。数据为平均值±标准差

（2）0～60 cm 土层的土壤碳储量

4 种林分 0～60 cm 土层的土壤碳储量的大小顺序为桉树×降香黄檀混交林（158.40 t/hm²）＞桉树×望天树混交林（149.02 t/hm²）＞桉树×红锥混交林（147.75 t/hm²）＞桉树纯林（139.05 t/hm²），方差分析表明，只有桉树×降香黄檀混交林的土壤碳储量显著高于桉树纯林，其余林分之间差异不显著（$p > 0.05$）（表 7-14）。

（3）林分类型、土层深度及其交互作用对土壤碳含量和碳储量的影响

林分类型和土层深度显著影响土壤碳含量和碳储量（表 7-15）。从表 7-15 可以看出，林分类型、土层深度及其交互作用均极显著地影响土壤碳含量和碳储量（$p < 0.01$）。桉树纯林 0～20 cm 土层土壤碳含量显著低于桉树×望天树混交林和桉树×降香黄檀混交林，桉树×红锥混交林 0～20 cm 土层土壤碳含量显著低于桉树×望天树混交林（$p < 0.05$），而桉树×降香黄檀混交林与桉树×红锥混交林、桉树×红锥混交林与桉树纯林两两之间差异不显著（$p > 0.05$）（图 7-1）。桉树×降香黄檀混交林的土壤碳储量显著高于桉树纯林，其余林分之间差异不显著（$p > 0.05$）（表 7-14）。

表 7-15　林分类型、土层深度及其交互作用对土壤碳含量和碳储量的影响

因子	土壤碳含量		土壤碳储量	
	F	p	F	p
林分类型	7.04	<0.001	6.44	<0.001
土层深度	351.08	<0.001	123.62	<0.001
林分类型×土层深度	3.28	0.0036	3.50	0.002

7.3.4　不同林分生态系统碳储量及分配

（1）生态系统碳储量

桉树纯林、桉树×红锥混交林、桉树×降香黄檀混交林和桉树×望天树混交林生态系统碳储量分别是 202.55 t/hm²、221.38 t/hm²、230.04 t/hm² 和 220.34 t/hm²。方差分析结果表明，桉树纯林生态系统碳储量显著低于桉树×红锥混交林、桉树×降香黄檀混交林、桉树×望天树混交林（$p<0.05$），3 种混交林之间差异不显著（$p>0.05$）（表 7-16）。4 种林分不同层次的碳储量大小顺序均表现为土壤层（139.05～158.40 t/hm²）＞乔木层（47.21～57.36 t/hm²）＞林下植被层（12.23～13.63 t/hm²）＞枯落物层（3.53～4.68 t/hm²）（表 7-16）。

表 7-16　不同林分的生态系统碳储量　　　　（单位：t/hm²）

林分	乔木层	林下植被层	枯落物层	土壤层	生态系统
桉树纯林	47.21±10.34[a]	12.23±1.88[a]	4.07±0.33[c]	139.05±18.82[a]	202.55±22.18[a]
桉树×红锥混交林	57.36±9.18[b]	12.43±2.38[a]	3.84±0.45[b]	147.75±17.86[ab]	221.38±22.62[b]
桉树×降香黄檀混交林	54.48±11.02[b]	13.63±2.05[b]	3.53±0.38[a]	158.40±30.59[b]	230.04±32.38[b]
桉树×望天树混交林	54.38±10.55[b]	12.26±2.25[a]	4.68±0.26[d]	149.02±19.14[ab]	220.34±23.07[b]

（2）生态系统碳储量分配

桉树纯林、桉树×红锥混交林、桉树×降香黄檀混交林和桉树×望天树混交林生态系统碳储量的分配见图 7-2。由图 7-2 可以看出，4 种林分均以土壤层碳储

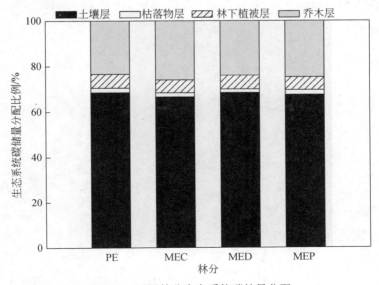

图 7-2　不同林分生态系统碳储量分配

量所占比例最高，占 66.69%～68.57%，其次是乔木层碳储量，占 23.29%～25.90%，林下植被和枯落物层碳储量比例均较小，分别为 5.60%～6.11%和 1.57%～2.15%（图 7-2）。方差分析表明，不同林分同一层次碳储量比例关系不同，4 种林分土壤层碳储量比例无显著差异（$p > 0.05$）；桉树×红锥混交林乔木层碳储量比例显著高于桉树纯林（$p < 0.05$），3 种混交林之间及桉树×降香黄檀混交林和桉树×望天树混交林与桉树纯林之间差异不显著（$p > 0.05$）；4 种林分林下植被的碳储量比例也无显著差异（$p > 0.05$）；4 种林分枯落物层的碳储量比例存在显著差异，桉树纯林和桉树×望天树混交林枯落物层碳储量比例显著高于桉树×红锥混交林和桉树×降香黄檀混交林，桉树×红锥混交林显著高于桉树×降香黄檀混交林（$p < 0.05$）。

7.4 小　结

本章重点研究和分析了生态营林方式下不同林分乔木层、灌木层、草本层的生物量和碳储量，结果表明，桉树×红锥混交林、桉树×降香黄檀混交林和桉树×望天树混交林的乔木层生物量、生态系统生物量、乔木层碳储量、土壤碳储量及生态系统碳储量均显著高于桉树纯林，而 3 种混交林之间差异不显著。其中，混交林的乔木层和生态系统生物量分别比桉树纯林提高 15.54%～21.27%和 12.65%～15.89%；混交林的乔木层碳储量、0～60 cm 土壤碳储量和生态系统碳储量分别比桉树纯林高 15.19%～21.50%、6.26%～13.92%和 8.78%～13.57%。采取珍贵树种与桉树混交的生态营林方式可以显著提高林分生物量和碳储量。

第8章　生态营林方式下不同林分林下植被植物物种组成及多样性

森林是全球最重要的陆地生物多样性宝库，但森林砍伐、森林退化、气候变化和其他因素正在威胁着全球约一半的树种（Liang et al.，2016），全球天然森林资源锐减。为了满足日益增长的木材和其他生态系统服务需求，同时避免对天然林的过度采伐，人工林在全球范围迅速扩大（Zhang et al.，2018）。诚然，人工林生物多样性锐减、外来生物入侵加剧已引起国际社会的普遍担忧（Williams，2015；Zhou et al.，2019）。

在森林生态系统中，林下植被作为森林生态系统的重要组成部分（Nilsson & Wardle，2005；Wardle et al.，2012），在驱动生态系统过程和功能中发挥着重要作用（Yarie，1980；Nilsson & Wardle，2005；Bardgett & Wardle，2010；Qiao et al.，2014）。然而，传统上，在人工林的经营管理中，林下植被清除是一项常见的抚育措施（Ohtonen et al.，1992；Mo et al.，2003；Li et al.，2004），用以防止林火、控制林下植被与林木的竞争，以促进林木幼苗生长和更新（Camprodon & Brotons，2006）。越来越多的研究表明，林下植被的丧失同时也导致了土壤微环境（Matsushima & Chang，2007）和养分有效性的显著变化（Bret-Harte et al.，2004），危及人工林生态系统稳定性（Zhang et al.，2015；周晓果，2016），以及生物安全（李朝婷等，2019；Zhou et al.，2019）和森林的可持续经营（Zhou et al.，2018；温远光等，2019）问题。因此，近年来人工林林下植被组成、结构和功能的研究备受关注，并逐渐发展成为森林生态学研究热点之一。

8.1　林下植被植物物种组成及多样性研究概况

8.1.1　国外研究概况

（1）人工林林下植被植物物种组成及多样性

国外林下植被的研究最早可以追溯到19世纪末（惠特克，1985），早期主要研究林下植被对立地的指示作用，从而为人工林的立地分类、造林地选择提供依据（阳含熙，1963）。随后的研究中，主要涉及林下植被植物物种组成（Jobidon et al.，2004；

Kong et al.，2017）、植被分类（Barbier et al.，2008）、植被更新（Harrington & Sanderson，1994；da Silva Junior et al.，1995；Parrotta，1995；Dibble et al.，1999）、植被演替（Swindel et al.，1986；Parrotta，1995；Brockerhoff et al.，2013；Brunet et al.，2011）、植物多样性（Nagaike，2002；Nilsson & Wardle，2005）、植物功能群（Nagaike et al.，2003）、植被管理（Haeussler et al.，1999；Thomas et al.，1999；Archibold et al.，2000；Battles et al.，2001）等。早期的研究表明：①桉树人工林树冠相对稀疏，在自然和无火灾发生的情况下可以迅速成为原生热带雨林植物的更新地（Harrington & Sanderson，1994），进而促进森林生物多样性的自然更新和退化土地的恢复（da Silva Junior et al.，1995；Parrotta，1995）；相反，也有研究认为桉树人工林有利于对光照要求较高的禾草和其他先锋杂草的恢复，这可能抑制原生雨林植物的生长（Kanowski et al.，2003；Wardell-Johnson et al.，2005）。②火灾和除草剂都可以减少木本植物的覆盖，增加牧草、豆类和禾本科植物（Stransky & Harlow，1981；Brockway & Outcalt，2000；Miller & Miller，2004），从而为许多濒临灭绝的野生动物创造了有利的营养结构（Burger，2005；Hunter & Bond，2001；Trani et al.，2001）。③人工林经营管理措施（如炼山、整地、施肥和喷施除草剂等）对林下植被群落组成、物种多样性、植物功能群存在短期负效应，只要停止干扰，植物群落和多样性均可得到恢复（Guynn et al.，2004；Kanowski et al.，2003，2005；Miller & Chamberlain，2008）。④当某些植物物种或功能群被清除时，生态系统的结构、功能和过程会发生明显的变化（Tripahti et al.，2005；Wardle et al.，2008）。在北方针叶林的研究中发现，林下植被剔除显著增加了土壤表层的温度，导致净氮矿化速率和硝化速率增加（Matsushima & Chang，2007）。最近，有关人工林林下植被的谱系结构、植物-微生物耦合及植物-土壤-微生物系统关联性成为研究的重点和热点（Cadotte，2013；Murugan et al.，2014；Piwczyński et al.，2016）。目前，通过广泛深入的研究，学者们普遍认为，林下植被并不完全是林木生长的有害竞争者，同时也具有重要的积极作用，关系人工林的可持续经营，同样需要经营和培育。

（2）桉树人工林林下植被植物物种组成及多样性

目前，国外关于桉树人工林林下植被植物物种组成及多样性的研究文献并不多，主要集中在桉树人工林培育措施（如炼山、施肥、整地、除草剂、间伐等）对林下植被植物物种组成及多样性的影响方面。如 Bone 等（1997）就马拉维南部乌兰巴山（Ulumba Mountain）赤桉（*E.camaldulensis*）桉树人工林对当地林地恢复的影响进行研究，结果表明，对照地的草本植物种类组成与人工林相似；用 Shannon-Wiener 指数测量的多样性在萌芽林小区明显高于对照区和 8 年生的林分；植物多样性与冠层覆盖度呈负相关，相关系数为-0.463。Bauhus 等（2001）对经过 6 年间伐和施肥后桉树林下植被植物物种的组成、结构、光衰减和养分含量进行研究，间伐时的林分年龄为 26 年生，间伐强度为基断面积的 50%，密度由初植密度 1130 株/hm^2 降至 250 株/hm^2，指出虽然处理对下层植物的物种多样性和丰富度没有显著影响，但间伐提高了草本植物的丰富度，施肥增加了蕨类植物如 *Pteridium esculentum* 的比例。Fabião 等（2002）对葡萄牙中部的蓝桉人工林中不同整地和有机剩余物管理方式对林下植被生物多样性的影响进行了研究，结果表明，在种植区域和试验期内，不经整地而进行剩余物去除处理的物种数量最多；处理对物种多样性的影响并不明显，显著差异只是偶尔发生，而且明显与物种数量的差异有关；各处理之间的均匀度指数差异不显著；在不干扰土壤和播撒有机剩余物的情况下通常具有最高的生物多样性（Fabião et al.，2002；Carneiro et al.，2007）。有研究指出，桉树人工林有利于对光照要求较高的禾草和其他先锋杂草的恢复，可能抑制原生雨林植物的生长（Kanowski et al.，2003；Wardell-Johnson et al.，2005）。植物群落组合受多种因素的影响，包括土壤特征和周边地区繁殖体的传播。这些因素在过渡区可能特别重要，导致植物群落的空间梯度。最近，Dodonov 等（2014）对热带稀树草原和半落叶林之间的巨桉人工林下植被梯度进行了研究，他们发现，在人工林的两个边缘之间，物种组成存在梯度；平均植被高度以热带稀树草原边缘最高，中部最低；每个样地的个体总数和系统发育多样性随与草原边缘的距离增加而减少；不同的扩散类型表现出不同的方式，草原边缘动物的扩散更为常见，人工林中心有风的扩散，森林边缘有自扩散。Murugan 等（2014）的研究表明，在热带桉树人工林中，树木、下层植被和土壤类型的地下碳分配会改变微生物群落组成和养分循环。

8.1.2　国内研究概况

（1）人工林林下植被植物物种组成及多样性

我国是世界上人工林面积最大的国家，对人工林林下植被植物物种组成及多样性的研究较国外更为广泛和深入。目前已对中国主要树种人工林如杉木、杨树、马尾松、落叶松、桉树、油松等（这 6 类人工林的面积约占中国人工林总面积的66%）的林下植被进行过较深入研究。

中国人工林林下植被植物物种组成及多样性研究始于 20 世纪 50 年代，最早是广东农学院（现华南农业大学）林学系在广东乐昌县（今乐昌市）九峰和江口两地，根据地形和地被的特征将杉木人工林划分为 4 个林型：山脊杉木林、芒萁杉木林、里白杉木林和狗脊杉木（陈楚莹等，2000）。此后，1958～1959 年，中国科学院林业土壤研究所（现中国科学院沈阳应用生态研究所）李昌华、冯宗炜等在湖南会同、贵州锦屏、福建南平和建瓯等林区进行杉木人工林林型研究，揭示了不同林型杉木人工林林下植被植物物种组成及多样性特征（李昌华等，1960），开创了我国人工林林下植被研究的先河。以林型研究为主的林下植被研究一直持续到20世纪70年代。20世纪80年代以后，特别是90年代以来，随着人工林连栽代次增加、经营强度提高和干扰强度的增大，植物多样性锐减、水土流失加剧、土地退化严重等生态环境问题进一步凸显，引起了林学界和生态学界的广泛关注。这一时期的研究主要是林下植物多样性、生物量与土壤物理化学特性关系的研究，发表了大量的研究论文（冯宗炜等，1980；姚茂和等，1991，1995；中国林学会森林生态学分会和杉木人工林集约栽培研究专题组，1992；杨承栋等，1992；熊有强等，1995；盛炜彤和杨承栋，1997；温远光，1997；庄雪影和邱美玲，1998；方海波等，1998；俞元春和曾曙才，1998；余雪标等，1999b）。进入21世纪，除了上述研究内容得到进一步深化外，人工林林下植物生态研究正朝着更加宏观或微观的方向发展，宏观方面探讨了林下植物多样性对人工林生态系统多功能性的影响，微观方面研究了林下植物多样性对土壤微生物群落组成、结构和功能的影响，发表了大量的研究论文（陈楚莹等，2000；林开敏等，2000，2001；盛炜彤，2001；范少辉等，2001；秦新生等，2003；康冰等，2005，2009；温远光等，2005a，2005b，2014；盛炜彤和范少辉，2005；温远光，2006，2008；叶绍明等，2010a，2010b，2010c；吴溪玭，2015；周晓果，2016；尤业明等，2016；Xiong et al.，2008；Wen et al.，2010；Wang et al.，2011；Wu et al.，2011，2015；Liu et al.，2012；Zhao et al.，2013；Huang et al.，2014，2017；Wan et al.，2014；Jin et al.，2015；Yin et al.，2016）。最近，学者们更加聚焦人工林林下植被-土壤-微生物系统的耦合关系及其作用机理的研究（李朝婷等，2019；Sun et al.，2017；Yang et al.，2017；Jo et al.，2018；Pan et al.，2018；Zhou et al.，2018，2019；Lyu et al.，2019），林下植被生态化管理与人工林高质量发展关系的研究正在兴起（温远光等，2019）。

（2）桉树人工林林下植被植物物种组成及多样性

桉树人工林是我国人工林发展过程中争议最大的树种，也是对林下植被的植物组成及多样性研究最广泛和深入的人工林之一。早在1983年广西农学院林学分院（现广西大学林学院）就对广西沿海地区桉树人工林林下植被开展了全面调查，发现当时的桉树人工林主要是窿缘桉、柠檬桉林，林下植被的植物物种组成比较简单，但大都以该区域代表性的林下优势植物为主，如灌木层主要是岗松、野牡丹、桃金娘，草本层主要是铁芒萁、五节芒、东方乌毛蕨、画眉草、蜈蚣草等，盖度小，在0～30%变化（赵大昌，1996）。余雪标等（1999a）采用空间代替时间的方法，对广东雷州林业局河头林场、迈进林场、纪家林场等的刚果12号W5无性系人工林下植被结构进行了比较研究，并将桉树林林下植被分为灌木-草本型和草本型2种，共有植物18种，出现最多的样地只有11种。他们的研究还发现，随着连栽代数的增加，林下植被的植物物种丰富度降低，多样性下降（余雪标等，1999a）。进入21世纪，随着国内桉树人工林生态问题的凸显，桉树人工林林下植被植物物种组成及多样性的研究迅速增多。2005年，温远光及其研究团队根据在广西东门林场进行的长期定位研究资料（1998～2003 年）对桉树人工林下植被的植物物种组成、物种多样性、植物的生活型和生长型、植物的生活史对策与繁殖体传播类型谱、植物种子库及多样性动态进行了报道，首次提出了桉树人工林群落物种多样性维持机制的初始植物繁殖体组成假说（温远光等，2005a，2005b；温远光，2006；Wen et al.，2010）。10 余年来，桉树人工林林下植被及多样性的研究持续深化，许多学者对桉树人工林林下植物多样性与林分生物量、生产力、碳储量、土壤养分、土壤微生物等的关系进行研究，取得了许多新的进展（温远光等，2008，2014；赵一鹤等，2008；太立坤等，2009；朱宏光等，2009；叶绍明等，2010a，2010b，2010c；Huang et al.，2014，2017；Du et al.，2015；Wu et al.，2015）。最近，有学者对去除桉树林下植被的生态效应开展研究（Wu et al.，2011；Zhao et al.，2013）。如 Wang 等（2014）的研究表明，在华南尾叶桉（*Eucalyptus urophylla*）和厚荚相思（*Acacia crassicarpa*）人工林中，去除林下植被后林地覆盖度降低，土壤表面光照增多，土温升高，0～5 cm 土层土壤氮矿化和硝化速率显著降低，氮转换速率的降低导致土壤有机物含量降低，改变了土壤养分的可利用性；林下植被去除在短期内（去除处理半年后）并不会增加土壤有效养分，反而会降低表层土壤的净氮矿化速率，这在土壤氮含量少的生态系统会对土壤氮素供应造成负面影响（Wang et al.，2014）。周晓果（2016）对桉树林下不同植物功能群的去除试验研究发现，不同植物功能群与土壤养分循环功能的关系具有不一致性；土壤氮转化速率对植物功能群去除的响应不一致；去除木本植物功能和去除草本植物功能群将产生完全不同的土壤生态效应。Zhou 等（2018）探讨了不同林下植被管理方式对林分木材产量、碳储量、植物多样性的权衡与协同效应，结果发现，采用人工带状清除林下植被时，植物多样性与碳储量（或木材产量）为正协同关系，有利于多目标可持续经营；随着林下植被管理干扰强度的增加，林下植物多样性减少，而入侵植物功能群多样性增加；同时去除表土层及林下植物导致植物多样性与碳储量（或木材产量）为负协同；高频率除草剂施用虽能提高木材产量，但增加了外来植物的入侵，应减少除草剂的施用浓度和频率（Zhou et al.，2018）。我们最近的研究表明，按照现行的桉树短周期多代纯林连栽制度将导致严重的外来植物入侵、土壤质量严重退化和林分生产力的显著下降（Zhou et al.，2019），要实现桉树人工林的绿色高质量发展，非常有必要深入开展林下植被与其他生态系统服务功能关系的研究。

8.2　群落的物种组成

8.2.1　群落的科属种组成

表 8-1 是不同林分林下植物的科属种组成。由表 8-1 可以看出，4 种林分林下

植物的科数在 50～58 变化；不同林分类型林下植物的属数和种数分别在 99～123
和 137～173 变化。以桉树×降香黄檀混交林的科属种数最高，分别是 58 科 123
属 173 种；桉树×望天树混交林的最低，分别是 50 科 99 属 137 种；桉树纯林与
桉树×红锥混交林比较接近，居两者之间（表 8-1）。

表 8-1　不同林分林下植物的科属种组成

类群	桉树纯林	桉树×红锥混交林	桉树×降香黄檀混交林	桉树×望天树混交林
科	57	54	58	50
属	107	110	123	99
种	145	149	173	137

不同林分中，含属种数较多的科大体相同（表 8-2）。属种数都在 5 以上的有
大戟科、蝶形花科、禾本科、茜草科，这些科都是该区域林下植物的优势科。此
外，桑科的属数较少，但种数普遍较高，多达 10～11 种，因此，桑科也应是该区
域林下植物的优势科，与该区域的南亚热带性质相吻合。樟科、菊科、夹竹桃科
在桉树×降香黄檀混交林中也有较多出现，属数、种数均在 5 或 5 以上，这些科
也是该类型的优势科（表 8-2）。其他一些科如椴树科、紫金牛科也有较多分布，
也是该区域林下常见科（表 8-2）。

表 8-2　不同林分含属种数较多的科

科名	桉树纯林		桉树×红锥混交林		桉树×降香黄檀混交林		桉树×望天树混交林	
	属数	种数	属数	种数	属数	种数	属数	种数
大戟科	7	12	10	18	9	17	6	11
蝶形花科	8	9	10	10	10	11	6	9
禾本科	8	8	9	9	9	9	8	8
菊科	4	5	5	5	6	7	5	7
茜草科	7	9	9	10	8	11	7	8
桑科	3	10	2	10	3	11	3	11
芸香科	4	5	—	—	4	6	2	5
樟科	3	6	4	8	5	10	4	7
椴树科	—	—	4	5	4	5	4	5
紫金牛科	—	—	3	5	3	8	2	5
夹竹桃科					6	6	—	—

数据统计分析表明，4 种林分中，单属单种的科基本相同，以蕨类植物的科
为多，主要是姬蕨科、蚌壳蕨科、凤尾蕨科、海金沙科、金星蕨科、里白科、铁

线蕨科、乌毛蕨科；木本植物科主要有冬青科、杜英科、橄榄科、紫威科、无患子科、藤黄科等。不同林分类型单属单种的科数也比较接近，为 28～30 科（表 8-3）。从表 8-3 可以看出，以桉树×降香黄檀混交林单属单种的数量最少，所占比例也最低；虽然桉树×望天树混交林的单属单种的科属种数不是最高，但因其群落的科属种的数量少，因此，单属单种的比例最高，分别占该类型科属种数的 58.00%、29.29% 和 21.17%（表 8-3）。

表 8-3　不同林分单属单种的科数及比例

林分	科		属		种	
	数量	比例/%	数量	比例/%	数量	比例/%
桉树纯林	30	52.63	30	28.04	30	20.69
桉树×红锥混交林	29	53.70	29	26.36	29	19.46
桉树×降香黄檀混交林	28	48.28	28	22.76	28	16.18
桉树×望天树混交林	29	58.00	29	29.29	29	21.17

8.2.2　群落的物种组成及重要值

由表 8-4 可以看出，生态营林方式下不同林分林下植物物种组成比较相似，重要值居前 4 位的物种完全相同，即为蔓生莠竹、五节芒、小花露籽草和弓果黍，全都以禾本科植物为优势。

表 8-4　生态营林方式下不同林分林下植物物种组成及重要值

种名	桉树纯林	桉树×红锥混交林	桉树×降香黄檀混交林	桉树×望天树混交林
蔓生莠竹	92.48	78.69	53.22	68.38
五节芒	28.59	17.26	25.22	33.59
小花露籽草	15.27	24.92	24.51	34.14
弓果黍	15.07	12.66	35.19	19.46
金毛狗	11.38	7.72	3.97	2.74
棕叶芦	9.84	1.60	2.70	3.97
山乌桕	8.22	4.58	7.33	3.77
乌毛蕨	7.55	9.77	5.18	6.08
半边旗	7.50	11.82	9.82	10.38
铁芒萁	6.36	8.59	9.43	7.76
钩藤	5.26	6.17	4.13	4.33
三桠苦	4.44	8.03	7.89	6.51

续表

种名	桉树纯林	桉树×红锥混交林	桉树×降香黄檀混交林	桉树×望天树混交林
粗叶榕	4.18	4.55	4.92	3.66
黄毛榕	3.67	2.16	2.22	2.08
海金沙	3.44	5.70	1.93	3.43
鲫鱼胆	3.38	5.58	3.28	2.80
华南鳞盖蕨	3.36	10.37	3.74	1.25
细圆藤	3.24	3.99	3.31	4.00
山黄麻	2.96	1.03	2.32	2.46
毛桐	2.55	1.11	1.64	1.46
潺槁木姜子	2.01	1.53	1.56	1.51
白楸	1.96	1.62	2.41	1.43
山鸡椒	1.91	0.61	0.92	0.66
中平树	1.85	1.51	1.42	2.40
楤木	1.83	2.99	2.05	3.14
莐草	1.79	0.78	1.78	0.17
柳叶箬	1.69	1.93	4.19	0.81
毛蕊	1.66	1.02	1.23	1.83
毛银柴	1.61	1.53	1.53	1.41
展毛野牡丹	1.60	1.45	0.58	0.00
山毛豆	1.56	2.90	2.32	2.56
漆	1.50	1.42	2.90	3.52
野漆	1.49	1.28	0.94	0.98
粗糠柴	1.47	1.43	1.38	2.38
玉叶金花	1.26	3.79	1.87	2.26
红荷木	1.21	0.72	1.22	1.20
对叶榕	1.16	0.90	0.89	0.65
草豆蔻	1.14	2.35	1.02	1.17
蛇泡筋	1.10	1.46	0.95	1.30
厚果崖豆藤	1.09	0.56	0.84	0.71
山菅	1.07	1.69	1.58	2.04
簕欓花椒	1.05	0.23	1.95	2.72
山姜	0.96	0.62	0.41	0.45

续表

种名	桉树纯林	桉树×红锥混交林	桉树×降香黄檀混交林	桉树×望天树混交林
飞机草	0.93	1.34	9.51	6.13
野芋	0.89	1.19	0.09	0.00
藤构	0.88	0.07	0.07	0.31
华南毛蕨	0.83	0.63	0.23	0.89
钝叶黄檀	0.81	2.57	0.62	0.52
抱茎菝葜	0.78	0.67	0.82	0.31
野牡丹	0.78	0.49	0.44	0.62
鹅掌柴	0.76	0.23	0.36	0.32
白背叶	0.68	1.73	0.99	0.66
山芝麻	0.67	0.31	0.54	0.86
盐肤木	0.65	0.74	0.38	0.15
亮叶猴耳环	0.65	0.17	0.22	0.00
鸡矢藤	0.59	0.48	0.23	0.58
鬼针草	0.54	1.10	2.51	1.58
络石	0.53	1.33	2.00	1.69
地桃花	0.50	0.60	0.60	0.23
毒根斑鸠菊	0.49	1.26	1.99	2.02
艳山姜	0.43	0.08	0.08	0.46
老虎刺	0.41	0.00	0.07	0.73
木姜子	0.40	1.17	0.87	1.18
扇叶铁线蕨	0.40	0.61	0.81	0.37
灰毛大青	0.39	0.00	0.27	0.17
水锦树	0.38	1.13	0.66	0.39
八角枫	0.37	0.00	0.17	0.12
滨盐肤木	0.36	0.00	0.23	0.10
大沙叶	0.35	0.75	0.45	0.09
大青	0.35	0.41	0.34	0.19
楝	0.33	0.06	0.08	0.09
钩吻	0.32	0.61	0.99	0.68
橄榄	0.31	0.20	0.70	0.38
酸叶胶藤	0.30	0.12	1.39	0.12

种名	桉树纯林	桉树×红锥混交林	桉树×降香黄檀混交林	桉树×望天树混交林
琴叶榕	0.30	0.65	0.95	0.52
五月茶	0.28	0.34	0.25	0.00
山油麻	0.28	0.37	0.19	0.94
粪箕笃	0.28	0.71	0.30	0.62
买麻藤	0.27	0.00	0.00	0.24
苹果榕	0.26	0.23	0.00	0.00
剑叶山芝麻	0.26	0.24	1.10	1.03
牛白藤	0.25	2.36	0.98	1.72
杠板归	0.25	0.00	0.00	0.00
当归藤	0.24	0.00	0.00	0.00
斑鸠菊	0.23	0.00	0.04	0.09
破布木	0.23	0.27	0.00	0.00
西南猫尾木	0.22	0.13	0.17	0.11
银柴	0.22	0.00	0.00	0.00
假柿木姜子	0.22	0.26	0.53	0.45
小芸木	0.22	0.00	0.16	0.00
红芽木	0.22	0.12	0.40	0.15
假黄皮	0.22	0.16	0.10	0.00
火炭母	0.21	0.43	0.13	0.14
茅瓜	0.21	0.58	0.20	0.17
石栗	0.21	0.06	0.00	0.00
两面针	0.21	0.00	0.13	0.27
粗叶悬钩子	0.19	0.48	0.74	1.21
九节	0.19	0.59	0.65	0.57
麻楝	0.19	0.00	0.00	0.09
金钟藤	0.19	0.40	0.29	0.26
铁冬青	0.18	0.00	0.00	0.00
葛	0.18	0.23	0.00	0.11
黄独	0.17	0.00	0.21	0.08
杜茎山	0.16	0.23	0.87	0.69
乌蔹莓	0.16	0.60	0.96	1.20

续表

种名	桉树纯林	桉树×红锥混交林	桉树×降香黄檀混交林	桉树×望天树混交林
马莲鞍	0.16	0.82	1.05	0.24
耳草	0.15	0.00	0.00	0.00
厚叶算盘子	0.14	0.20	0.05	0.00
毛黄肉楠	0.14	0.08	0.22	0.35
华润楠	0.13	0.05	0.33	0.00
糙叶榕	0.12	0.42	0.09	0.14
菝葜	0.12	0.09	0.12	0.26
假苹婆	0.12	0.21	0.75	0.60
变叶榕	0.12	0.16	0.31	0.16
葫芦茶	0.12	0.54	0.22	0.00
千里光	0.11	0.39	0.00	0.70
土茯苓	0.11	0.16	0.00	0.00
五爪金龙	0.10	0.00	0.00	0.00
小果微花藤	0.10	0.28	0.00	0.00
舶梨榕	0.10	0.00	0.08	0.24
薯蓣	0.10	0.16	0.24	0.00
海南蒲桃	0.09	0.06	0.08	0.00
毛瓜馥木	0.09	0.13	0.00	0.00
女贞	0.08	0.00	0.00	0.00
华南毛柃	0.07	0.20	0.00	0.00
小花八角枫	0.07	0.17	0.11	0.00
清风藤	0.07	0.43	0.06	0.00
阔叶丰花草	0.07	0.27	0.25	0.00
闭鞘姜	0.06	0.00	0.00	0.00
紫玉盘	0.06	0.00	0.07	0.00
赤才	0.06	0.26	0.28	0.00
美丽崖豆藤	0.06	0.00	0.00	0.00
水东哥	0.05	0.10	0.03	0.43
金银花	0.05	0.10	0.00	0.00
牛筋藤	0.05	0.00	0.18	0.19
假鹰爪	0.05	0.14	0.12	0.00

种名	桉树纯林	桉树×红锥混交林	桉树×降香黄檀混交林	桉树×望天树混交林
冠盖藤	0.05	0.24	0.06	0.00
千斤拔	0.05	0.00	0.00	0.00
灰毛浆果楝	0.05	0.22	0.06	0.00
短柄紫珠	0.05	0.00	0.00	0.00
杜英	0.05	0.00	0.09	0.00
少花龙葵	0.04	0.00	0.00	0.00
赪桐	0.04	0.00	0.00	0.00
淡竹叶	0.04	0.00	0.08	0.00
石岩枫	0.04	0.30	0.62	0.07
艾纳香	0.00	0.00	0.00	0.06
白花酸藤果	0.00	0.07	0.45	0.34
白花油麻藤	0.00	0.21	0.00	0.00
斑茅	0.00	0.13	0.00	0.00
薄叶润楠	0.00	0.00	0.07	0.00
扁担杆	0.00	0.09	0.25	0.21
草珊瑚	0.00	0.00	0.07	0.00
叉叶苏铁	0.00	0.00	0.10	0.07
赤杨叶	0.00	0.00	0.00	0.18
臭牡丹	0.00	0.04	0.00	0.00
刺壳花椒	0.00	0.00	0.15	0.37
刺蒴麻	0.00	0.00	0.23	0.00
粗叶木	0.00	0.00	0.22	0.00
顶花杜茎山	0.00	0.00	0.09	0.14
东风草	0.00	0.00	0.00	0.21
高秆珍珠茅	0.00	0.14	0.00	0.00
构棘	0.00	0.00	0.00	0.54
瓜馥木	0.00	0.00	0.00	0.25
禾串树	0.00	0.00	0.10	0.00
黑面神	0.00	0.00	0.18	0.00
红背山麻杆	0.00	0.04	0.00	0.00
红皮水锦树	0.00	0.22	0.00	0.12

种名	桉树纯林	桉树×红锥混交林	桉树×降香黄檀混交林	桉树×望天树混交林
黄牛木	0.00	0.12	0.00	0.00
黄杞	0.00	0.00	0.21	0.06
岗松	0.00	0.00	0.11	0.00
蓝叶藤	0.00	0.00	0.08	0.00
雷公藤	0.00	0.00	0.07	0.00
龙珠果	0.00	0.00	0.09	0.00
鹿藿	0.00	0.00	0.04	0.00
罗浮柿	0.00	0.12	0.00	0.00
罗伞树	0.00	0.07	0.06	0.00
毛果算盘子	0.00	0.09	0.15	0.00
毛麝香	0.00	0.00	0.07	0.00
毛叶木姜子	0.00	0.12	0.00	0.00
密齿酸藤子	0.00	0.00	0.14	0.00
南方荚蒾	0.00	0.00	0.00	0.13
南蛇藤	0.00	0.00	0.00	0.07
楠木	0.00	0.00	0.07	0.11
楠藤	0.00	0.00	0.06	0.00
拟砚壳花椒	0.00	0.11	0.00	0.28
排钱树	0.00	0.08	0.22	0.00
破布叶	0.00	0.06	0.00	0.07
青蒿	0.00	0.06	0.11	0.00
秋枫	0.00	0.04	0.00	0.31
日本杜英	0.00	0.00	0.10	0.00
日本薯蓣	0.00	0.00	0.15	0.17
绒毛山胡椒	0.00	0.16	0.03	0.00
箬竹	0.00	0.11	1.11	0.88
山胡椒	0.00	0.00	0.00	0.10
山牡荆	0.00	0.00	0.00	0.10
水茄	0.00	0.00	0.13	0.00
水同木	0.00	0.11	0.11	0.00
酸藤子	0.00	0.21	0.18	0.10

种名	桉树纯林	桉树×红锥混交林	桉树×降香黄檀混交林	桉树×望天树混交林
算盘子	0.00	0.08	0.14	0.00
桃金娘	0.00	0.00	0.09	0.00
藤黄檀	0.00	0.00	0.18	0.07
天星藤	0.00	0.00	0.06	0.21
铁线莲	0.00	0.00	0.22	0.25
土蜜树	0.00	0.19	0.19	0.14
娃儿藤	0.00	0.00	0.08	0.00
网络崖豆藤	0.00	0.00	0.20	0.10
威灵仙	0.00	0.04	0.40	0.00
微毛山矾	0.00	0.00	0.00	0.10
无患子	0.00	0.00	0.33	0.00
小果叶下珠	0.00	0.00	0.06	0.00
斜叶榕	0.00	0.05	0.08	0.09
锈毛崖豆藤	0.00	0.00	0.00	0.09
野桐	0.00	0.38	0.57	0.31
一点红	0.00	0.00	0.06	0.00
银背藤	0.00	0.00	0.05	0.00
银合欢	0.00	0.08	0.00	0.00
余甘子	0.00	0.10	0.00	0.00
羽叶金合欢	0.00	0.22	0.06	0.14
樟	0.00	0.00	0.20	0.00
重瓣臭茉莉	0.00	0.05	0.00	0.00
猪肚木	0.00	0.12	0.21	0.00
紫金牛	0.00	0.00	0.07	0.00
紫菀	0.00	0.00	0.05	0.00
紫珠	0.00	0.00	0.00	0.10
合计	300.00	300.00	300.00	300.00

　　在桉树纯林中记录到的物种数为 145 种，重要值≥10 的物种分别是蔓生莠竹（92.48）、五节芒（28.59）、小花露籽草（15.27）、弓果黍（15.07）、金毛狗（11.38），虽然这 5 个物种的物种数只占群落物种总数的 3.45%，但它们的重要值之和

（162.79）已占群落总重要值（300）的 54.26%，特别是蔓生莠竹，其单种的重要值几乎占群落总重要值的 1/3，是绝对的优势种。重要值在 5~10 的物种分别是棕叶芦（9.84）、山乌桕（8.22）、乌毛蕨（7.55）、半边旗（7.50）、铁芒萁（6.36）和钩藤（5.26）（表 8-4），这 6 个物种的种数占群落物种总数的 4.14%，但它们的重要值之和为 44.73，占群落总重要值的 14.91%。重要值在 1~5 的物种有 31 种，占物种数的 21.38%，它们的重要值之和（64.23）占总重要值的 21.41%，较重要的有钩藤、三桠苦、粗叶榕、黄毛榕、海金沙、鲫鱼胆、华南鳞盖蕨、细圆藤、山黄麻、毛桐、潺槁木姜子等，这些种对群落物种多样性和重要性的贡献基本一致。重要值<1 的种类非常多，共 103 种，其物种数占总物种数的 71.03%，但它们的重要值之和（28.25）只占总重要值的 9.42%（表 8-4）。显然，这些稀有种的重要值不高，但对植物群落的多样性具有重要的贡献。此外，这些物种中，重要值在 0.1 以下的有 24 种，占总物种数的 16.55%，如海南蒲桃（0.09）、毛瓜馥木（0.09）、女贞（0.08）、华南毛柃（0.07）、小花八角枫（0.07）、清风藤（0.07）、闭鞘姜（0.06）、紫玉盘（0.06）、赤才（0.06）、金银花（0.05）、水东哥（00.05）、杜英（0.05）等，它们的数量极少，分布频率低，很容易受干扰的影响而首先丧失。

据调查，桉树×红锥混交林的物种数为 149 种，重要值≥10 的物种分别是蔓生莠竹（78.69）、小花露籽草（24.92）、五节芒（17.26）、弓果黍（12.66）、半边旗（11.82）和华南鳞盖蕨（10.37），共有 6 种，其物种数只占群落物种数的 4.03%，但它们的重要值之和（155.72）已占群落总重要值（300）的 51.91%，蔓生莠竹单种的重要值为 78.69，占绝对优势。重要值在 5~10 的种类有 7 种，分别是乌毛蕨（9.77）、铁芒萁（8.59）、三桠苦（8.03）、金毛狗（7.72）、钩藤（6.17）、海金沙（5.70）和鲫鱼胆（5.58）（表 8-4），这 7 个物种的种数占群落物种总数的 4.70%，重要值（51.56）占群落总重要值的 17.19%。重要值在 1~5 的物种有 33 种，占物种数的 22.15%，它们的重要值之和（64.10）占总重要值的 21.37%，较重要的有山乌桕、粗叶榕、黄毛榕、细圆藤、玉叶金花、楤木、山毛豆、钝叶黄檀、牛白藤、草豆蔻等。重要值<1 的种类也非常多，共 103 种，其物种数占总物种数的 69.13%，但它们的重要值之和（28.62）只占总重要值的 9.54%（表 8-4）。与桉树纯林相似，群落中重要值在 0.1 以下的种类不少，计有 23 种，占总物种数的 15.44%，代表性的如海南蒲桃（0.06）、毛黄肉楠（0.08）、华润楠（0.05）、斜叶榕（0.05）、白花酸藤果（0.07）、银合欢（0.08）、楝（0.06）、重瓣臭茉莉（0.05）等。

调查结果显示，桉树×降香黄檀混交林林下的植物物种数最多，有 172 种，但重要值≥10 的物种不多，仅 4 种，分别是蔓生莠竹（53.22）、五节芒（25.22）、小花露籽草（24.51）、弓果黍（35.19），这 4 个物种的种数占群落物种总数的

2.33%，但它们的重要值之和（138.14）已占群落总重要值（300）的 46.05%，与桉树纯林和桉树红锥混交林比较，蔓生莠竹的重要值明显减少，仅为 53.22，但仍占优势地位。重要值为 5～10 的物种有山乌桕（7.33）、乌毛蕨（5.18）、半边旗（9.82）、飞机草（9.51）、铁芒萁（9.43）、三桠苦（7.89）、山乌桕（7.33）和乌毛蕨（5.18）（表 8-4）。重要值在 1～5 的物种有 34 种，占物种数的 19.77%，它们的重要值之和（75.72）占总重要值的 25.24%，较重要的有钩藤、金毛狗、棕叶芦、鲫鱼胆、粗叶榕、黄毛榕、华南鳞盖蕨、细圆藤、山黄麻、白楸、楤木、山毛豆、鬼针草等。重要值＜1 的种类特别丰富，共 128 种，其物种数占总物种数的 74.42%，但它们的重要值之和（36.98）只占总重要值的 12.33%。群落中重要值在 0.1 以下的种类也非常多，计有 39 种，占总物种数的 22.67%，而它们的重要值仅占群落总重要值的 0.88%（表 8-4）。

在桉树×望天树混交林记录到的物种有 137 种，是 4 个林分类型中物种数最少的类型。重要值≥10 的物种分别是蔓生莠竹（68.38）、五节芒（33.59）、小花露籽草（34.14）、弓果黍（19.46）、半边旗（10.38），这 5 个物种的种数占群落物种总数的 3.65%，但它们的重要值之和（165.95）已占群落总重要值（300）的 55.32%，蔓生莠竹的重要值最大，占据优势地位。重要值为 5～10 的物种有铁芒萁（7.76）、三桠苦（6.51）、乌毛蕨（6.08）和飞机草（6.13）（表 8-4），这 4 个物种的种数占群落物种总数的 2.92%，但它们的重要值之和（26.48）占群落总重要值的 8.83%。重要值在 1～5 的物种有 35 种，占物种数的 25.55%，它们的重要值之和占总重要值的 26.15%，较重要的有钩藤（4.33）、金毛狗（2.74）、棕叶芦（3.97）、山乌桕（3.77）、鲫鱼胆（2.80）、粗叶榕（3.66）、黄毛榕（2.08）、细圆藤（4.00）、山黄麻（2.46）、楤木（3.14）、山毛豆（2.56）、簕欓花椒（2.72）、中平树（2.40）、玉叶金花（2.26）等。重要值＜1 的种类也非常丰富，共 93 种，其物种数占总物种数的 67.88%，但它们的重要值之和（29.12）只占总重要值的 9.71%（表 8-4）。群落中重要值在 0.1 以下的种类不多，共有 14 种，占总物种数的 10.22%，而它们的重要值仅占群落总重要值的 0.36%（表 8-4）。

8.2.3　群落不同层次的物种组成及重要值

（1）灌木层的物种组成及重要值

生态营林方式下不同林分林下灌木层物种组成及重要值见表 8-5。由表 8-5 可知，4 种林分重要值居前 10 位的物种中有 7 种是完全相同的，表明 4 种林分林下灌木层优势种基本相同。

表 8-5　生态营林方式下不同林分林下灌木层物种组成及重要值

桉树纯林		桉树×红锥混交林		桉树×降香黄檀混交林		桉树×望天树混交林	
种名	重要值	种名	重要值	种名	重要值	种名	重要值
山乌桕	28.83	三桠苦	24.57	三桠苦	24.42	三桠苦	21.08
钩藤	18.15	海金沙	20.32	山乌桕	22.34	海金沙	14.16
三桠苦	14.30	钩藤	17.59	钩藤	13.41	钩藤	13.42
海金沙	14.21	鲫鱼胆	15.86	粗叶榕	13.32	细圆藤	13.16
粗叶榕	13.57	山乌桕	13.80	细圆藤	11.11	漆	11.87
鲫鱼胆	11.43	粗叶榕	11.85	鲫鱼胆	8.88	山乌桕	11.55
黄毛榕	11.35	山毛豆	11.45	漆	8.55	山毛豆	9.57
细圆藤	10.82	细圆藤	11.34	山毛豆	7.32	粗叶榕	9.56
山黄麻	8.75	玉叶金花	10.19	海金沙	6.95	楤木	8.79
毛桐	8.29	钝叶黄檀	9.13	黄毛榕	6.72	鲫鱼胆	8.30
潺槁木姜子	6.23	牛白藤	9.09	玉叶金花	6.15	玉叶金花	7.08
山毛豆	6.04	楤木	7.31	白楸	6.05	簕欓花椒	6.96
展毛野牡丹	5.75	黄毛榕	5.86	山黄麻	5.66	山黄麻	6.95
中平树	5.68	潺槁木姜子	5.34	毒根斑鸠菊	5.54	粗糠柴	6.77
白楸	5.67	中平树	4.70	楤木	5.05	中平树	6.67
山鸡椒	5.25	络石	4.51	络石	5.01	毛葶	6.24
毛银柴	5.18	木姜子	4.46	酸叶胶藤	4.86	黄毛榕	6.20
毛葶	5.11	白背叶	4.25	箬竹	4.62	毒根斑鸠菊	6.08
玉叶金花	5.10	白楸	4.24	簕欓花椒	4.50	红荷木	5.83
楤木	4.95	漆	3.85	红荷木	4.37	牛白藤	5.67
红荷木	4.64	毛银柴	3.69	毛桐	4.29	箬竹	5.25
漆	4.58	展毛野牡丹	3.66	潺槁木姜子	4.24	络石	5.07
野漆	4.58	山黄麻	3.65	粗糠柴	4.23	粗叶悬钩子	4.82
对叶榕	4.54	粗糠柴	3.52	毛银柴	4.11	毛桐	4.09
粗糠柴	4.42	蛇泡筋	3.42	蛇泡筋	4.01	蛇泡筋	3.97
蛇泡筋	3.78	水锦树	3.40	剑叶山芝麻	3.75	潺槁木姜子	3.95
藤构	3.34	毒根斑鸠菊	3.18	中平树	3.60	毛银柴	3.93
厚果崖豆藤	3.25	毛桐	3.04	乌蔹莓	3.43	白楸	3.88
簕欓花椒	2.97	对叶榕	3.02	毛葶	3.25	剑叶山芝麻	3.87
钝叶黄檀	2.72	野漆	2.92	山鸡椒	3.01	木姜子	3.70

桉树纯林		桉树×红锥混交林		桉树×降香黄檀混交林		桉树×望天树混交林	
种名	重要值	种名	重要值	种名	重要值	种名	重要值
抱茎菝葜	2.51	红荷木	2.60	橄榄	2.99	乌蔹莓	3.58
山芝麻	2.43	毛菍	2.45	牛白藤	2.92	山芝麻	2.49
野牡丹	2.35	盐肤木	2.21	钩吻	2.67	老虎刺	2.40
亮叶猴耳环	2.16	大沙叶	2.01	白背叶	2.58	山油麻	2.37
鹅掌柴	2.04	葫芦茶	1.99	对叶榕	2.48	对叶榕	2.30
白背叶	1.92	马莲鞍	1.88	马莲鞍	2.42	野漆	2.25
鸡矢藤	1.88	琴叶榕	1.84	杜茎山	2.38	千里光	2.21
木姜子	1.78	地桃花	1.74	野漆	2.35	钩吻	2.05
八角枫	1.69	火炭母	1.72	粗叶悬钩子	2.30	山鸡椒	1.96
毒根斑鸠菊	1.68	山鸡椒	1.65	琴叶榕	2.21	构棘	1.93
盐肤木	1.62	野牡丹	1.57	钝叶黄檀	2.13	杜茎山	1.93
络石	1.55	九节	1.53	厚果崖豆藤	2.09	假苹婆	1.83
地桃花	1.48	抱茎菝葜	1.50	白花酸藤果	1.96	白背叶	1.75
楝	1.48	粪箕笃	1.45	展毛野牡丹	1.91	假柿木姜子	1.73
火炭母	1.33	乌蔹莓	1.44	木姜子	1.87	厚果崖豆藤	1.66
麻楝	1.30	钩吻	1.40	抱茎菝葜	1.84	野牡丹	1.56
灰毛大青	1.30	茅瓜	1.39	石岩枫	1.80	粪箕笃	1.55
橄榄	1.26	厚果崖豆藤	1.26	假苹婆	1.75	橄榄	1.36
酸叶胶藤	1.23	清风藤	1.24	野桐	1.74	琴叶榕	1.33
琴叶榕	1.12	粗叶悬钩子	1.18	水锦树	1.66	水锦树	1.32
牛白藤	1.08	千里光	1.16	山芝麻	1.56	钝叶黄檀	1.25
水锦树	1.05	灰毛浆果楝	1.10	假柿木姜子	1.50	九节	1.25
钩吻	1.03	糙叶榕	1.03	地桃花	1.40	鸡矢藤	1.21
滨盐肤木	1.00	金钟藤	0.98	九节	1.27	火炭母	1.10
大沙叶	1.00	鸡矢藤	0.96	无患子	1.25	水东哥	1.06
大青	0.96	五月茶	0.87	大沙叶	1.16	秋枫	1.05
老虎刺	0.95	华南毛柃	0.82	野牡丹	1.07	茅瓜	0.97
葛	0.84	葛	0.81	鹅掌柴	1.03	鹅掌柴	0.85
五月茶	0.81	山芝麻	0.80	华润楠	1.00	刺壳花椒	0.81
红芽木	0.80	山油麻	0.80	灰毛大青	0.93	拟砚壳花椒	0.80

续表

桉树纯林		桉树×红锥混交林		桉树×降香黄檀混交林		桉树×望天树混交林	
种名	重要值	种名	重要值	种名	重要值	种名	重要值
苹果榕	0.76	大青	0.80	盐肤木	0.92	毛黄肉楠	0.79
当归藤	0.75	野桐	0.75	红芽木	0.87	白花酸藤果	0.79
假黄皮	0.74	假柿木姜子	0.73	滨盐肤木	0.82	菝葜	0.70
斑鸠菊	0.72	石岩枫	0.72	威灵仙	0.82	藤构	0.69
山油麻	0.71	破布木	0.71	五月茶	0.81	抱茎菝葜	0.69
买麻藤	0.68	杜茎山	0.69	变叶榕	0.80	两面针	0.66
石栗	0.67	剑叶山芝麻	0.66	金钟藤	0.79	瓜馥木	0.65
粪箕笃	0.67	小花八角枫	0.64	樟	0.71	羽叶金合欢	0.64
破布木	0.67	赤才	0.63	排钱树	0.70	野桐	0.63
杠板归	0.65	小果微花藤	0.62	黄杞	0.68	金钟藤	0.61
银柴	0.64	苹果榕	0.61	大青	0.67	马莲鞍	0.56
粗叶悬钩子	0.63	箭槁花椒	0.54	刺蒴麻	0.67	地桃花	0.55
剑叶山芝麻	0.63	白花油麻藤	0.51	猪肚木	0.66	买麻藤	0.54
假柿木姜子	0.63	罗浮柿	0.51	粪箕笃	0.65	大青	0.53
华润楠	0.61	羽叶金合欢	0.50	茅瓜	0.63	赤杨叶	0.53
西南猫尾木	0.61	厚叶算盘子	0.48	扁担杆	0.62	变叶榕	0.53
茅瓜	0.58	红皮水锦树	0.48	山油麻	0.58	铁线莲	0.52
铁冬青	0.51	冠盖藤	0.47	八角枫	0.56	天星藤	0.51
小芸木	0.49	假苹婆	0.46	毛黄肉楠	0.52	灰毛大青	0.48
金钟藤	0.47	酸藤子	0.45	赤才	0.51	舶梨榕	0.48
九节	0.47	鹅掌柴	0.44	薯蓣	0.49	土蜜树	0.48
马莲鞍	0.46	假鹰爪	0.43	火炭母	0.49	日本薯蓣	0.47
两面针	0.44	余甘子	0.43	鸡矢藤	0.48	酸叶胶藤	0.44
乌蔹莓	0.43	毛叶木姜子	0.42	刺壳花椒	0.48	扁担杆	0.44
黄独	0.43	箬竹	0.41	毛果算盘子	0.47	牛筋藤	0.42
杜茎山	0.42	红芽木	0.41	粗叶木	0.47	葛	0.37
毛黄肉楠	0.41	假黄皮	0.41	黄独	0.47	南方荚蒾	0.36
海南蒲桃	0.38	橄榄	0.38	亮叶猴耳环	0.47	糙叶榕	0.35
千里光	0.38	土蜜树	0.38	西南猫尾木	0.45	顶花杜茎山	0.33
菝葜	0.36	毛瓜馥木	0.38	葫芦茶	0.44	山胡椒	0.33

桉树纯林		桉树×红锥混交林		桉树×降香黄檀混交林		桉树×望天树混交林	
种名	重要值	种名	重要值	种名	重要值	种名	重要值
厚叶算盘子	0.35	猪肚木	0.36	藤黄檀	0.43	西南猫尾木	0.33
小果微花藤	0.34	土茯苓	0.36	黑面神	0.43	盐肤木	0.32
糙叶榕	0.33	变叶榕	0.35	铁线莲	0.42	微毛山矾	0.32
假苹婆	0.31	西南猫尾木	0.35	土蜜树	0.41	麻楝	0.31
五爪金龙	0.31	扁担杆	0.35	牛筋藤	0.41	楠木	0.30
变叶榕	0.30	亮叶猴耳环	0.34	岗松	0.39	山牡荆	0.29
土茯苓	0.29	绒毛山胡椒	0.33	酸藤子	0.37	黄独	0.28
毛瓜馥木	0.28	排钱树	0.32	小花八角枫	0.35	网络崖豆藤	0.25
葫芦茶	0.28	薯蓣	0.31	小芸木	0.35	红皮水锦树	0.25
清风藤	0.28	酸叶胶藤	0.28	密齿酸藤子	0.32	红芽木	0.24
华南毛柃	0.24	拟砚壳花椒	0.27	水同木	0.32	斜叶榕	0.23
舶梨榕	0.24	金银花	0.26	算盘子	0.31	滨盐肤木	0.22
薯蓣	0.21	罗伞树	0.23	网络崖豆藤	0.31	紫珠	0.22
小花八角枫	0.21	水同木	0.23	日本薯蓣	0.30	石岩枫	0.22
紫玉盘	0.18	黄牛木	0.23	杜英	0.30	斑鸠菊	0.21
美丽崖豆藤	0.16	水东哥	0.23	藤构	0.29	锈毛崖豆藤	0.21
水东哥	0.14	毛黄肉楠	0.21	蓝叶藤	0.28	楝	0.21
女贞	0.14	菝葜	0.21	海南蒲桃	0.27	八角枫	0.21
赤才	0.14	银合欢	0.19	糙叶榕	0.27	大沙叶	0.19
假鹰爪	0.14	毛果算盘子	0.19	菝葜	0.26	酸藤子	0.17
灰毛浆果楝	0.13	白花酸藤果	0.19	两面针	0.25	藤黄檀	0.17
金银花	0.13	算盘子	0.17	桃金娘	0.25	黄杞	0.15
千斤拔	0.12	海南蒲桃	0.17	草珊瑚	0.25	南蛇藤	0.14
短柄紫珠	0.12	楝	0.16	雷公藤	0.24	破布叶	0.14
杜英	0.12	破布叶	0.16	禾串树	0.23		
牛筋藤	0.11	藤构	0.14	娃儿藤	0.22		
冠盖藤	0.11	重瓣臭茉莉	0.13	假鹰爪	0.21		
赪桐	0.09	石栗	0.12	日本杜英	0.21		
石岩枫	0.09	斜叶榕	0.10	假黄皮	0.20		
		华润楠	0.09	楠木	0.20		

续表

桉树纯林		桉树×红锥混交林		桉树×降香黄檀混交林		桉树×望天树混交林	
种名	重要值	种名	重要值	种名	重要值	种名	重要值
		臭牡丹	0.09	水茄	0.19		
		威灵仙	0.09	小果叶下珠	0.18		
		秋枫	0.08	舶梨榕	0.18		
		红背山麻杆	0.07	斜叶榕	0.17		
				灰毛浆果楝	0.17		
				天星藤	0.17		
				羽叶金合欢	0.17		
				老虎刺	0.17		
				顶花杜茎山	0.17		
				清风藤	0.17		
				楝	0.16		
				厚叶算盘子	0.15		
				薄叶润楠	0.15		
				银背藤	0.14		
				紫玉盘	0.14		
				冠盖藤	0.13		
				楠藤	0.13		
				罗伞树	0.12		
				紫金牛	0.11		
				鹿藿	0.11		
				斑鸠菊	0.08		
				绒毛山胡椒	0.06		
				水东哥	0.06		

在桉树纯林林下灌木层的物种数为 119 种，占整个群落物种数的 82.07%。重要值≥10 的物种有 8 种，分别是山乌桕（28.83）、钩藤（18.15）、三桠苦（14.30）、海金沙（14.21）、粗叶榕（13.57）、鲫鱼胆（11.43）、黄毛榕（11.35）和细圆藤（10.82），虽然这 8 个物种的物种数只占灌木层物种总数的 6.72%，但它们的重要值之和（122.66）已占群落总重要值（300）的 40.89%，成为灌木层的优势种或共优势种。重要值在 5～10 的物种有 11 种，分别是山黄麻（8.75）、毛桐（8.29）、潺槁木姜子（6.23）、山毛豆（6.04）、展毛野牡丹（5.75）、中平树（5.68）、

白楸（5.67）、山鸡椒（5.25）、毛银柴（5.18）、毛葨（5.11）和玉叶金花（5.10）
（表 8-5），这 11 个物种的种数占灌木层物种总数的 9.24%，它们的重要值之和为
67.05，占群落总重要值的 22.35%。灌木层中，重要值在 1~5 的物种有 36 种，占
物种数的 30.25%，它们的重要值之和（83.04）占总重要值的 27.68%，较重要的
有楤木、红荷木、漆、野漆、对叶榕、粗糠柴、厚果崖豆藤、亮叶猴耳环、野牡
丹、山之麻、白背叶等。重要值<1 的种类非常多，共 64 种，其物种数占灌木层
物种数的 53.78%，但它们的重要值之和（27.25）只占总重要值的 9.08%（表 8-5）。
显然，这些灌木层稀有种的重要值不高，但对植物群落的多样性具有重要的贡献。

在桉树×红锥混交林林分中，林下灌木层的物种数为 124 种，占整个群落物
种数的 83.22%。重要值≥10 的物种有 9 种，分别是三桠苦（24.57）、海金沙（20.32）、
钩藤（17.59）、鲫鱼胆（15.86）、山乌桕（13.80）、粗叶榕（11.85）、山毛豆
（11.45）、细圆藤（11.34）和玉叶金花（10.19），虽然这 9 个物种的物种数只占
灌木层物种总数的 7.26%，但它们的重要值之和（136.97）已占群落总重要值（300）
的 45.66%，成为灌木层的优势种或共优势种。重要值在 5~10 的物种不多，仅有
5 种，分别是钝叶黄檀（9.13）、牛白藤（9.09）、楤木（7.31）、黄毛榕（5.86）
和潺槁木姜子（5.34）（表 8-5），这 5 个物种的种数占灌木层物种总数的 4.03%，
它们的重要值之和为 36.73，占灌木层总重要值的 12.24%。灌木层中，重要值在 1~5
的物种有 39 种，占灌木层物种数的 31.45%，它们的重要值之和（96.85）占总重
要值的 32.28%，较重要的有中平树、络石、木姜子、白背叶、白楸、漆、毛银柴、
展毛野牡丹、山黄麻、对叶榕、粗糠柴、水锦树、毒根斑鸠菊、毛桐、野漆、红
荷木等。重要值<1 的种类非常多，共 71 种，其物种数占灌木层物种数的 57.26%，
但它们的重要值之和（29.45）只占总重要值的 9.82%（表 8-5）。显然，这些灌
木层稀有种的重要值不高，但对植物群落的多样性具有重要的贡献。

调查结果表明，桉树×降香黄檀混交林林下灌木层的物种数最为丰富，共有
143 种，占整个群落物种数的 83.14%。重要值≥10 的物种不多，仅有 5 种，分别
是三桠苦（24.42）、山乌桕（22.34）、钩藤（13.41）、粗叶榕（13.32）和细圆
藤（11.11），虽然这 5 个物种的物种数只占灌木层物种总数的 3.50%，但它们的
重要值之和（84.60）已占群落总重要值（300）的 28.20%，成为灌木层的优势种
或共优势种。重要值在 5~10 的物种较多，有 11 种，鲫鱼胆（8.88）、漆（8.55）、
山毛豆（7.32）、海金沙（6.95）、黄毛榕（6.72）、玉叶金花（6.15）、白楸（6.05）、
山黄麻（5.66）、毒根斑鸠菊（5.54）、楤木（5.05）和络石（5.01）（表 8-5），
这 11 个物种的种数占灌木层物种总数的 7.69%，它们的重要值之和为 71.88，占
灌木层总重要值的 23.96%。灌木层中，重要值在 1~5 的物种有 43 种，占灌木层
物种数的 30.07%，它们的重要值之和（111.56）占总重要值的 37.19%，较重要的
有酸叶胶藤、箬竹、簕欓花椒、红荷木、毛桐、潺槁木姜子、粗糠柴、毛银柴、

剑叶山芝麻、中平树、乌蔹莓等。重要值<1 的种类最多，共有 84 种，其物种数占灌木层物种数的 58.74%，但它们的重要值之和（31.96）只占总重要值的 10.65%（表 8-5）。显然，这些灌木层稀有种的重要值不高，但对植物群落的多样性具有重要的贡献。

桉树×望天树混交林林下灌木层的物种数最少，为 114 种，占整个群落物种数的 83.21%。重要值≥10 的物种不多，仅有 6 种，分别是三桠苦（21.08）、海金沙（14.16）、钩藤（13.42）、细圆藤（13.16）、漆（11.87）和山乌桕（11.55），虽然这 6 个物种的物种数只占灌木层物种总数的 5.26%，但它们的重要值之和（85.24）已占群落总重要值（300）的 28.41%，成为灌木层的优势种或共优势种。重要值在 5～10 的物种较多，有 16 种，如山毛豆（9.57）、粗叶榕（9.56）、楤木（8.79）、鲫鱼胆（8.30）、玉叶金花（7.08）、山黄麻（6.95）、粗糠柴（6.77）、中平树（6.67）、毛葵（6.24）、黄毛榕（6.20）和毒根斑鸠菊（6.08）等（表 8-5），这 16 个物种的种数占灌木层物种总数的 14.04%，它们的重要值之和为 110.99，占灌木层总重要值的 37.00%。灌木层中，重要值在 1～5 的物种有 34 种，占灌木层物种数的 29.82%，它们的重要值之和（78.69）占总重要值的 26.23%，较重要的有粗叶悬钩子、毛桐、潺槁木姜子、毛银柴、白楸、剑叶山芝麻、木姜子、山芝麻、老虎刺、山油麻、乌蔹莓等。重要值<1 的种类最多，共有 58 种，其物种数占灌木层物种数的 50.88%，但它们的重要值之和（25.08）只占总重要值的 8.36%（表 8-5）。显然，这些灌木层稀有种的重要值不高，但对植物群落的多样性具有重要的贡献。

（2）草本层的物种组成及重要值

生态营林方式下不同林分林下草本层物种组成及重要值见表 8-6。由表 8-6 可知，虽然不同林分林下草本层的物种组成存在一定的差异，但 4 种林分重要值居前 10 位的物种中有 8 个种是完全相同的，它们是蔓生莠竹、五节芒、小花露籽草、弓果黍、金毛狗、半边旗、乌毛蕨、铁芒萁，表明 4 种林分林下草本层优势种基本相同。

桉树纯林林下草本层的物种数为 26 种，占群落物种总数的 17.93%。重要值≥10 的物种共有 9 种，种数占草本层物种数的 34.62%，它们的重要值很高，为 273.59，占草本层总重要值的 91.19%，以蔓生莠竹的重要值最高，其单种的重要值高达 119.80，超过草本层植物总重要值的 1/3，占有绝对优势，其他种类的重要值为 10.38～41.57，如五节芒（41.57）、小花露籽草（20.29）、弓果黍（19.99）、金毛狗（18.91）等，成为草本层的共优势种（表 8-6）。草本层中重要值为 5～10 的物种只有 1 种，即华南鳞盖蕨，重要值为 6.54。重要值为 1～5 的物种有 8 种，分别是荩草、柳叶箬、山菅、草豆蔻、山姜和飞机草等，占草本层物种数的 30.77%，重要值之和为 16.38，占 5.46%。重要值<1 的物种也有 8 种，如鬼针草、艳山姜、扇叶铁线蕨、淡竹叶、少花龙葵等，它们的重要值很小，仅为 3.49，占 1.16%。

　　桉树×红锥混交林林下草本层的物种数为 25 种，占群落物种总数的 16.78%。重要值≥10 的物种共有 9 种，种数占草本层物种数的 36%，它们的重要值很高，为 272.87，占草本层总重要值的 90.96%，以蔓生莠竹的重要值最高，其单种的重要值高达 104.17，超过草本层植物总重要值的 1/3，占有绝对优势，其他种类的重要值为 13.85～34.23，如小花露籽草（34.23）、五节芒（29.98）、半边旗（21.30）、乌毛蕨（19.65）、华南鳞盖蕨（18.57），弓果黍（16.88）和金毛狗（14.24）等，成为草本层的共优势种（表 8-6）。草本层中重要值为 5～10 的物种缺失。重要值为 1～5 的物种有 11 种，分别是草豆蔻、山菅、棕叶芦、苏草、柳叶箬、山姜和飞机草等，占草本层物种数的 44%，重要值之和为 25.52，占 8.51%。重要值＜1 的物种有 5 种，它们是阔叶丰花草、高秆珍珠茅、艳山姜、斑茅和青蒿，它们的重要值很小，仅为 1.61，占 0.54%。

　　桉树×降香黄檀混交林林下草本层的物种数为 29 种，占群落物种总数的 16.86%。重要值≥10 的物种共有 8 种，种数占草本层物种数的 27.59%，它们的重要值很高，为 254.06，占草本层总重要值的 84.69%，也是以蔓生莠竹的重要值最高，为 70.78，明显低于前两种林分，其重要值只占草本层植物总重要值的 23.59%，其他种类的重要值为 10.53～49.93，弓果黍、五节芒和小花露籽草的重要值比较接近，分别是 49.93、40.04 和 34.81；半边旗、飞机草和铁芒萁的重要值分别是 19.02、15.40 和 13.55，成为草本层的共优势种（表 8-6）。草本层中重要值为 5～10 的物种有 4 种，如金毛狗（7.85）、华南鳞盖蕨（7.44）、柳叶箬（5.89）和棕叶芦（5.12），4 个物种的重要值之和为 26.30，占 8.77%。重要值为 1～5 的物种有 6 种，分别是山菅、鬼针草、苏草、草豆蔻、扇叶铁线蕨和山姜等，占草本层物种数的 20.69%，重要值之和为 16.17，占 5.39%。重要值＜1 的物种比较多，共有 11 种，占草本层物种数的 37.93%，它们是阔叶丰花草、华南毛蕨、叉叶苏铁、淡竹叶、青蒿、艳山姜、野芋等，它们的重要值很小，仅为 3.47，占 1.16%。

　　桉树×望天树混交林林下草本层的物种数为 23 种，占群落物种总数的 16.79%。重要值≥10 的物种共有 8 种，种数占草本层物种数的 34.78%，它们的重要值很高，为 268.81，占草本层总重要值的 89.60%，也是以蔓生莠竹的重要值最高，为 87.72，其重要值占草本层植物总重要值的 29.24%，为草本层的优势种；五节芒和小花露籽草的重要值也较高，分别是 52.89 和 47.17，也是草本层的共优势种；其他 5 种的大小顺序为弓果黍（26.10）＞半边旗（20.10）＞铁芒萁（12.31）＞飞机草（11.59）＞乌毛蕨（10.84）。草本层中重要值为 5～10 的物种仅有 1 种，即棕叶芦，重要值为 7.80。重要值为 1～5 的物种有 9 种，分别是金毛狗、山菅、鬼针草、华南鳞盖蕨、草豆蔻、华南毛蕨、柳叶箬、艳山姜和山姜，占草本层物种数的 39.13%，重要值之和为 21.49，占 7.17%。重要值＜1 的物种，共有 5 种，占草本层物种数的 21.74%，它们是扇叶铁线蕨、东风草、苏草、叉叶苏铁和艾纳香，它们的重要值很小，仅为 1.90，占 0.63%（表 8-6）。

表 8-6　生态营林方式下不同林分林下草本层物种组成及重要值

桉树纯林		桉树×红锥混交林		桉树×降香黄檀混交林		桉树×望天树混交林	
种名	重要值	种名	重要值	种名	重要值	种名	重要值
蔓生莠竹	119.80	蔓生莠竹	104.17	蔓生莠竹	70.78	蔓生莠竹	87.72
五节芒	41.57	小花露籽草	34.23	弓果黍	49.93	五节芒	52.98
小花露籽草	20.29	五节芒	29.98	五节芒	40.04	小花露籽草	47.17
弓果黍	19.99	半边旗	21.30	小花露籽草	34.81	弓果黍	26.10
金毛狗	18.91	乌毛蕨	19.65	半边旗	19.02	半边旗	20.10
棕叶芦	15.03	华南鳞盖蕨	18.57	飞机草	15.40	铁芒萁	12.31
半边旗	13.89	弓果黍	16.88	铁芒萁	13.55	飞机草	11.59
乌毛蕨	13.73	金毛狗	14.24	乌毛蕨	10.53	乌毛蕨	10.84
铁芒萁	10.38	铁芒萁	13.85	金毛狗	7.85	棕叶芦	7.80
华南鳞盖蕨	6.54	草豆蔻	4.31	华南鳞盖蕨	7.44	金毛狗	4.94
荩草	2.91	山菅	3.50	柳叶箬	5.89	山菅	4.24
柳叶箬	2.32	棕叶芦	3.34	棕叶芦	5.12	鬼针草	2.82
山菅	2.12	柳叶箬	2.42	山菅	3.70	华南鳞盖蕨	2.19
草豆蔻	2.03	飞机草	2.24	鬼针草	3.57	草豆蔻	2.07
山姜	2.02	野芋	2.10	荩草	3.27	华南毛蕨	1.92
飞机草	2.01	鬼针草	1.95	草豆蔻	2.55	柳叶箬	1.27
华南毛蕨	1.55	荩草	1.55	扇叶铁线蕨	1.84	艳山姜	1.03
野芋	1.42	扇叶铁线蕨	1.47	山姜	1.24	山姜	1.01
鬼针草	0.95	华南毛蕨	1.33	阔叶丰花草	0.80	扇叶铁线蕨	0.86
艳山姜	0.83	山姜	1.31	华南毛蕨	0.67	东风草	0.43
扇叶铁线蕨	0.83	阔叶丰花草	0.63	叉叶苏铁	0.53	荩草	0.25
耳草	0.34	高秆珍珠茅	0.36	淡竹叶	0.33	叉叶苏铁	0.20
闭鞘姜	0.16	艳山姜	0.22	青蒿	0.20	艾纳香	0.16
淡竹叶	0.13	斑茅	0.22	龙珠果	0.18		
少花龙葵	0.13	青蒿	0.18	野芋	0.16		
阔叶丰花草	0.12			艳山姜	0.16		
				毛麝香	0.16		
				一点红	0.15		
				紫菀	0.13		

8.3　群落的植物功能群

8.3.1　植物生长型功能群组成和结构

根据植物生长型的不同，我们将桉树林下植物分为木本植物、藤本植物、蕨类植物、杂草植物、禾草植物和入侵植物功能群。不同林分林下植物功能群统计结果见表 8-7。由表 8-7 可以看出，4 种林分林下植物功能群均以木本植物功能群为优势，其物种数为 72～96 种，占群落总物种数的 52.25%～57.23%，重要值为 64.76～73.43，占群落总重要值的 21.59%～24.48%；其次是藤本植物功能群，其物种数为 34～41 种，占群落总物种数的 22.82%～27.01%，重要值为 22.29～33.67，占群落总重要值 7.43%～11.22%；禾草植物功能群具有较少的物种数，但却具有很高的重要值，其物种数为 8～9 种，占群落物种数的 5.23%～6.04%，但其重要值变化范围为 138.07～164.71，占群落总重要值的 46.02%～54.90%（表 8-7）。和禾草植物功能群相似，蕨类植物功能群也表现为较少的物种数和较高的重要值，其物种数为 7～9 种，但其重要值却变化范围为 29.77～49.52。入侵植物功能群无论从物种数还是重要值均表现为最少，其物种数为 3～5 种，而重要值变化范围为 2.14～12.87（表 8-7）。

表 8-7　不同林分林下植物功能群组成

功能群类型	桉树纯林		桉树×红锥混交林		桉树×降香黄檀混交林		桉树×望天树混交林	
	种数/种	重要值	种数/种	重要值	种数/种	重要值	种数/种	重要值
木本植物	78	66.85	85	67.78	96	73.43	72	64.76
藤本植物	37	22.29	34	33.67	41	27.13	37	29.82
蕨类植物	7	37.38	7	49.52	9	33.51	9	29.77
杂草植物	10	6.63	11	7.57	13	5.07	8	6.36
禾草植物	8	164.71	9	138.07	9	147.99	8	161.35
入侵植物	5	2.14	3	3.39	4	12.87	3	7.94
合计	145	300.00	149	300.00	172	300.00	137	300.00

在 4 种林分中，木本植物功能群物种数和重要值最大的都是桉树×降香黄檀混交林，分别为 96 种和 73.43，物种数和重要值最小的都是桉树×望天树混交林，分别为 72 种和 64.76；桉树纯林和桉树×红锥混交林居两者之间，物种数和重要值分别是 78 种、66.85 和 85 种、67.78（表 8-7）。

和木本植物功能群的不同，在 4 种林分类型中，藤本植物功能群物种数和重要值最大的林分却不一致，物种数最多的出现在桉树×降香黄檀混交林中，为 41 种，而重要值最大的却出现在桉树×红锥混交林中，为 33.67；物种数和重要值最小的也出现在不同的林分中，藤本植物功能群物种数最少的是桉树×红锥混交林，为 34 种，而重要值最小的是桉树纯林，为 22.29。桉树×望天树混交林藤本植物功能群的物种数和重要值分别是 37 种和 29.82，代表着中间类型（表 8-7）。

在 4 种林分中，蕨类植物功能群表现为较低物种数的林分具有较高的重要值，相反，较高物种数的林分却具有较低的重要值。如桉树纯林和桉树×红锥混交林它们的物种数较低，均为 7 种，但它们的重要值却比较高，分别为 37.38 和 49.52；相反，桉树×降香黄檀混交林和桉树×望天树混交林的蕨类植物物种数较高，均为 9 种，但它们的重要值却较低，分别是 33.51 和 29.77（表 8-7）。禾草植物功能群、入侵植物功能群也表现出类似的规律（表 8-7）。

根据调查统计，以生长型划分的植物功能群物种数结构与重要值结构存在明显差异，不同林分类型之间也有一定的差异。植物功能群物种数结构，桉树纯林表现为木本植物功能群＞藤本植物功能群＞杂草植物功能群＞禾草植物功能群＞蕨类植物功能群＞入侵植物功能群；桉树×红锥混交林为木本植物功能群＞藤本植物功能群＞杂草植物功能群＝禾草植物功能群＞蕨类植物功能群＞入侵植物功能群；桉树×降香黄檀混交林为木本植物功能群＞藤本植物功能群＞杂草植物功能群＞蕨类植物功能群＝禾草植物功能群＞入侵植物功能群；而桉树×望天树混交林则为木本植物功能群＞藤本植物功能群＞蕨类植物功能群＞杂草植物功能群＝禾草植物功能群＞入侵植物功能群。

不同林分类型、不同植物功能群重要值的大小顺序为：桉树纯林和桉树×红锥混交林的相同，均表现为禾草植物功能群＞木本植物功能群＞蕨类植物功能群＞藤本植物功能群＞杂草植物功能群＞入侵植物功能群；桉树×降香黄檀混交林为禾草植物功能群＞木本植物功能群＞蕨类植物功能群＞藤本植物功能群＞入侵植物功能群＞杂草植物功能群；而桉树×望天树混交林则为禾草植物功能群＞木本植物功能群＞藤本植物功能群＞蕨类植物功能群＞入侵植物功能群＞杂草植物功能群。

8.3.2　植物生活型功能群组成和结构

根据植物生活型的不同，我们将桉树林下植物分为木本高位芽植物、藤本高位芽植物、草本高位芽植物、地上芽植物、地面芽植物和一年生植物共 6 种类型。不同林分林下植物生活型统计结果见表 8-8。由表 8-8 可以看出，4 种林分林下植物生活型功能群均以木本高位芽植物为优势，其物种数为 71～95 种，占群落总物种数的 51.82%～58.39%，重要值为 61.30～72.21，占群落总重要值的 20.43%～24.07%；其次是藤本高位芽植物，其物种数为 35～43 种，占群落总物种数的

23.49%～26.90%，重要值为 24.45～35.35，占群落总重要值的 8.15%～11.78%；草本高位芽植物具有较少的物种数，但却具有较高的重要值，其物种数为 3～7 种，占群落物种数的 2.07%～4.07%，但其重要值变化于 20.86～39.66，占群落总重要值的 6.95%～13.22%（表 8-8）。地上芽植物表现为较少的物种数和很高的重要值，其物种数为 9～12 种，占群落物种数的 6.40%～8.28%，但其重要值却变化于 138.71～145.99，占群落总重要值的 46.24%～48.66%。地面芽植物的数量也比较多，居第三位，为 11～15 种，重要值变化与藤本高位芽植物相似，变化于 24.80～37.04。一年生植物最少，仅 1 种，出现在桉树×降香黄檀混交林中，重要值也非常小，仅为 0.06（表 8-8）。

表 8-8　不同林分林下植物生活型

生活型	桉树纯林		桉树×红锥混交林		桉树×降香黄檀混交林		桉树×望天树混交林	
	种数/种	重要值	种数/种	重要值	种数/种	重要值	种数/种	重要值
木本高位芽	77	65.26	87	67.16	95	72.21	71	61.30
藤本高位芽	39	24.45	35	35.35	43	29.92	41	34.73
草本高位芽	3	39.50	6	20.86	7	29.78	4	39.66
地上芽植物	12	145.99	10	139.59	11	138.71	9	139.33
地面芽植物	14	24.80	11	37.04	15	29.32	12	24.98
一年生植物	0	0	0	0	1	0.06	0	0
合计	145	300.00	149	300.00	172	300.00	137	300.00

　　分析结果表明，以物种数表示的植物生活型谱在 4 种林分中均表现一致，即木本高位芽植物＞藤本高位芽植物＞地面芽植物＞地上芽植物＞草本高位芽植物＞一年生植物（表 8-8）。以重要值表示的植物生活型谱却表现出不同的规律，不同的林分类型也有所不同，但均以地上芽植物的重要值最高，一年生植物的重要值最低。在桉树纯林中，表现为地上芽植物＞木本高位芽植物＞草本高位芽植物＞地面芽植物＞藤本高位芽植物＞一年生植物；在桉树×红锥混交林中，地上芽植物＞木本高位芽植物＞地面芽植物＞藤本高位芽植物＞草本高位芽植物＞一年生植物；在桉树×降香黄檀混交林中表现为地上芽植物＞木本高位芽植物＞藤本高位芽植物＞草本高位芽植物＞地面芽植物＞一年生植物；而在桉树×望天树混交林中，却呈现地上芽植物＞木本高位芽植物＞草本高位芽植物＞藤本高位芽植物＞地面芽植物＞一年生植物的规律（表 8-8）。由此表明，以重要值表示的生活型谱结构与传统的以物种数表示的生活型谱结构是不同的，表现出不同的格局和规律，以重要值表示的生活型谱更为客观，变化也更为多样化。

8.4　群落的植物多样性

8.4.1　群落的α多样性

（1）灌木层

图 8-1 是不同林分灌木层的α多样性比较。由图 8-1 可以看出，4 种林分类型灌木层的物种丰富度变化于 17.31～22.33，桉树×降香黄檀混交林和桉树×红锥混交林的较高，分别是 22.33±7.71 和 21.97±8.09，桉树纯林和桉树×望天树混交林的较低，分别是 17.31±8.34 和 18.11±5.43，方差分析结果表明，桉树×降香黄檀混交林和桉树×红锥混交林的物种丰富度显著高于桉树纯林和桉树×望天树混交林（$p < 0.05$），前两者之间和后两者之间差异不显著（$p > 0.05$）。

4 种林分灌木层的 Shannon-Wiener 指数变化于 2.41～2.54，以桉树×降香黄檀混交林的最高，为 2.54，其次是桉树×红锥混交林，为 2.47，桉树纯林和桉树×望天树混交林的较低，分别是 2.41 和 2.31，方差分析结果表明，桉树×降香黄檀混交林的 Shannon-Wiener 指数显著高于桉树×望天树混交林（$p < 0.05$），其余林分之间差异不显著（$p > 0.05$）。

由图 8-1 还可看出，不同林分灌木层的辛普森（Simpson）指数变化于 0.83～0.87，表现为桉树纯林的稍高，桉树×望天树混交林的稍低。方差分析表明，4 种林分灌木层的 Simpson 指数均无显著差异（$p > 0.05$）。

不同林分灌木层的 Pielou 均匀度指数，由图 8-1 可知，以桉树纯林的最高（0.87），其次是桉树×降香黄檀混交林（0.83），桉树×红锥混交林和桉树×望天树混交林的较低，均为 0.81。方差分析结果表明，桉树纯林灌木层的 Pielou 均匀度指数显著高于桉树×红锥混交林和桉树×望天树混交林（$p < 0.05$），其余林分间差异不显著（$p > 0.05$）。

（2）草本层

图 8-2 是不同林分草本层的α多样性比较。由图 8-2 可以看出，4 种林分类型草本层的物种丰富度都比较低，变化于 7.69～8.89，桉树×降香黄檀混交林和桉树×红锥混交林的较高，分别是 8.89±2.11 和 8.78±2.04，桉树纯林和桉树×望天树混交林的较低，分别是 7.97±3.13 和 7.69±1.77，方差分析结果表明，桉树×降香黄檀混交林和桉树×红锥混交林的物种丰富度显著高于桉树纯林和桉树×望天树混交林（$p < 0.05$），前两者之间和后两者之间差异不显著（$p > 0.05$）。

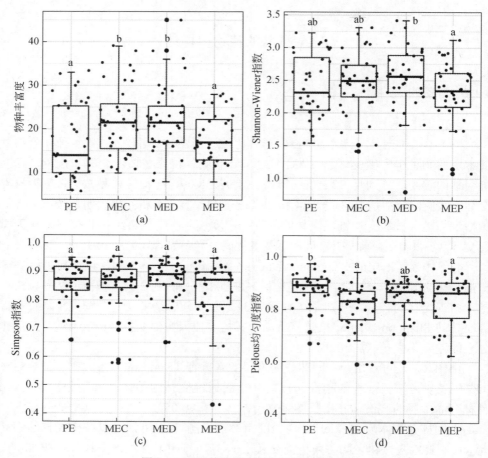

图 8-1　不同林分灌木层的α多样性比较

PE：桉树纯林；MEC：桉树×红锥混交林；MED：桉树×降香黄檀混交林；MEP：桉树×望天树混交林

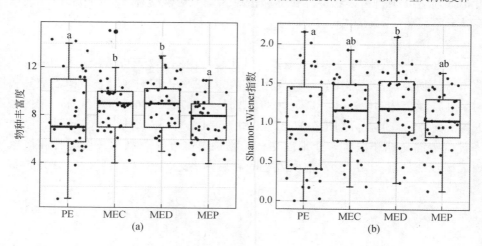

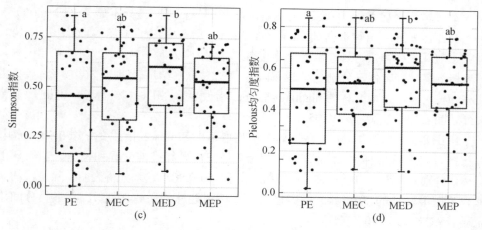

图 8-2　不同林分草本层的α多样性比较

PE：桉树纯林；MEC：桉树×红锥混交林；MED：桉树×降香黄檀混交林；MEP：桉树×望天树混交林

4 种林分草本层的 Shannon-Wiener 指数也不高，变化于 0.97～1.21，以桉树×降香黄檀混交林的最高，为 1.21，其次是桉树×红锥混交林，为 1.11，桉树纯林和桉树×望天树混交林的较低，分别是 0.97 和 1.03，方差分析结果表明，桉树×降香黄檀混交林的 Shannon-Wiener 指数显著高于桉树纯林（$p<0.05$），其余林分之间差异不显著（$p>0.05$）（图 8-2）。

由图 8-2 还可看出，不同林分草本层的 Simpson 指数变化于 0.44～0.56，以桉树×降香黄檀林的最高（0.56），其次是桉树×红锥混交林和桉树×望天树混交林，分别是 0.51 和 0.49，桉树纯林的最低，为 0.44。方差分析表明，除了桉树×降香黄檀混交林草本层的 Simpson 指数显著高于桉树纯林外（$p<0.05$），其余均无显著差异（$p>0.05$）。

不同林分草本层的 Pielou 均匀度指数，由图 8-2 可知，以桉树×降香黄檀混交林的最高（0.55）；其次是桉树×红锥混交林和桉树×望天树混交林，均为 0.51；以桉树纯林的最低，均匀度指数仅为 0.45。方差分析结果表明，除了桉树×降香黄檀混交林草本层的 Pielou 均匀度指数显著高于桉树纯林外（$p<0.05$），其余均无显著差异（$p>0.05$）。

（3）群落

图 8-3 是不同林分林下植物群落的α多样性比较。由图 8-3 可以看出，4 种林分林下植物群落的物种丰富度变化于 25.28～31.22，以桉树×降香黄檀混交林和桉树×红锥混交林的较高，分别是 31.22±8.67 和 30.75±9.09，桉树纯林和桉树×望天树混交林的较低，分别是 25.28±10.71 和 25.81±5.56。方差分析结果表明，桉树×降香黄檀混交林和桉树×红锥混交林的物种丰富度显著高于桉树纯林和桉

树×望天树混交林（$p<0.05$），前两者之间和后两者之间差异不显著（$p>0.05$）。

4 种林分林下植物群落的 Shannon-Wiener 指数变化于 1.28～1.64，以桉树×降香黄檀混交林和桉树×红锥混交林较高，分别为 1.64 和 1.62，桉树纯林和桉树×望天树混交林的较低，分别是 1.28 和 1.37。方差分析结果表明，桉树×降香黄檀混交林和桉树×红锥混交林的 Shannon-Wiener 指数显著高于桉树纯林（$p<0.05$），其余林分之间差异不显著（$p>0.05$）。

由图 8-3 还可看出，不同林分林下植物群落的 Simpson 指数变化于 0.50～0.64，以桉树×降香黄檀林的最高（0.64），其次是桉树×红锥混交林和桉树×望天树混交林，分别是 0.61 和 0.56，桉树纯林的最低，为 0.50。方差分析表明，除了桉树×降香黄檀混交林的 Simpson 指数显著高于桉树纯林外（$p<0.05$），其余林分间均无显著差异（$p>0.05$）。

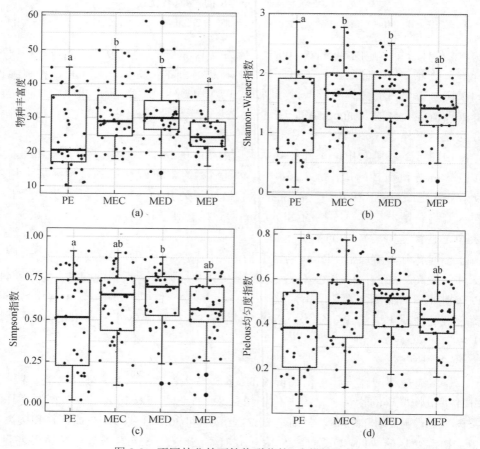

图 8-3　不同林分林下植物群落的α多样性比较

PE：桉树纯林；MEC：桉树×红锥混交林；MED：桉树×降香黄檀混交林；MEP：桉树×望天树混交林

不同林分林下植物群落的 Pielou 均匀度指数，以桉树×降香黄檀混交林和桉树×红锥混交林的较高，分别是 0.47 和 0.48；桉树纯林和桉树×望天树混交林的较低，分别为 0.39 和 0.42。方差分析结果表明，桉树×降香黄檀混交林和桉树×红锥混交林的 Pielou 均匀度指数显著高于桉树纯林（$p < 0.05$），其余均无显著差异（$p > 0.05$）（图 8-3）。

8.4.2　群落的β多样性

（1）灌木层

对不同林分灌木层的β多样性分析表明，反映群落相异性程度的 β_c 相异性系数变化于 26.50～35.00；反映群落相似程度的 C_j、C_s、C_N 3 种相似性系数变化于 0.55～0.64、0.71～0.78 和 0.54～0.69（表 8-9），说明 4 种林分之间灌木层的物种的相异性较小，相似性较高。这与它们具有相同的气候、土壤条件等有关。

表 8-9　不同林分灌木层的β多样性指数

林分	β多样性指数	桉树纯林	桉树×红锥混交林	桉树×降香黄檀混交林
桉树×红锥混交林	β_c	26.50		
	C_j	0.64		
	C_s	0.78		
	C_N	0.54		
桉树×降香黄檀混交林	β_c	34.00	32.50	
	C_j	0.59	0.61	
	C_s	0.74	0.76	
	C_N	0.59	0.65	
桉树×望天树混交林	β_c	33.50	35.00	32.50
	C_j	0.55	0.55	0.60
	C_s	0.71	0.71	0.75
	C_N	0.58	0.62	0.69

（2）草本层

不同林分草本层的β多样性指数如表 8-10 所示，由表 8-10 可知，草本层的 β_c 相异性系数非常小，变化于 3.5～5.00，说明 4 种林分草本层的相异性很小；3 种反映群落相似程度的 C_j、C_s、C_N 的相似性系数变化于 0.68～0.79、0.81～0.88 和 0.78～0.90（表 8-10），说明 4 种林分之间草本层的物种的相似性极高。4 种林分草本层植物的相似性明显高于灌木层的相似性，而相异性却相反，草本层的相异性显著低于灌木层。

表 8-10　不同林分草本层的β多样性指数

林分	β多样性指数	桉树纯林	桉树×红锥混交林	桉树×降香黄檀混交林
桉树×红锥混交林	β_c	3.50		
	C_j	0.79		
	C_s	0.88		
	C_N	0.88		
桉树×降香黄檀混交林	β_c	4.50	4.00	
	C_j	0.72	0.74	
	C_s	0.84	0.85	
	C_N	0.78	0.81	
桉树×望天树混交林	β_c	4.50	4.50	5.00
	C_j	0.69	0.69	0.68
	C_s	0.82	0.82	0.81
	C_N	0.81	0.83	0.90

（3）群落

不同林分植物群落的β多样性与灌木层和草本层的β多样性有一定的差别，其 β_c 相异性系数大于灌木层和草本层，变化于 30～39，说明 4 种林分群落的相异性比灌木层和草本层的相异性要大；3 种反映群落相似程度的 C_j、C_s、C_N 的相似性系数变化于 0.57～0.66、0.73～0.80 和 0.77～0.88（表 8-11），说明 4 种林分类型之间存在较强的相似性。

表 8-11　不同林分植物群落的β多样性指数

林分	β多样性指数	桉树纯林	桉树×红锥混交林	桉树×降香黄檀混交林
桉树×红锥混交林	β_c	30.00		
	C_j	0.66		
	C_s	0.80		
	C_N	0.85		
桉树×降香黄檀混交林	β_c	38.50	36.50	
	C_j	0.61	0.63	
	C_s	0.76	0.77	
	C_N	0.77	0.79	
桉树×望天树混交林	β_c	38.00	39.00	37.50
	C_j	0.58	0.57	0.61
	C_s	0.73	0.73	0.76
	C_N	0.80	0.81	0.88

表 8-12 是不同林分的共有物种和独有物种的比较。由表 8-12 可以看出，桉树×红锥混交林与桉树×降香黄檀混交林的共有物种最多，为 124 种，分别占桉树×红锥混交林物种数的 83.22%，占桉树×降香黄檀混交林物种数的 71.68%；共有种最少的是桉树纯林与桉树×望天树混交林，为 103 种，分别占桉树纯林物种数的 71.03%和桉树×望天树混交林的 75.18%。独有物种数最多的是桉树×降香黄檀混交林，其独有物种数为 48～55 种，占其群落物种数的 27.75%～31.79%（表 8-12）。

表 8-12　不同林分的共有物种和独有物种的比较

比较林分	林分	物种数量/种	共有物种		独有物种	
			数量/种	比例/%	数量/种	比例/%
桉树纯林与桉树×红锥混交林	桉树纯林	145	117	80.69	28	19.31
	桉树×红锥混交林	149	117	78.52	32	21.48
桉树纯林与桉树×降香黄檀混交林	桉树纯林	145	120	82.76	25	17.24
	桉树×降香黄檀混交林	173	120	69.36	53	30.64
桉树纯林与桉树×望天树混交林	桉树纯林	145	103	71.03	42	28.97
	桉树×望天树混交林	137	103	75.18	34	24.82
桉树×红锥混交林与桉树×降香黄檀混交林	桉树×红锥混交林	149	124	83.22	25	16.78
	桉树×降香黄檀混交林	173	124	71.68	48	27.75
桉树×红锥混交林与桉树×望天树混交林	桉树×红锥混交林	149	104	69.80	45	30.20
	桉树×望天树混交林	137	104	75.91	33	24.09
桉树×降香黄檀混交林与桉树×望天树混交林	桉树×降香黄檀混交林	173	117	67.63	55	31.79
	桉树×望天树混交林	137	117	85.40	20	14.60

8.5　群落的结构及其与环境因子的关系

8.5.1　非度量多维标度排序

（1）灌木层

基于 Bray-Curtis 相似性系数对灌木层物种多度数据进行非度量多维标度排序（non-metric multidimensional scaling，NMDS）分析，发现各林分灌木层植物群落并没有明显的聚集分布（图 8-4），表明不同林分群落间灌木层的差异不大。在 4 种林分中，桉树×降香黄檀混交林灌木层物种数最多（143 种），但物种在排序轴中的分布较其他 3 种林分的聚集。桉树×望天树混交林灌木层物种数最少（114

种），其物种在排序轴中的分布却最为分散（图 8-4）。

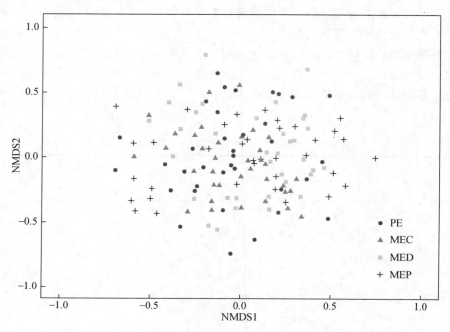

图 8-4　不同林分灌木层植物群落结构的 NMDS 分析

PE：桉树纯林；MEC：桉树×红锥混交林；MED：桉树×降香黄檀混交林；MEP：桉树×望天树混交林

（2）草本层

同样，基于 Bray-Curtis 相似性系数对草本层物种多度数据进行非度量多维标度排序分析，发现各林分草本层植物群落也没有形成明显的聚集分布（图 8-5），表明不同林分群落间草本层植物的差异不大。草本层的物种数也表现为桉树×降香黄檀混交林最高（29 种）、桉树×望天树混交林最低（23 种），4 种林分草本层植物群落在 NMDS 排序空间中位置相对集中且重叠，群落间的差异也不大（图 8-5）。

（3）群落

同样，基于 Bray-Curtis 相似性系数对不同林分林下植物群落物种多度数据进行非度量多维标度排序分析，发现各林分林下植物群落也没有形成明显的聚集分布（图 8-6），不同林分林下植物群落在 NMDS 排序空间的分布中也是相互重叠，物种数最高的桉树×降香黄檀混交林（173 种）物种的分布相对集中，物种数最低的桉树×望天树混交林（137 种）物种的分布相对分散（图 8-6）。

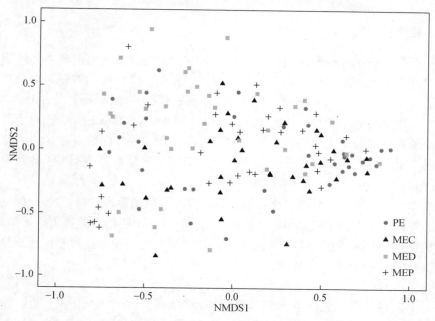

图 8-5　不同林分草本层植物群落结构的 NMDS 分析

PE：桉树纯林；MEC：桉树×红锥混交林；MED：桉树×降香黄檀混交林；MEP：桉树×望天树混交林

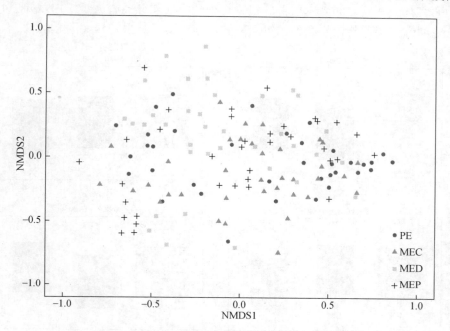

图 8-6　不同林分林下植物群落结构的 NMDS 分析

PE：桉树纯林；MEC：桉树×红锥混交林；MED：桉树×降香黄檀混交林；MEP：桉树×望天树混交林

8.5.2　相似性分析

相似性（analysis of similarities，ANOSIM）分析是基于两两样本之间的距离值排序获得的秩，这样任一两两组的比较可以获得三个分类的数据。以箱线图的形式展示组间与组内秩的分布，横坐标表示所有样品（Between）及各分组（4 种林分），纵坐标表示距离（Bray-Curtis 距离）的秩。当 Between 组相对于其他每个分组的秩较高时，则表明组间差异大于组内差异。同时图的上方标注了 R 值与 p 值两个重要统计指标，便于我们直观地对组间差异是否显著不同于各组内的差异进行判断。

R 值可以得出组间与组内比较的差异程度，其取值范围（-1，1）；$R>0$，说明组间差异大于组内差异，即组间差异显著；$R<0$，说明组内差异大于组间差异；R 值的绝对值越大表明相对差异越大。p 值越低表明这种差异检验结果越显著，一般以 0.05 为显著性水平界限。

（1）灌木层

对不同林分两两之间灌木层群落植物物种结构进行 ANOSIM 分析，结果见图 8-7。由图 8-7 可知，4 种林分两两之间灌木层群落植物物种结构的 R 值均大于零，且 p 值均小于 0.05（桉树×降香黄檀混交林与桉树×望天树混交林除外），表明研究林分两两之间灌木层群落植物物种的组间差异显著大于组内差异。4 种林分之间灌木层群落植物物种的组间差异也显著大于组内差异（图 8-8）。

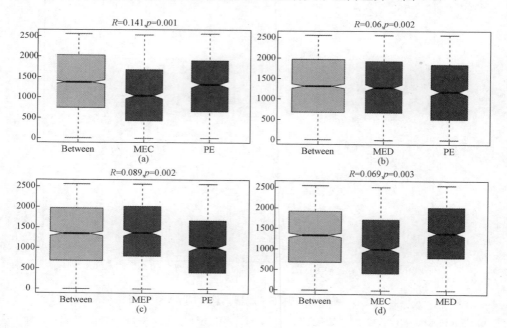

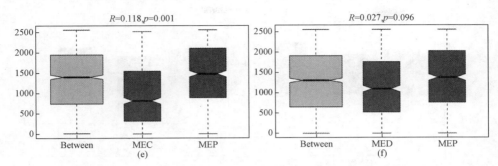

图 8-7　不同林分两两之间灌木层群落植物物种结构的 ANOSIM 分析

横坐标表示所有样品（Between）及各分组，纵坐标表示距离的秩；PE：桉树纯林；MEC：桉树×红锥混交林；
MED：桉树×降香黄檀混交林；MEP：桉树×望天树混交林

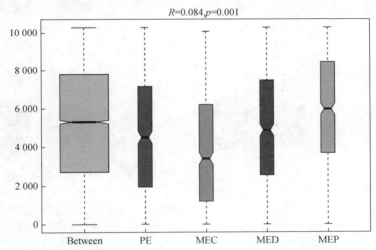

图 8-8　4 种林分之间灌木层群落植物物种结构的 ANOSIM 分析

横坐标表示所有样品（Between）及各分组，纵坐标表示距离的秩；PE：桉树纯林；MEC：桉树×红锥混交林；
MED：桉树×降香黄檀混交林；MEP：桉树×望天树混交林

（2）草本层

对不同林分两两之间草本层群落植物物种结构进行 ANOSIM 分析，结果见图 8-9。由图 8-9 可知，4 种林分两两之间草本层群落植物物种的 R 值均大于零，表明研究林分组间草本层群落植物物种差异显著大于组内的差异。差异性检验结果表明，桉树×降香黄檀混交林与桉树纯林、桉树×降香黄檀混交林与桉树×红锥混校林、桉树×降香黄檀混交林与桉树×望天树混交林林下草本层群落植物物种组成的组间差异显著大于组内差异，而桉树×红锥混交林与桉树纯林、桉树×望天树混交林与桉树纯林及桉树×红锥混交林与桉树×望天树混交林林下草本层群落植物物种组成的组间差异和组内差异不显著（$p=0.160\sim0.322$）。4 种林分之间草本层群落植物物种结构的组间差异显著大于组内差异（$p=0.014$）（图 8-10）。

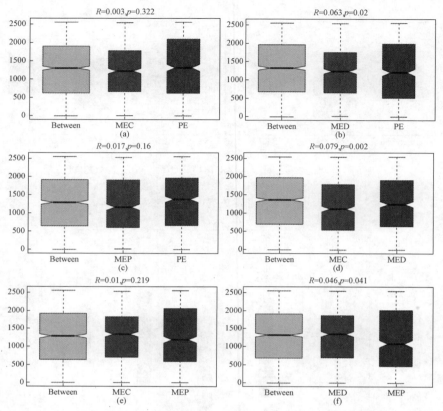

图 8-9　不同林分两两之间草本层群落植物物种结构的 ANOSIM 分析

横坐标表示所有样品（Between）及各分组，纵坐标表示距离的秩；PE：桉树纯林；MEC：桉树×红锥混交林；
MED：桉树×降香黄檀混交林；MEP：桉树×望天树混交林

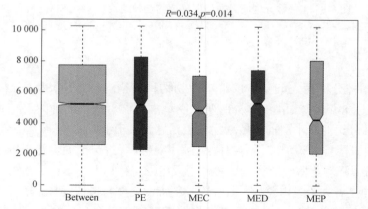

图 8-10　4 种林分之间草本层群落植物物种结构的 ANOSIM 分析

横坐标表示所有样品（Between）及各分组，纵坐标表示距离的秩；PE：桉树纯林；MEC：桉树×红锥混交林；
MED：桉树×降香黄檀混交林；MEP：桉树×望天树混交林

（3）群落

对不同林分两两之间群落植物物种结构进行 ANOSIM 分析，结果见图 8-11。由图 8-11 可知，4 种林分两两之间群落植物物种结构的 R 值均大于零，表明研究林分组间的群落植物物种差异显著大于组内的差异。差异性检验结果表明，桉树×降香黄檀混交林与桉树纯林、桉树×降香黄檀混交林与桉树×红锥混交林以及桉树×降香黄檀混交林与桉树×望天树混交林群落植物物种组成为组间差异显著大于组内差异（$p=0.003\sim0.013$），而桉树×红锥混交林与桉树纯林、桉树×望天树混交林与桉树纯林以及桉树×红锥混交林与桉树×望天树混交林群落组间物种差异与组内的物种差异不显著（$p=0.129\sim0.173$）。

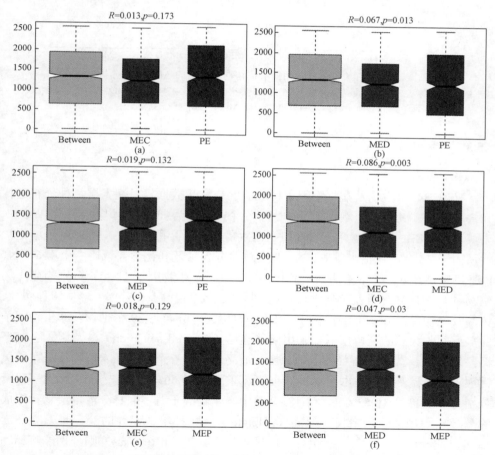

图 8-11　不同林分两两之间群落植物物种结构的 ANOSIM 分析

横坐标表示所有样品（Between）及各分组，纵坐标表示距离的秩；PE：桉树纯林；MEC：桉树×红锥混交林；MED：桉树×降香黄檀混交林；MEP：桉树×望天树混交林

由图 8-12 可以看出，4 种林分群落植物物种结构的 R 值均大于零，且组间差

异显著大于组内差异（$p = 0.005$）（图 8-12）。

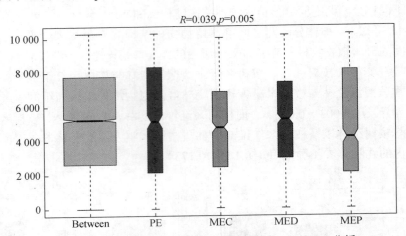

图 8-12　4 种林分之间群落植物物种结构的 ANOSIM 分析

横坐标表示所有样品（Between）及各分组，纵坐标表示距离的秩；PE：桉树纯林；MEC：桉树×红锥混交林；
MED：桉树×降香黄檀混交林；MEP：桉树×望天树混交林

8.5.3　冗余度分析

（1）灌木层

采用 39 个生物及非生物因子构成的解释变量数据集对灌木层物种分布进行
冗余度分析。其中，土壤物理性质因子 5 个，分别为 pH、土壤含水量（SWC）、
土壤容重（SBC）、土壤毛管孔隙度（SCP）及非毛管孔隙度（NSCP）；土壤化学
性质因子 22 个，包括土壤 C、N、P 全量养分含量及其化学计量比，土壤 C、N、
P 速效养分含量，土壤酶活性及其化学计量比等；生物因子 12 个，分别为微生物
生物量 C、N、P 含量及其化学计量比，桉树胸径、树高及生物量，珍贵树种胸径、
树高及生物量。冗余度分析中，在构建灌木层物种分布与 39 个生物及非生物因子
的多元回归关系的全模型后，采用向前选择（forward selection）法，引入全模型
调整后的 R^2_{adj} 为选择解释变量的原则，最终选择出 6 个驱动灌木层物种分布的关
键因子。解释变量对灌木层物种分布的解释量为 29.66%，第一、二主轴的解释量
分别为 14.61%、10.82%（图 8-13）。其中，生物因子对不同林分灌木层物种组成
的差异影响最大，珍贵树种树高（pHeight）对物种组成差异的解释量最高，为
18.3%，桉树生物量（eBiomass）、珍贵树种生物量（pBiomass）则分别能解释物
种组成差异的 17.2% 和 17.1%（表 8-13）。此外，土壤速效钾（AK）、速效磷（AP）
显著影响灌木层物种分布（表 8-13）。

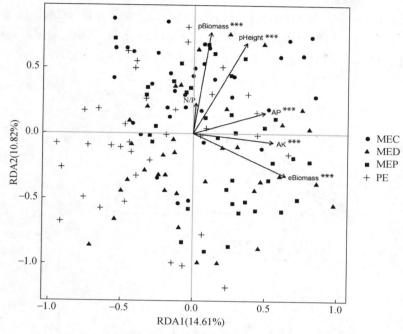

图 8-13　不同林分灌木层的物种组成与土壤因子的冗余度分析

PE：桉树纯林；MEC：桉树×红锥混交林；MED：桉树×降香黄檀混交林；MEP：桉树×望天树混交林

*表示 $p < 0.05$；**表示 $p < 0.01$；***表示 $p < 0.001$

表 8-13　不同林分灌木层物种分布解释变量与排序轴的相关性

解释变量	RDA1	RDA2	r^2	p
pHeight	0.569	0.822	0.183	0.001
eBiomass	0.933	−0.359	0.172	0.001
pBiomass	0.209	0.978	0.171	0.001
AK	0.997	−0.078	0.109	0.001
AP	0.966	0.259	0.096	0.001
N/P	0.117	0.993	0.015	0.357

（2）草本层

冗余度分析中，在构建草本层物种分布与 39 个生物及非生物因子的多元回归关系的全模型后，采用向前选择法，引入全模型调整后的 R^2_{adj} 为选择解释变量的原则，最终选择出 8 个驱动草本层物种分布的关键因子。解释变量对群落物种分布的解释量为 41.58%，第一、二主轴的解释量分别为 23.89%、6.27%（图 8-14）。其中，土壤化学性质对不同林分草本层物种组成差异的影响最大，土壤全钾含量（TK）、土壤酸性磷酸酶活性（ACP）极显著影响草本层物种分布，解释率分别为

8.7%、7.6%。土壤多酚氧化酶活性（PHO）、pH、土壤碳氮比（C/N）显著影响草本层物种分布，解释率分别为 5.6%、5.1%、5.0%。此外，MBC/MBN、pHeight、NSCP 也影响草本层物种分布，但其影响未达到显著水平（表 8-14）。

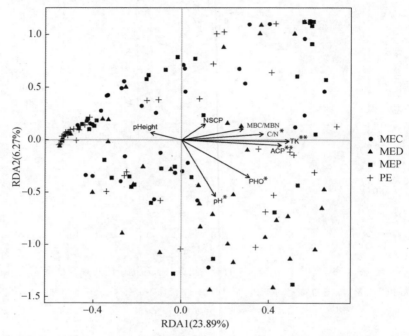

图 8-14　不同林分草本层物种组成与土壤因子的冗余度分析

PE：桉树纯林；MEC：桉树×红锥混交林；MED：桉树×降香黄檀混交林；MEP：桉树×望天树混交林

*表示 $p < 0.05$；**表示 $p < 0.01$

表 8-14　不同林分草本层物种分布解释变量与排序轴的相关性

解释变量	RDA1	RDA2	r^2	p
TK	0.998	−0.055	0.087	0.004
ACP	0.996	−0.087	0.076	0.007
PHO	0.909	−0.416	0.056	0.020
pH	0.650	−0.760	0.051	0.028
C/N	1.000	0.012	0.050	0.021
MBC/MBN	0.995	0.099	0.029	0.114
pHeight	−0.974	0.225	0.008	0.552
NSCP	0.889	0.457	0.007	0.608

（3）群落

冗余度分析中，在构建群落物种分布与 39 个生物及非生物因子的多元回归关系的全模型后，采用向前选择法，引入全模型调整后的 R^2_{adj} 为选择解释变量的原则，最终选择出 9 个驱动群落物种分布的关键因子。解释变量对群落物种分布的解释量为 36.96%，第一、二主轴的解释量分别为 18.26%、12.70%（图 8-15）。其中，生物因子对不同林分群落物种组成的差异影响最大，桉树胸径（eDBH）对物种组成差异的解释量最高，为 24.8%；其次为土壤微生物生物量碳氮比（MBC/MBN），其解释量为 17.5%（表 8-15）。此外，不同林分群落的物种组成还受到 NSCP、C/N、TK、珍贵树种胸径（pDBH）和珍贵树种生物量（pBiomass）的显著影响（表 8-15）。

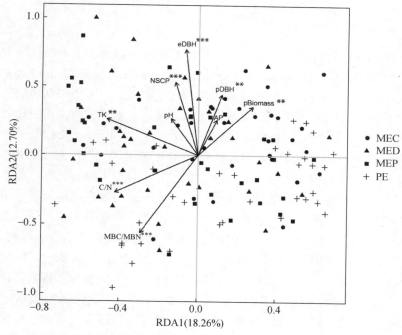

图 8-15　不同林分群落物种组成与土壤因子的冗余分析

PE：桉树纯林；MEC：桉树×红锥混交林；MED：桉树×降香黄檀混交林；MEP：桉树×望天树混交林

表示 $p<0.01$；*表示 $p<0.001$

表 8-15　不同林分群落物种分布解释变量与排序轴的相关性

解释变量	RDA1	RDA2	r^2	p
eDBH	0.023	1.000	0.248	0.001
MBC/MBN	−0.449	−0.894	0.175	0.001
NSCP	−0.092	0.996	0.118	0.001

续表

解释变量	RDA1	RDA2	r^2	p
C/N	-0.772	-0.636	0.102	0.001
TK	-0.858	0.514	0.095	0.002
pDBH	0.296	0.955	0.091	0.004
pBiomass	0.568	0.823	0.088	0.004
pH	-0.336	0.942	0.033	0.086
AP	0.361	0.933	0.033	0.097

8.6 小 结

本章重点研究和分析了生态营林方式下不同林分群落、灌木层、草本层的物种组成、物种丰富度、Shannon-Wiener 指数、Simpson 指数和 Pielou 均匀度指数，采用 NMDS、ANOSIM 和冗余度分析方法探讨了群落、灌木层和草本层的植物物种组成结构的差异性，结果表明，桉树纯林群落、灌木层和草本层的物种数分别是 145 种、119 种和 26 种；桉树×红锥混交林相应为 149 种、124 种和 25 种；桉树×降香黄檀混交林为 172 种、143 种和 29 种；桉树×望天树混交林为 137 种、114 种和 23 种。4 种林分林下植物群落的优势种均为蔓生莠竹、五节芒、小花露籽草和弓果黍，虽然在不同的林分中重要值有所不同，但它们均为群落中重要值居前 4 的物种，在桉树纯林中，蔓生莠竹、五节芒、小花露籽草和弓果黍的重要值分别是 92.40、28.59、15.27 和 15.07；桉树×红锥混交林中，相应为 78.69、17.25、24.92 和 12.66；在桉树×降香黄檀混交林为 53.22、25.22、24.51 和 35.19；而桉树×望天树混交林为 68.33、33.59、34.14 和 19.46。不同林分群落的物种丰富度变化于 25.28～31.22，Shannon-Wiener 指数 1.28～1.64，Simpson 指数 0.50～0.64，Pielou 均匀度指数 0.47～0.48。方差分析表明，桉树×红锥混交林和桉树×降香黄檀混交林的物种丰富度、Shannon-Wiener 指数和 Pielou 均匀度指数显著高于桉树纯林。基于 Bray-Curtis 相似性系数对不同林分林下植物群落物种多度数据进行 NMDS 分析，发现各林分林下植物群落也没有形成明显的聚集分布，不同林分林下植物群落在 NMDS 排序空间的分布中也是相互重叠，物种数最高的桉树×降香黄檀混交林（172 种）物种的分布相对集中，物种数最低的桉树×望天树混交林（137 种）物种的分布相对分散。对不同林分两两之间群落植物物种结构进行 ANOSIM 分析，4 种林分两两之间群落植物物种结构的 R 值均大于零，表明研究林分组间的群落物种差异显著大于组内的差异，差异性检验表明，桉树×降香黄檀混交林与桉树纯林、桉树×降香黄檀混交林与桉树×红锥混交林及桉树×降香黄檀混交林与桉树×望天树混交林群落植物物种组成为组间差异显著大于组内差异，而桉树×红锥混交林与桉树纯林、桉树×望天树混交林与桉树纯林及桉树×红锥混交林与桉树×望天树混交林群落组间的物种差异与组内的物种差异不显著。冗余度分析中，最终选择出 9 个驱动群落物种分布的关键因子。解释变量对群落物种分布的解释量为 36.96%，第一、二主轴的解释量分别为 18.26%、12.70%。其中，生物因子对不同林分群落物种组成的差异影响最大，桉树胸径（eDBH）对物种组成差异的解释量最高，为 24.8%；其次为土壤微生物生物量碳氮比（MBC/MBN），其解释量为 17.5%。此外，不同林分群落的物种组成还受到 NSCP、C/N、TK、珍贵树种胸径（pDBH）和珍贵树种生物量（pBiomass）的显著影响。

第 9 章　生态营林方式下不同林分的土壤质量

土壤质量（soil quality）是指土壤在生态系统边界范围内维持作物生产能力，保持环境质量和促进动植物健康的能力（Doran & Parkin，1994），包括土壤物理、化学、生物组分（de Paul Obade & Lal，2016；赵其国等，1997）和生态组分（Lal，2015）。土壤是人类赖以生存和发展的基础，是最重要的不可再生资源。土壤质量变化影响着生物化学循环、生物多样性、农业生产力等，进而影响食品、能源和水资源安全，以及社会经济发展与人类健康福祉（Doran & Zeiss，2000；de la Paz Jimenez et al.，2002；Lal，2009；Ohlson，2014；de Paul Obade & Lal，2016）。因此，土壤质量和土壤安全成为当今国际土壤学、生态学、环境学研究的前沿和热点（de Paul Obade & Lal，2016；张学雷，2015）。

在应对全球气候变化和推进全球生态治理的背景下，重视森林、保护生态、发展人工林已经成为国际社会的广泛共识（国家林业局，2016）。然而，一方面，全球人工林面积在持续增长（FAO，2015；刘世荣等，2018）；另一方面，人工林的土壤质量又在持续下降（Wen et al.，2010；Zhang et al.，2015；Lal，2015；Williams，2015；Zhou et al.，2018）。中国是世界上人工林面积最大的国家，但同时也是人工林土壤质量退化最为严重的国家，尤其以桉树人工林土壤质量退化最为严重（温远光等，2018；Zhou et al.，2019）。数十年来，由于人类对桉树林地的高强度利用，长期实施短周期纯林连作经营，每 5～7 年皆伐利用，导致桉树林下植被和土壤退化（Wen et al.，2010；Zhang et al.，2015；Zhou et al.，2018）。最新的研究表明，华南地区长期桉树短周期纯林连栽，经营 30～40 年，连栽 5～6 代，已造成大规模的外来植物入侵和土壤质量退化（Zhou et al.，2019），严重危及区域生物安全、土壤安全和生态安全，成为亟待解决的重大科学问题，修复退化的林地土壤质量已成为国家重大战略需求（国家林业局，2016）。

9.1　森林土壤质量的研究概况

9.1.1　国外研究概况

（1）森林土壤质量

国外林地土壤质量的研究始于 19 世纪初（Kimmins，1990）。早在 1833 年和 1869 年，学者就观察到第二代云杉林产量不如第一代的现象（徐化成，1992），并认为是地力衰退所致。人工林地力衰退问题的发现，引起了学界的广泛关注。1923 年，Weidmann 指出下萨克森地区第二代、第三代云杉林产量下降和地力衰退严重；20 世纪 40 年代 Roth、Kosa 对瑞士和挪威云杉林地力研究发现其也存在衰退现象（徐化成，1992）；20 世纪 60～80 年代有报道指出，辐射松在新西兰和澳大利亚南部出现生产力下降（Keeves，1966；Boardman，1978）；20 世纪 80 年代后期，Evans（1992）对世界各地人工林的生产力和地力下降问题进行了广泛考察，认为多数人工林都存在不同程度的地力衰退问题，主要原因有气候变动、某些营养元素缺乏、杂草竞争、采伐中对立地干扰过重、树种与立地不相适应等。他同时指出，轮伐期小于 10 年的人工林更容易造成地力下降（Evans，1992）。

　　土壤退化的原因错综复杂，主要由气候变化、土地利用和人类活动引起（Dragan et al.，2003；Herrmann & Hutchinson，2005；Ferrara et al.，2014；Salvati et al.，2015）。关于林地土壤退化机制，国外众多学者开展了大量的研究，但至今对于土壤退化的机制尚无明确定论。学者们先后提出了养分亏缺、土壤中毒、土壤酸化、植物功能群演变和综合效应等数十种人工林土壤退化假说（Dell et al.，1995；Aughsto et al.，1998；Lal，2015；Zhou et al.，2019）。研究认为，土壤退化是以土壤质量下降和生态系统产品和服务功能减弱为特征，包括土壤物理、化学、生物和生态性状的改变（Lal，2015）。Lal（2015）指出，土壤物理性状退化通常导致土壤孔隙度和通气性等结构属性的降低，从而加重了土壤对结壳、压实、水渗入减少、地表径流增加、风和水侵蚀、土壤温度波动和沙漠化倾向增加的敏感性；土壤化学性状退化的特点是土壤酸化、盐碱化、养分耗竭、降低阳离子交换能力（cation exchange capacity，CEC）、铝或锰毒性增加、钙或镁缺乏、硝态氮或其他植物必需营养元素的淋溶、工业废物或副产品的污染；土壤生物性状退化表现在土壤有机碳库的耗竭、土壤生物多样性的丧失、土壤碳汇容量的减少及土壤向大气排放温室气体（greenhouse gases，GHG）的增加；土壤生物性状退化最严重的后果之一是，土壤成为温室气体排放的净源（如 CO_2 和 CH_4），而不是碳汇；土壤生态性状退化反映了上述三种因素的结合，并导致生态系统功能的破坏，如元素循环、水的渗透和净化、水文循环的扰动和净生物群落生产力的下降（Lal，2015）。

　　研究表明，单一树种的人工纯林模式会出现凋落物不易分解或分解速度较慢，养分归还速率低的现象，容易造成某些土壤养分元素的亏缺（Epron et al.，2015），引起土壤退化。最近的研究发现，土壤微生物组成结构和功能群的改变是导致人工林土壤退化的主要原因（Raiesi & Beheshti，2015；Mitchell et al.，2016），特别是原有的植物-土壤微生物共存关系发生改变，导致人工林土壤关键微生物功能群丧失或微生物菌群关系失衡（Zechmeister-Boltenstern et al.，2015；Liang et al.，

2017）。此外，环境变化驱动着土壤微生物组成和分解动态，因而气候变化可能是未来人工林土壤退化重要的影响因素（Xu et al.，2015）。近年来，以植物-微生物-土壤反馈系统作为整体来研究土壤退化的机制方兴未艾。最新进展是：①植物-土壤反馈系统决定着陆地生态系统中植物群落的结构和营养循环，植物群落通过影响凋落物分解过程改变土壤中营养库的大小，反过来，土壤影响植物群落，从而形成植物-土壤反馈系统（Revillini et al.，2016）；②植物-土壤-微生物之间是一种相互依赖和相互制约的关系，并具有协同进化作用，植物种类能驱动土壤真菌群落，从而导致植物-土壤-微生物耦合关系的差异性（van der Putten et al.，2013；Revillini et al.，2016）；③资源限制是植物-土壤-微生物反馈系统的驱动因素，建立资源分布模型，可预测植物-土壤-微生物反馈系统的方向和结果，微生物分解者的多样性有利于植物共存（Miki et al.，2018；Revillini et al.，2016）。

目前，退化土壤的修复机制是土壤学和生态学研究的重点和热点之一（Herrera Paredes & Lebeis，2016）。近年来，有关土壤质量修复的研究明显增多，通过树种混交提高土壤修复效应成为研究的重点。许多研究表明，与人工纯林相比，营造混交林可以改变凋落物的数量和质量，提高凋落物分解速率，增加养分的归还量，因此，树种混交能有效地维持和改善土壤质量（Forrester et al.，2005；Huang et al.，2014，2017）。Rothe 和 Binkley（2001）认为在针叶树和固氮树种混交的人工林中，土壤 N 库和可溶性 P 库的数量均高于纯林；Forrester 等（2005）的研究发现混交林中凋落物的 N 储量和分解速率显著高于纯林。他指出由于凋落物的 N 输入量增加和分解速率较快，因此混交林的土壤 N 和 P 有效性增加（Forrester et al.，2005）。混合凋落物之所以有高的分解和养分释放速率，主要是混合凋落物相比单种凋落物具有更高的空间异质性和更有利于分解者的小生境，从而刺激不同的分解者丰富度的提高（Hansen & Coleman，1998）；同时混合凋落物相比单种凋落物具有更完整的营养元素，各种营养元素通过淋溶作用在不同凋落物之间进行转运，使微生物群落能够更高效地利用碳源底物，抵消了单种凋落物分解的营养限制（Maisto et al.，2011）；不同凋落物的内生微生物也起到协同作用（Anderson & Hetherington，1999）。由此表明，树种混交可以提高土壤质量的修复效应。

（2）桉树人工林土壤质量

国外目前对桉树人工林土壤质量的研究文献极少，有少量关于桉树人工林土壤物理化学性质、土壤微生物方面的研究文献，但尚无桉树人工林土壤质量的系统研究报道。Sicardi 等（2004）的研究表明，草地向桉树商品林地的土壤利用转化对纤维素分解好氧菌、P-溶解剂和固氮菌群落的数量没有显著影响，但土壤呼吸、碳矿化系数、脱氢酶、二乙酸荧光素水解、酸性磷酸酶活性和碱性磷酸酶活性均受到影响。他们认为所评价的酶活性是反映土壤利用变化引起的生化变化的敏感、可靠的指标（Sicardi et al., 2004）。Forrester 等（2005）研究了蓝桉（*Eucalyptus globulus*）和黑荆树（*Acacia mearnsii*）纯林及其混交林对土壤养分的影响，发现混交林中凋落物的 N 储量为 44 kg/(hm² · a)、凋落物分解速率为 0.56/a，而纯林仅为 14 kg/(hm² · a)和 0.32/a。他们指出由于凋落物的 N 输入量增加和分解速率较快，因此混交林的土壤 N 和 P 有效性增加。Bini 等（2013）对巨桉和马占相思纯林及混交林植物发育早期（2、7、14 和 20 个月）土壤和凋落物微生物及化学特性的演化进行研究，他们发现凋落物中总 C、N、P 含量与各采样期微生物生物量 C（C_{mic}）、微生物生物量 N（N_{mic}）、微生物呼吸、脱氢酶活性相关性最强；认为凋落物中低 C/N 和 C/P，以及土壤中低 C/N 和 C_{mic}/t C 值说明在套种 20 个月后输入了高质量的富含 N 和 P 的有机物质，但这并没有导致这些元素更高的含量或更大的土壤微生物活性。

有研究表明，热带稀树草原转化为巨桉人工林后 1～2 年，0～20 cm 土壤微生物生物量碳（MBC）、基底呼吸、底物诱导呼吸（SIR）、土壤有机碳（SOC）、微生物呼吸熵均发生明显变化（Araújo et al., 2010）。一年的森林改造使 MBC、SIR 和微生物呼吸熵数显著减少，分别减少约为 70%、65% 和 75%。但经过 2 年的生长，这些变量均有恢复。一年森林土壤基底呼吸和微生物呼吸熵数显著高于热带稀树草原，分别是热带稀树草原的 4 倍和 14 倍。两年后，土壤基底呼吸和微生物呼吸熵数显著下降，表明随着时间的推移，土壤微生物数量有所恢复（Araújo et al., 2010）。最近，Liang 等（2016）研究了外来树种桉树人工林对埃塞俄比亚北部高地教堂森林及其周围土壤性质的影响，结果表明，尽管桉树林的土壤酸性更强，有机物质和营养水平比附近的教堂森林低，但桉树人工林的有机物质和营养水平也始终高于邻近的农业用地。这些研究结果表明，桉树种植可能有利于修复因自给农业而退化的土地的土壤肥力。

9.1.2　国内研究概况

（1）森林土壤质量

国内森林土壤质量研究起步较晚，始于 20 世纪 80 年代（李昌华，1981；冯宗炜等，1985；方奇，1987），也是因人工林土壤退化而引起。早期的研究认为我国人工林中杉木、马尾松、落叶松、杨树、桉树存在地力退化（中国林学会森林生态学分会和杉木人工林集约栽培研究专题组，1992）。人工林土壤退化主要是土壤物理、化学、生物性状的退化，主要由树种生物学特性与不合理的栽培方式相互作用引起（中国林学会森林生态学分会和杉木人工林集约栽培研究专题组，1992；刘世荣和温远光，2005；盛炜彤和范少辉，2005；杨承栋，2009）。20 世纪 80 年代对杉木的研究比较集中，据方奇对湖南会同杉木三耕土、二耕土与头耕土（第一代）的比较研究，发现二耕土和三耕土全氮下降 23%，二耕土全磷下降 14.6%，而三耕土却提高了 22.9%，速效氮分别下降 5.8% 和 1.0%，速效磷分别下降 6.3%和 16.6%，速效钾分别下降 7.0%和 5.5%（方奇，1987）。据冯宗炜在湖南会同的研究，杉木造林后 19 年，0～60 cm 土层的氮、磷、钾含量分别比造林前的土壤减少 43.6%、24.3%和 43.2%；土壤微生物区系下降更为严重，减少了91.6%（冯宗炜，1985）。俞新妥在福建的研究也得到了类似的结论，即随着连栽代数的增加，杉木人工林土壤的养分元素含量明显下降，其中第二代比第一代下降 10%～20%，第三代比第一代下降 40%～50%，土壤酶活性也呈类似的规律，第三代比第一代下降 40%～50%（俞新妥，1989）。

20 世纪 90 年代，特别是进入 21 世纪，对人工林连栽引起的地力退化机制研究更加深入，也逐渐由单一指标的研究发展为多指标或对整个土壤质量进行研究。黄宇等（2005）发现杉木（*Cunninghamia lanceolata*）和火力楠（*Michelia macclurei*）混交林土壤 C 和 N 储量比杉木纯林高 8.79%和 8.05%。Hu 等（2006）研究杉木与不同树种的叶凋落物混合对土壤质量的影响，结果表明，由于桤木（*Alnus cremastogyne*）（固氮树种）叶凋落物 N 养分含量较高，与杉木针叶混合后改变了混合凋落物的 C/N，混合凋落物养分释放速率提高，经过 2 年的分解过程，土壤微生物数量和土壤酶活性明显提高。郑华等（2004）和王芸等（2013）以综合土壤物理、化学和生物性状得到的土壤质量综合指数，比较分析了不同森林恢复类型对土壤质量的影响，发现土壤质量综合指数的大小顺序为天然次生林（0.95～1.20）＞油茶林（0.68）＞马尾松林（0.59）＞杉木林（0.55）＞湿松林（0.36～0.59）＞荒草坡（0.04）。最近，黄钰辉等（2017）将多种阔叶树引入杉木人工林采伐迹地，形成多树种与杉木萌芽混交林，探讨多树种混交对林地土壤质量修复的影响。这些研究的土壤质量指标比较全面，但由于对不同森林植被恢复类型的土地利用、土壤状况和土壤干扰的历史不清楚，目前的研究结果对不同植被恢复类型的土壤质量修复效应评价仍然存在许多不确定性。而且，根据土壤质量的定义，土壤质量的修复评价应该包括生态性状（如生产力、凋落物输入、碳储量）的修复效应（Lal，2015）。

（2）桉树人工林土壤质量

国内有关桉树人工林土壤质量的研究始于 20 世纪 90 年代。据余雪标等（1999b）的研究，连栽对 4.5 年生桉树林分的养分积累和循环有明显的负效应。研究发现，土壤总养分储量随连栽代次的增加依次减少，其中第一代林最高，为664.24 kg/hm²，与第一代林相比，第二、第三和第四代林土壤总养分储量分别下降 33.2%、48.4%和 65.5%（余雪标等，1999b）。Wang 等（2010）比较了 2 种固氮树种人工林和 3 种非固氮树种人工林在退化林地土壤营养循环修复中的重要性，发现固氮树种人工林 0～5 cm 土壤的有机质和氮含量分别比非固氮树种人工林的高 40%～45%和 20%～50%；固氮树种人工林的净氮矿化速率为 7.41～11.3 kg/(hm²·a)，与同区域的顶极森林相似；认为固氮树种尤其是马占相思人工林对华南退化林地的 C、N 循环过程的修复更为有效。有研究表明，尾叶桉

（*Eucalyptus urophylla*）与豆科植物马占相思和降香黄檀（*Dalbergia odorifera*）混交能显著提高土壤有机碳含量和土壤酶活性，混交林的生产力提高，系统资源的输入增加，有利于混交林地土壤质量的维护（Huang et al.，2017）。

王纪杰（2011）以土壤的水土保持特性、养分特性、生物学特性（酶活性、微生物多样性、微生物量碳氮磷），以及土壤活性和稳定性有机碳库的变化特征为参数，以可持续性指数法、灰色关联度法和多指标综合评价法对不同连栽代次及不同林龄的桉树人工林土壤质量进行了较为系统研究和评价，结果表明，以土壤质量可持续性指数（SQI）为例，SQI 随着林分年龄的增加而递增，由 1 年林分的 0.6028 增加到 18 年的 0.7920。

温远光团队近 20 年的研究表明，桉树短周期多代纯林连栽导致林地土壤质量退化，即包括物理、化学、生物和生态属性的全面退化，具体表现为：①土壤容重增加，孔隙度下降，持水能力降低；②土壤有机质、全氮、全磷、全钾、速效磷、pH 下降，C/N、C/P、N/P 失衡；③PLFA 总量、真菌、丛枝菌根真菌、放线菌、革兰氏阴性菌显著降低，革兰氏阳性菌显著增加，真菌/细菌失衡，土壤微生物结构明显改变；④营养循环破坏、净生物生产力下降、碳固持能力降低（Huang et al.，2014，2017；Li et al.，2015；Zhou et al.，2017，2018，2019；温远光，2006；周晓果，2016；李朝婷等，2019）。李朝婷等（2019）的研究表明，随着连栽代数的增加，林下植物种类和功能群组成均发生显著变化，低连栽代次（EP12）林分以乡土木本植物红背山麻杆、木姜子和白背桐为优势种，乡土木本植物功能群的重要值占 67.46%；在中连栽代次（EP34）林分中，以乡土草本植物小花露籽草和蔓生莠竹占绝对优势，乡土草本植物功能群的重要值占 78.69%；高连栽代数林分（EP56），以入侵植物鬼针草、飞机草和阔叶丰花草占优势，入侵植物功能群的重要值占 86.25%。研究发现，中、高连栽代次林分的土壤有机质、全氮、全钾、全磷、铵态氮、硝态氮、有效磷、速效钾等 8 种土壤肥力指标及土壤酚氧化酶、过氧化物酶、酸性磷酸酶、脲酶、β-葡糖苷酶、β-氨基葡糖苷酶等 6 种酶活性显著下降（李朝婷等，2019）。相关分析表明，桉树人工林林下植物多样性与 8 个土壤肥力指标和 5 种酶活性（土壤酸性磷酸酶除外）指标呈极显著的正相关关系（$p<0.01$）；除土壤酸性磷酸酶外，酚氧化酶、过氧化物酶、脲酶、β-葡糖苷酶和β-氨基葡糖苷酶均与土壤肥力指标呈极显著的正相关关系（$p<0.01$）（李朝婷等，2019）。

9.2　土壤物理性质

9.2.1　土壤容重

不同林分土壤不同层次的土壤容重如图 9-1 所示，由图 9-1 可以看出，4 种林分中，土壤不同层次的土壤容重随着土层深度的增加而显著增加（$p<0.05$）。4种林分 0～20 cm 土壤容重变化于 1.23～1.24 g/cm³，方差分析表明，桉树纯林 0～20 cm 土壤容重（1.24 g/cm³）显著高于桉树×红锥混交林 0～20 cm 土壤容重（1.23 g/cm³）（$p<0.05$），与桉树×望天树混交林和桉树×降香黄檀混交林 0～20 cm 土壤容重差异不显著（$p>0.05$），桉树×红锥混交林 0～20 cm 土壤容重与桉树×望天树混交林和桉树×降香黄檀混交林的差异也不显著，均为 1.23 g/cm³（$p>0.05$）；4 种林分 20～40 cm 土层的土壤容重均相同，为 1.44 g/cm³，无显著差异（$p>0.05$）；4 种林分 40～60 cm 土层的土壤容重变化于 1.56～1.57 g/cm³，方差分析结果表明，4 种林分间差异不显著（$p>0.05$）（图 9-1）。

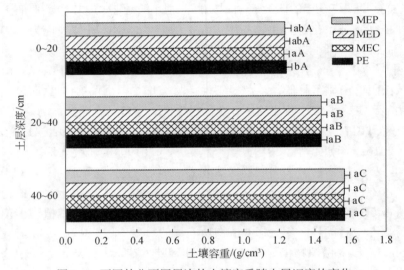

图 9-1　不同林分不同层次的土壤容重随土层深度的变化

PE：桉树纯林；MEC：桉树×红锥混交林；MED：桉树×降香黄檀混交林；MEP：桉树×望天树混交林

不同小写字母表示同一土层不同林分间土壤容重差异显著（$p<0.05$，$n=36$）；不同大写字母表示同一林分不

同土层间土壤容重差异显著（$p<0.05$，$n=36$）。数据为平均值±标准差

9.2.2　土壤孔隙度

表 9-1 是不同林分不同层次的土壤孔隙度，由表 9-1 可以看出，4 种林分中，不同层次的土壤毛管孔隙度、非毛管孔隙度和总孔隙度均随着土层深度的增加而显著降低（$p<0.05$）。4 种林分 0～20 cm 土壤毛管孔隙度、非毛管孔隙度和总孔隙度分别变化于 38.35%～49.43%、13.11%～18.60%、51.46%～65.78%，方差分析表明，桉树纯林 0～20 cm 土壤的毛管孔隙度（38.35%）、非毛管孔隙度（13.11%）和总孔隙度（51.46%）显著低于 3 种混交林分；在 3 种混交林中，桉树×降香黄檀混交林 0～20cm 土壤毛管孔隙度（49.43%）和总孔隙度（65.78%）显著高于桉

树×红锥混交林（44.05%和 62.65%）和桉树×望天树混交林（46.32%和 61.87%），桉树×红锥混交林和桉树×望天树混交林之间差异不显著（$p>0.05$）。非毛管孔隙度的变化稍有不同，不同林分之间差异显著，为桉树×红锥混交林（18.60%）＞桉树×降香黄檀混交林（16.35%）＞桉树×望天树混交林（15.54%）＞桉树纯林（13.11%）（$p<0.05$）。4 种林分 20~40 cm 土层的毛管孔隙度和总孔隙度变化相似，以桉树纯林最小，分别为 29.41%和 37.67%，均显著低于 3 种混交林，而 3 种混交林之间差异不显著（$p>0.05$）；不同林分 20~40 cm 土层的非毛管孔隙度存在显著差异，为桉树×降香黄檀混交林（11.93%）＞桉树×望天树混交林（10.92%）＞桉树×红锥混交林（10.38%）＞桉树纯林（8.26%）（$p<0.05$）。4 种林分 40~60 cm 土层的土壤毛管孔隙度和总孔隙度的变化与 20~40 cm 的相同，以桉树纯林最小，分别为 19.64%和 25.88%，均显著低于 3 种混交林，而 3 种混交林之间差异不显著（$p>0.05$）；4 种林分 40~60 cm 土层的土壤非毛管孔隙度存在显著差异，为桉树×红锥混交林（8.49%）＞桉树×望天树混交林（7.52%）＞桉树×降香黄檀混交林（7.13%）＞桉树纯林（6.23%）（$p<0.05$）。

表 9-1　不同林分不同层次的土壤孔隙度

土层深度/cm	林分	毛管孔隙度/%	非毛管孔隙度/%	总孔隙度/%
0~20	桉树纯林	38.35±4.76^{aC}	13.11±0.54^{aC}	51.46±4.73^{aC}
	桉树×红锥混交林	44.05±5.66^{bC}	18.60±0.54^{dC}	62.65±5.70^{bC}
	桉树×降香黄檀混交林	49.43±5.96^{cC}	16.35±0.56^{cC}	65.78±6.13^{cC}
	桉树×望天树混交林	46.32±6.07^{bC}	15.54±0.62^{bC}	61.87±6.12^{bC}
20~40	桉树纯林	29.41±4.52^{aB}	8.26±0.56^{aB}	37.67±4.57^{aB}
	桉树×红锥混交林	33.83±4.00^{bB}	10.38±0.59^{bB}	44.20±4.04^{bB}
	桉树×降香黄檀混交林	32.39±4.98^{bB}	11.93±0.63^{dB}	44.32±5.15^{bB}
	桉树×望天树混交林	32.50±5.24^{bB}	10.92±0.60^{cB}	43.42±5.17^{bB}
40~60	桉树纯林	19.64±5.13^{aA}	6.23±0.55^{aA}	25.88±5.11^{aA}
	桉树×红锥混交林	23.08±4.64^{bA}	8.49±0.67^{dA}	31.57±4.81^{bA}
	桉树×降香黄檀混交林	24.21±5.47^{bA}	7.13±0.66^{bA}	31.34±5.48^{bA}
	桉树×望天树混交林	22.38±5.17^{bA}	7.52±0.46^{cA}	29.89±5.17^{bA}

注：不同小写字母表示同一土层不同林分间土壤孔隙度差异显著（$p<0.05$，$n=36$）；不同大写字母表示同一林分不同土层间土壤孔隙度差异显著（$p<0.05$，$n=36$）。数据为平均值±标准差

9.2.3　土壤持水量

表 9-2 是不同林分不同层次的土壤持水量，由表 9-2 可以看出，4 种林分 0~20 cm 土壤最大持水量和田间持水量变化相似，均表现为桉树×红锥混交林显著

高于桉树纯林，而 3 种混交林之间差异不显著；4 种林分的毛管持水量变化在
37.97%～40.35%，方差分析表明，不同林分均无显著差异（$p > 0.05$）。4 种林分
20～40 土层土壤持水量的变化与 0～20 cm 的相似，20～40 cm 土壤最大持水
量和田间持水量均表现为桉树×红锥混交林显著高于桉树纯林，而 3 种混交林之
间差异不显著；4 种林分 20～40 cm 土壤的毛管持水量差异不显著。4 种林分 40～
60 cm 土层的土壤最大持水量、毛管持水量和田间持水量存在显著差异，以桉树
纯林最小，分别为 31.88%、28.00%和 22.16%，其中毛管持水量显著低于 3 种混
交林，土壤最大持水量和田间持水量显著低于桉树×红锥混交林和桉树×降香黄
檀混交林；3 种混交林之间差异不显著（$p > 0.05$）（表 9-2）。

表 9-2　不同林分不同层次的土壤持水量

土层深度/cm	林分	最大持水量/%	毛管持水量/%	田间持水量/%
0～20	桉树纯林	43.27±9.29[aC]	37.97±7.25[aC]	27.31±4.48[aB]
	桉树×红锥混交林	47.00±5.96[bB]	40.35±4.39[aB]	30.45±5.42[bB]
	桉树×降香黄檀混交林	45.27±7.97[abB]	38.46±5.15[aB]	27.98±4.05[abB]
	桉树×望天树混交林	44.62±5.33[abB]	38.48±4.81[aB]	28.21±3.58[abB]
20～40	桉树纯林	35.23±5.73[aB]	30.96±5.86[aB]	23.47±5.08[aA]
	桉树×红锥混交林	37.72±4.47[bA]	32.36±2.84[aA]	26.32±4.56[bA]
	桉树×降香黄檀混交林	36.95±5.58[abA]	32.63±4.69[aA]	25.00±3.89[abA]
	桉树×望天树混交林	36.23±4.86[abA]	32.38±3.60[aA]	24.97±2.15[abA]
40～60	桉树纯林	31.88±5.93[aA]	28.00±4.11[aA]	22.16±5.90[aA]
	桉树×红锥混交林	35.56±4.91[bA]	32.23±4.14[bA]	24.91±5.24[abA]
	桉树×降香黄檀混交林	35.78±5.67[bA]	31.72±4.37[bA]	25.31±3.92[bA]
	桉树×望天树混交林	34.27±5.26[abA]	30.49±4.54[bA]	23.93±4.32[abA]

注：不同小写字母表示同一土层不同林分间土壤持水量差异显著（$p < 0.05$，$n = 36$）；不同大写字母表示同一
林分不同土层间土壤持水量差异显著（$p < 0.05$，$n = 36$）。数据为平均值±标准差

　　从表 9-2 还可以看出，4 种林分中，不同层次的土壤最大持水量、毛管持水量、
田间持水量均随着土层深度的增加而降低（$p < 0.05$）。同一林分 0～20 cm 土壤的
最大持水量、毛管持水量和田间持水量显著高于 20～40 cm 和 40～60 cm（$p < 0.05$），田间持水量 20～40 cm 和 40～60 cm 之间差异不显著（$p > 0.05$）。

9.2.4　土壤含水量

　　图 9-2 是不同林分不同层次的土壤含水量，由图 9-2 可以看出，4 种林分的土
壤含水量均表现为随着土层深度的增加而显著降低（$p < 0.05$）。4 种林分 0～20 cm

土壤含水量变化于 24.90%～35.53%，方差分析结果表明，不同林分间存在显著差异，桉树纯林显著低于 3 种混交林，而在 3 种混交林中，桉树×降香黄檀混交林显著高于桉树×红锥混交林和桉树×望天树混交林，桉树×红锥混交林显著高于桉树×望天树混交林（$p<0.05$）；4 种林分 20～40 cm 含水量变化于 22.32%～26.92%，方差分析表明，不同林分 20～40 cm 土壤含水量存在显著差异（$p>0.05$），表现为桉树×降香黄檀混交林和桉树×红锥混交林显著高于桉树纯林和桉树×望天树混交林（$p<0.05$），而桉树×降香黄檀混交林与桉树×红锥混交林、桉树纯林与桉树×望天树混交林两两之间差异不显著（$p>0.05$）。4 种林分 40～60 cm 土层的土壤含水量，同样是以桉树纯林最小，为 15.05%，桉树×降香黄檀混交林最高，为 19.86%；方差分析表明，不同林分之间存在显著差异，桉树×降香黄檀混交林显著高于桉树×红锥混交林、桉树纯林（$p<0.05$），桉树×望天树混交林和桉树×红锥混交林显著高于桉树纯林（$p<0.05$），桉树×望天树混交林与桉树×红锥混交林差异不显著（$p>0.05$）（图 9-2）。

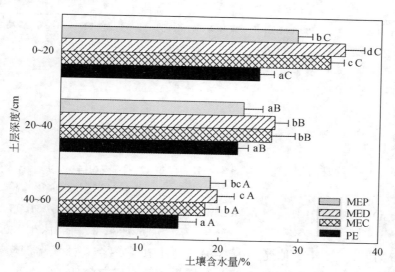

图 9-2　不同林分土壤含水量随土层深度的变化

注：不同小写字母表示同一土层不同林分间土壤含水量差异显著（$p<0.05$，$n=36$）；不同大写字母表示同一林分
　　不同土层间土壤含水量差异显著（$p<0.05$，$n=36$）。数据为平均值±标准差

　PE：桉树纯林；MEC：桉树×红锥混交林；MED：桉树×降香黄檀混交林；MEP：桉树×望天树混交林

9.2.5　土层深度、林分类型及其交互作用对土壤物理性质的影响

由表 9-3 可以看出，土层深度对所测定的所有土壤物理指标均有极显著影响（$p<0.001$），除了土壤容重外，林分类型对所测定的所有土壤物理指标均有极显

著影响（$p<0.001$），而土层深度和林分类型的交互作用对土壤毛管孔隙度、土壤非毛管孔隙度、土壤总孔隙度和土壤含水量有极显著影响（$p<0.001$）。

表 9-3　土层深度、林分类型及其交互作用对土壤物理性质的影响

变量	土层深度		林分类型		土层深度×林分类型	
	F	p	F	p	F	p
SBD	4876.14	<0.001	1.82	0.143	0.26	0.957
SCP	669.13	<0.001	28.86	<0.001	5.22	<0.001
SNCP	7923.99	<0.001	635.48	<0.001	124.81	<0.001
STP	1265.47	<0.001	62.98	<0.001	5.41	<0.001
MWHC	124.80	<0.001	5.96	<0.001	0.32	0.924
CWHC	121.28	<0.001	6.08	<0.001	1.12	0.347
FWHC	39.09	<0.001	7.77	<0.001	0.76	0.601
SWC	1401.02	<0.001	219.21	<0.001	27.22	<0.001

注：SBD，土壤容重；SCP，土壤毛管孔隙度；SNCP，土壤非毛管孔隙度；STP，土壤总孔隙度；MWHC，最大持水量；CWHC，毛管持水量；FWHC，田间持水量；SWC，土壤含水量

9.3　土壤化学性质

9.3.1　土壤 pH

表 9-4 是不同林分土壤 pH 随土层深度的变化。由表 9-4 可以看出，4 种林分中，不同层次的土壤 pH 随着土壤深度的变化呈先下降后微弱回升的趋势，表层（0~20 cm）显著高于中层（20~40 cm）和下层（40~60 cm）（$p<0.05$）。4 种林分 0~20 cm 土壤 pH 变化于 5.71~5.88，方差分析表明，桉树纯林 0~20 cm 土壤的 pH（5.71）显著低于 3 种混交林，3 种混交林中，桉树×降香黄檀混交林（5.88）显著高于桉树×红锥混交林（5.85）和桉树×望天树混交林（5.75），桉树×红锥混交林显著高于桉树×望天树混交林（$p<0.05$）。4 种林分 20~40 cm 土层的土壤 pH 也是桉树纯林显著低于 3 种混交林，桉树×降香黄檀混交林又显著高于桉树×红锥混交林和桉树×望天树混交林（$p<0.05$），后两者之间差异不显著（$p>0.05$）。4 种林分 40~60 cm 土层的土壤 pH 变化于 5.09~5.22，方差分析结果表明，桉树×降香黄檀混交林 40~60 cm 的 pH 显著高于桉树×红锥混交林、桉树×望天树混交林和桉树纯林，桉树×红锥混交林显著高于桉树纯林和桉树×望天树混交林（$p<0.05$），桉树纯林与桉树×望天树混交林之间差异不显著（$p>0.05$）（表 9-4）。

表 9-4　不同林分土壤 pH 随土层深度的变化

林分	0～20 cm	20～40 cm	40～60 cm
桉树纯林	5.71±0.05^{aC}	4.99±0.06^{aA}	5.11±0.07^{aB}
桉树×红锥混交林	5.85±0.05^{cC}	5.10±0.05^{bA}	5.15±0.06^{bB}
桉树×降香黄檀混交林	5.88±0.04^{dB}	5.20±0.06^{cA}	5.22±0.05^{cA}
桉树×望天树混交林	5.75±0.05^{bC}	5.13±0.06^{bB}	5.09±0.06^{aA}

注：不同小写字母表示同一土层不同林分间土壤 pH 差异显著（$p<0.05$，$n=36$）；不同大写字母表示同一林分不同土层间土壤 pH 差异显著（$p<0.05$，$n=36$）。数据为平均值±标准差

9.3.2　土壤有机质

图 9-3 是不同林分土壤有机质随土层深度的变化。由图 9-3 可以看出，4 种林分中，不同层次的土壤有机质含量随着土层深度的增加而显著降低。4 种林分 0～20 cm 土壤有机质含量变化于 39.05～43.89 g/kg，方差分析表明，桉树×望天树混交林 0～20 cm 土壤有机质含量（43.89 g/kg）显著高桉树纯林（39.05 g/kg）和桉树×红锥混交林（40.22 g/kg）（$p<0.05$），与桉树×降香黄檀混交林的差异不显著（$p>0.05$）。4 种林分 20～40 cm 土层的土壤有机质含量变化于 29.47～31.16 g/kg 之间，方差分析表明，它们之间无显著差异（$p>0.05$）。4 种林分 40～60 cm 土层的土壤有机质含量变化于 18.57～22.63 g/kg，方差分析结果表明，桉树×红锥混交林和桉树×降香黄檀混交林 40～60 cm 的土壤有机质含量显著高于桉树纯林和桉树×望天树混交林（$p<0.05$），前两者之间和后两者之间均无显著差异（$p>0.05$）（图 9-3）。

9.3.3　土壤全氮、全磷、全钾

不同林分土壤全量养分变化，由表 9-5 可以看出，同一林分不同层次土壤全氮、全磷和全钾含量均随土层深度的增加而显著下降。不同林分间同一土层的土壤全氮、全磷和全钾含量也存在明显变化。在 0～20 cm 土层，桉树×降香黄檀混交林的全氮显著高于桉树纯林（$p<0.05$），与桉树×红锥混交林、桉树×望天树混交林之间差异不显著（$p>0.05$），桉树×红锥混交林与桉树×望天树混交林之间差异也不显著（$p>0.05$）；土壤全磷和全钾含量变化相似，均表现为桉树纯林显著低于 3 种混交林（$p<0.05$），而 3 种混交林之间差异不显著（$p>0.05$）。

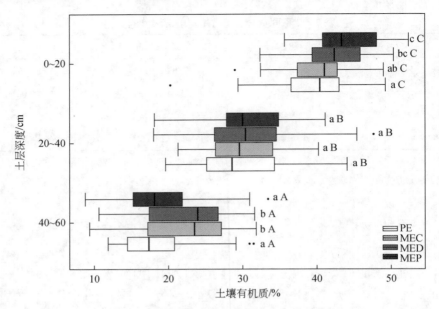

图 9-3　不同林分土壤有机质随土层深度的变化

不同小写字母表示同一土层不同林分间土壤有机质差异显著（$p<0.05$，$n=36$）；不同大写字母表示同一林分不同
土层间土壤有机质差异显著（$p<0.05$，$n=36$）

PE：桉树纯林；MEC：桉树×红锥混交林；MED：桉树×降香黄檀混交林；MEP：桉树×望天树混交林

在 20～40 cm 土层，不同林分间全氮、全磷和全钾的变化各异，就全氮而言，表现为桉树×降香黄檀混交林和桉树×红锥混交林显著高于桉树纯林（$p<0.05$），与桉树×望天树混交林差异不显著，桉树纯林与桉树×望天树混交林差异也不显著（$p>0.05$）；全磷为桉树纯林显著低于 3 种混交林（$p<0.05$），3 种混交林之间差异不显著（$p>0.05$）；全钾却表现为桉树×降香黄檀混交林显著高于桉树纯林、桉树×红锥混交林和桉树×望天树混交林，桉树×红锥混交林和桉树×望天树混交林显著高于桉树纯林（$p<0.05$），而两种混交林之间差异不显著（$p>0.05$）。

表 9-5　不同林分土壤全氮、全磷、全钾含量随土层深度的变化

土层深度/cm	林分	全氮/（g/kg）	全磷/（g/kg）	全钾/（g/kg）
0～20	桉树纯林	1.39 ± 0.19^{aC}	0.18 ± 0.04^{aC}	6.57 ± 1.28^{aC}
	桉树×红锥混交林	1.46 ± 0.13^{abC}	0.23 ± 0.02^{bC}	8.45 ± 3.01^{bC}
	桉树×降香黄檀混交林	1.50 ± 0.17^{bC}	0.24 ± 0.03^{bC}	9.66 ± 2.91^{bC}
	桉树×望天树混交林	1.44 ± 0.15^{abC}	0.25 ± 0.04^{bC}	8.93 ± 2.85^{bC}
20～40	桉树纯林	1.16 ± 0.11^{aB}	0.13 ± 0.03^{aB}	5.67 ± 1.26^{aB}
	桉树×红锥混交林	1.23 ± 0.13^{bB}	0.17 ± 0.02^{bB}	7.05 ± 2.63^{bB}

续表

土层深度/cm	林分	全氮/（g/kg）	全磷/（g/kg）	全钾/（g/kg）
20~40	桉树×降香黄檀混交林	1.24±0.13^{bB}	0.17±0.02^{bB}	8.33±2.70^{cB}
	桉树×望天树混交林	1.20±0.14^{abB}	0.18±0.02^{bB}	7.19±2.16^{bB}
40~60	桉树纯林	1.01±0.19^{aA}	0.09±0.03^{aA}	4.88±1.22^{aA}
	桉树×红锥混交林	1.10±0.13^{bA}	0.12±0.03^{bA}	5.58±2.05^{bA}
	桉树×降香黄檀混交林	1.13±0.10^{bA}	0.13±0.02^{bA}	6.57±2.16^{cA}
	桉树×望天树混交林	1.11±0.15^{bA}	0.14±0.02^{cA}	6.08±1.81^{cA}

注：不同小写字母表示同一土层不同林分间差异显著（$p<0.05$，$n=36$）；不同大写字母表示同一林分不同土层间差异显著（$p<0.05$，$n=36$）。数据为平均值±标准差

在 40~60 cm 土层，桉树纯林土壤全氮、全磷、全钾含量均显著低于 3 种混交林（$p<0.05$）；3 种混交林的全氮含量无显著差异，全磷含量为桉树×望天树混交林显著高于桉树×红锥混交林和桉树×降香黄檀混交林（$p<0.05$），后两者差异不显著（$p>0.05$）；全钾含量为桉树×望天树混交林和桉树×降香黄檀混交林显著高于桉树和桉树×红锥混交林（$p<0.05$），桉树×降香黄檀混交林和桉树×望天树混交林之间无显著差异（$p>0.05$）。

9.3.4　土壤有效氮、速效磷、速效钾

不同林分土壤速效养分变化，由表 9-6 可以看出，同一林分不同层次土壤有效氮、速效磷和速效钾含量均随土层深度的增加而显著下降。不同林分间同一土层的土壤有效氮、速效磷和速效钾含量也存在明显变化。在 0~20 cm 土层，桉树纯林的有效氮含量显著低于 3 种混交林，桉树×降香黄檀混交林的有效氮显著高于桉树×红锥混交林和桉树×望天树混交林，桉树×红锥混交林和桉树×望天树混交林之间差异不显著（$p>0.05$）；土壤速效磷表现为桉树纯林显著低于桉树×降香黄檀混交林和桉树×红锥混交林（$p<0.05$），与桉树×望天树混交林之间差异不显著（$p>0.05$）；土壤速效钾为桉树纯林显著低于 3 种混交林，3 种混交林之间差异不显著。

表 9-6　不同林分土壤有效氮、速效磷、速效钾含量随土层深度的变化

土层深度/cm	林分	有效氮/（mg/kg）	速效磷/（mg/kg）	速效钾/（mg/kg）
0~20	桉树纯林	13.64±0.38^{aC}	0.81±0.08^{aC}	48.58±7.58^{aC}
	桉树×红锥混交林	13.98±0.43^{bC}	0.88±0.15^{bC}	53.81±10.31^{bC}
	桉树×降香黄檀混交林	14.31±0.24^{cC}	0.90±0.16^{bC}	58.75±10.55^{bC}
	桉树×望天树混交林	14.13±0.34^{bC}	0.86±0.14^{abC}	58.88±9.61^{bC}

土层深度/cm	林分	有效氮/（mg/kg）	速效磷/（mg/kg）	速效钾/（mg/kg）
20～40	桉树纯林	10.44 ± 0.55^{aB}	0.73 ± 0.08^{aB}	37.91 ± 7.04^{aB}
	桉树×红锥混交林	11.28 ± 0.65^{bB}	0.77 ± 0.12^{aB}	41.41 ± 6.92^{aB}
	桉树×降香黄檀混交林	11.07 ± 0.45^{bB}	0.82 ± 0.07^{bB}	45.35 ± 9.43^{bB}
	桉树×望天树混交林	11.38 ± 0.66^{bB}	0.75 ± 0.13^{aB}	44.09 ± 7.56^{bB}
40～60	桉树纯林	8.94 ± 0.55^{aA}	0.54 ± 0.10^{aA}	28.08 ± 6.48^{aA}
	桉树×红锥混交林	9.78 ± 0.65^{bA}	0.57 ± 0.11^{aA}	29.65 ± 4.28^{aA}
	桉树×降香黄檀混交林	9.57 ± 0.45^{bA}	0.65 ± 0.10^{bA}	33.21 ± 8.52^{bA}
	桉树×望天树混交林	9.88 ± 0.66^{bA}	0.57 ± 0.14^{aA}	33.54 ± 9.20^{bA}

注：不同小写字母表示不同林分间差异显著（$p<0.05$，$n=36$）；不同大写字母表示同一林分不同土层间差异显著（$p<0.05$，$n=36$）。数据为平均值±标准差

在 20～40 cm 土层，桉树纯林的有效氮含量显著低于 3 种混交林（$p<0.05$），而 3 种混交林之间无显著差异（$p>0.05$）；土壤速效磷表现为桉树×降香黄檀混交林显著高于桉树纯林、桉树×红锥混交林和桉树×望天树混交林（$p<0.05$），后 3 者之间差异不显著（$p>0.05$）；土壤速效钾表现为桉树纯林和桉树×红锥混交林显著低于桉树×降香黄檀混交林和桉树×望天树混交林（$p<0.05$），前两者之间和后两者之间无显著差异（$p>0.05$）（表 9-6）。

和 20～40 cm 土层相似，在 40～60 cm 土层，桉树纯林的有效氮含量显著低于 3 种混交林（$p<0.05$），而 3 种混交林之间无显著差异（$p>0.05$）；土壤速效磷表现为桉树×降香黄檀混交林显著高于桉树纯林、桉树×红锥混交林和桉树×望天树混交林（$p<0.05$），后 3 者之间差异不显著（$p>0.05$）；土壤速效钾表现为桉树纯林和桉树×红锥混交林显著低于桉树×降香黄檀混交林和桉树×望天树混交林（$p<0.05$），前两者之间和后两者之间无显著差异（$p>0.05$）（表 9-6）。

9.3.5　土壤生态化学计量特征

从以上分析可见，林分表层土壤（0～20 cm）具有表聚性，养分含量从表层向下层形成垂直递减的分布格局，所以本书选取 0～20 cm 土层来探讨土壤化学计量特征。

由图 9-4 可以看出，4 种林分的 C/N 变化于 16.16～17.62，方差分析表明，桉树×望天树混交林的土壤 C/N 显著高于桉树纯林、桉树×红锥混交林和桉树×降香黄檀混交林（$p<0.05$），而后 3 者之间的 C/N 无显著差异（$p>0.05$）。4 种林分的 C/P 变化于 100.64～130.83，而 N/P 变化于 5.86～8.06，方差分析表明，桉树纯林的

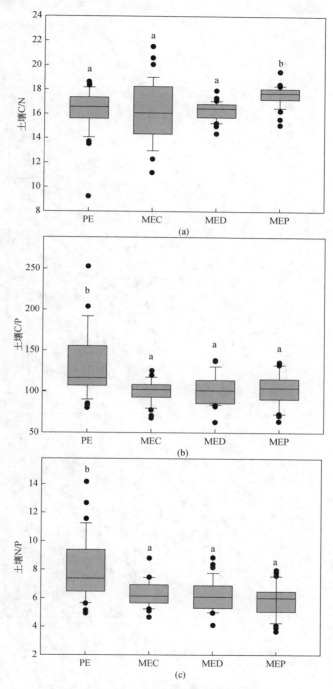

图 9-4　不同林分土壤碳氮磷化学计量比

PE：桉树纯林；MEC：桉树×红锥混交林；MED：桉树×降香黄檀混交林；MEP：桉树×望天树混交林

C/P 和 N/P 显著高于 3 种混交林（$p<0.05$），而 3 种混交林之间无显著差异（$p>0.05$）。

　　图 9-5 显示出，土壤 C/N 与 C/P 存在显著的正相关，土壤 C/N 与 N/P 存在显著的负相关，而土壤 C/P 与 N/P 存在极显著正相关关系。

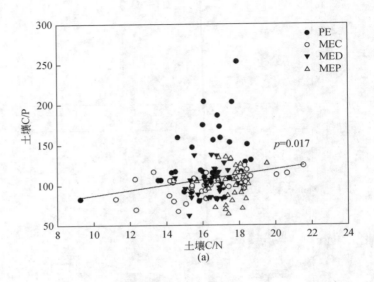

(a)

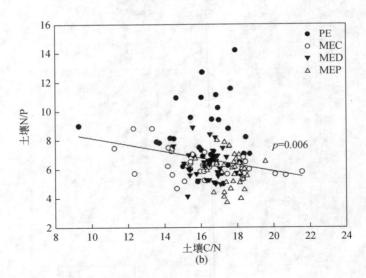

(b)

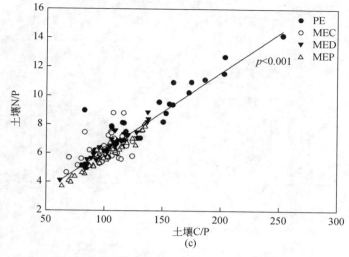

图 9-5　不同林分土壤碳氮磷化学计量比的关系

PE：桉树纯林；MEC：桉树×红锥混交林；MED：桉树×降香黄檀混交林；MEP：桉树×望天树混交林

9.4　土壤生物性质

9.4.1　土壤微生物生物量

由图 9-6 可以看出，不同林分土壤微生物生物量碳氮磷含量存在显著差异。土壤微生物生物量碳以桉树纯林（394.69 mg/kg）最低，桉树×降香黄檀混交林（427.37 mg/kg）最高，方差分析表明，桉树纯林显著低于 3 种混交林，桉树×降香黄檀混交林的土壤微生物生物量碳还显著高于桉树×红锥混交林（$p<0.05$），桉树×红锥混交林和桉树×望天树混交林的土壤微生物生物量碳差异不显著（$p>0.05$）（图 9-6a）。

不同林分土壤微生物生物量氮含量变化于 55.99～71.85 mg/kg（图 9-6b），方差分析表明，桉树×红锥混交林（71.85 mg/kg）和桉树×降香黄檀混交林（70.28 mg/kg）显著高于桉树纯林（55.99 mg/kg）和桉树×望天树混交林（62.92 mg/kg）（$p<0.05$），前两者之间和后两者之间无显著差异（$p>0.05$）。

不同林分土壤微生物生物量磷含量变化于 15.15～18.94 mg/kg（图 9-6c），方差分析表明，桉树×红锥混交林（18.93 mg/kg）、桉树×降香黄檀混交林（18.94 mg/kg）和桉树×望天树混交林（16.89 mg/kg）土壤微生物生物量磷含量显著高于桉树纯林（15.15 mg/kg），桉树×红锥混交林和桉树×降香黄檀混交林还显著高于桉树×望天树混交林（$p<0.05$），桉树×红锥混交林和桉树×降香黄檀

混交林之间差异不显著（$p > 0.05$）。

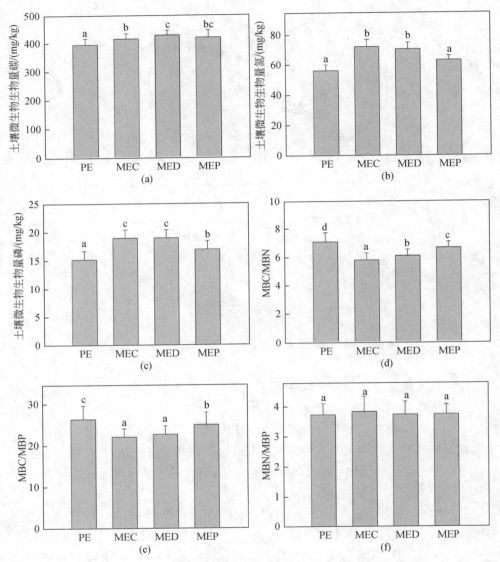

图 9-6　不同林分土壤微生物生物量碳氮磷含量及其化学计量比

PE：桉树纯林；MEC：桉树×红锥混交林；MED：桉树×降香黄檀混交林；MEP：桉树×望天树混交林

　　由图 9-6 还可看出，不同林分土壤微生物生物量碳氮磷的化学计量比，土壤微生物生物量碳/土壤微生物生物量氮（MBC/MBN）变化于 5.80～7.09，土壤微生物生物量碳/土壤微生物生物量磷（MBC/MBP）的数值较高，变化于 22.04～

26.33，而微生物生物量氮/微生物生物量磷（MBN/MBP）较小，变化于 3.72～3.83。方差分析结果表明，除了 MBN/MBP 在 4 种林分中没有显著差异外，MBC/MBN、MBC/MBP 存在显著差异。以桉树纯林的 MBC/MBN 比最高（7.09），显著高于 3 种混交林；其次是桉树×望天树混交林（6.66），显著高于桉树×红锥混交林（5.80）和桉树×降香黄檀混交林（6.10）；桉树×红锥混交林最低，还显著低于桉树×降香黄檀混交林（图 9-6d）。同样，以桉树纯林的 MBC/MBP 比最高（26.33），显著高于 3 种混交林；其次是桉树×望天树混交林（24.98），显著高于桉树×红锥混交林（22.04）和桉树×降香黄檀混交林（22.70）；桉树×红锥混交林与桉树×降香黄檀混交林差异不显著（图 9-6e）。

9.4.2　土壤微生物 PLFA 含量

不同林分土壤微生物总 PLFA 含量存在显著差异。土壤微生物总 PLFA 含量以桉树纯林（25.21 nmol/g）最低，桉树×红锥混交林（26.28 nmol/g）最高，桉树×降香黄檀混交林（25.93 nmol/g）和桉树×望天树混交林（25.13 nmol/g）居两者之间。方差分析表明，桉树纯林显著低于 3 种混交林（$p < 0.05$），而 3 种混交林之间差异不显著（$p > 0.05$）（图 9-7a）。

不同林分土壤细菌 PLFA 含量存在显著差异。与土壤微生物总 PLFA 含量相似，土壤细菌 PLFA 含量以桉树纯林（16.01 nmol/g）最低，桉树×降香黄檀混交林（19.08 nmol/g）最高，桉树×红锥混交林（18.14 nmol/g）和桉树×望天树混交林（18.70 nmol/g）居两者之间。方差分析表明，桉树纯林显著低于 3 种混交林（$p < 0.05$），而 3 种混交林之间差异不显著（$p > 0.05$）（图 9-7b）。

与细菌的情形不同，不同林分土壤真菌 PLFA 含量变化不大，以桉树×红锥混交林（2.09 nmol/g）最低，桉树×望天树混交林（2.23 nmol/g）最高，最高与最低只相差 6.28%，桉树×降香黄檀混交林（2.19nmol/g）和桉树纯林（2.22nmol/g）居两者之间。方差分析表明，4 种林分土壤真菌 PLFA 含量无显著差异（$p > 0.05$）（图 9-7c）。

不同林分土壤丛枝菌根真菌 PLFA 含量存在显著差异。土壤丛枝菌根真菌 PLFA 含量以桉树纯林（0.75 nmol/g）最低，桉树×红锥混交林（0.85 nmol/g）最高，桉树×降香黄檀混交林（0.84 nmol/g）和桉树×望天树混交林（0.83 nmol/g）居两者之间。方差分析表明，桉树纯林土壤丛枝菌根真菌 PLFA 含量显著低于桉树×红锥混交林和桉树×降香黄檀混交林（$p < 0.05$），与桉树×望天树混交林差异不显著（$p > 0.05$）（图 9-7d）。

与真菌的情形相似，不同林分土壤放线菌 PLFA 含量变化不大，以桉树纯林（4.12 nmol/g）最低，其次是桉树×红锥混交林（4.13 nmol/g），桉树×望天树混交林和桉树×降香黄檀混交林相同，均为 4.17 nmol/g。方差分析表明，4 种林分土壤放线菌 PLFA 含量无显著差异（$p>0.05$）（图 9-7e）。

不同林分土壤真菌细菌比存在显著差异。以桉树纯林（0.14）最高，其余 3 种混交林，即桉树×红锥混交林、桉树×降香黄檀混交林和桉树×望天树混交林分别是 0.12、0.11 和 0.12。方差分析表明，桉树纯林土壤真菌细菌比显著高于 3 种混交林（$p<0.05$），而 3 种混交林之间差异不显著（$p>0.05$）（图 9-7f）。

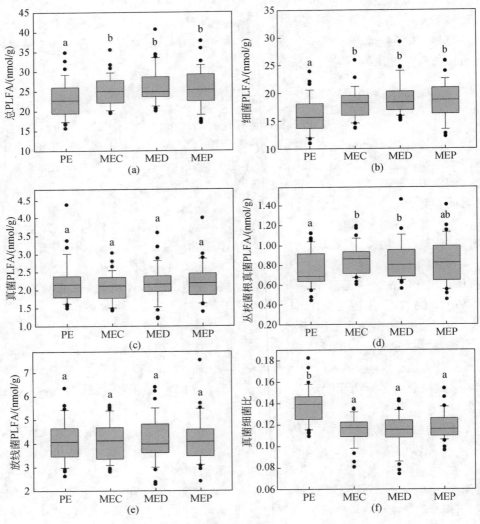

图 9-7　不同林分土壤微生物 PLFA 含量

PE：桉树纯林；MEC：桉树×红锥混交林；MED：桉树×降香黄檀混交林；MEP：桉树×望天树混交林

9.4.3　土壤微生物结构

图 9-8 是不同林分土壤微生物群落 PLFA 相对丰度。在土壤微生物群落结构中，以革兰氏阴性菌（GN）的相对丰度最高，为 37.23～39.29 mol%；其次是革兰氏阳性菌（GP），相应为 31.99～34.34 mol%；放线菌居第三位，为 15.76～17.88 mol%；真菌居第四位，为 8.28～9.57 mol%；丛枝菌根真菌的相对丰度最小，为 3.17～3.38 mol%。

由图 9-8 可以看出，土壤微生物群落革兰氏阳性菌 PLFA 相对丰度以桉树纯林（31.99 mol%）最低，桉树×红锥混交林（34.34 mol%）最高，桉树×降香黄檀混交林（34.25 mol%）和桉树×望天树混交林（32.88 mol%）居两者之间。方差分析表明，桉树纯林土壤微生物群落革兰氏阳性菌 PLFA 相对丰度显著低于桉树×红锥混交林和桉树×降香黄檀混交林（$p < 0.05$），与桉树×望天树混交林差异不显著（$p > 0.05$），桉树×红锥混交林与桉树×降香黄檀混交林的差异也不显著（图 9-8）。

不同林分土壤微生物群落革兰氏阴性菌 PLFA 相对丰度，以桉树纯林（37.32 mol%）最低，桉树×望天树混交林（39.29 mol%）最高，桉树×降香黄檀混交林（38.49 mol%）和桉树×红锥混交林（37.65 mol%）居两者。方差分析表明，桉树×望天树混交林土壤微生物群落革兰氏阴性菌 PLFA 相对丰度显著高于桉树纯林和桉树×红锥混交林（$p < 0.05$），与桉树×降香黄檀混交林无显著差异，桉树纯林与桉树×红锥混交林的差异也不显著（$p > 0.05$）（图 9-8）。

与革兰氏阳性菌和革兰氏阴性菌以桉树纯林的相对丰度最低不同，不同林分土壤微生物群落真菌 PLFA 相对丰度，以桉树纯林（9.57 mol%）最高，桉树×红锥混交林（8.28 mol%）最低，桉树×望天树混交林（8.59 mol%）和桉树×降香黄檀混交林（8.31 mol%）居两者之间。方差分析表明，桉树纯林土壤微生物群落真菌 PLFA 相对丰度显著高于 3 种混交林（$p < 0.05$），3 种混交林之间差异不显著（$p > 0.05$）（图 9-8）。

和真菌 PLFA 以桉树纯林的相对丰度最高相似，不同林分土壤微生物群落放线菌 PLFA 相对丰度，也是以桉树纯林（17.88 mol%）最高，但以桉树×降香黄檀混交林（15.76 mol%）最低，桉树×红锥混交林和桉树×望天树混交林分别是 16.35 mol% 和 16.06 mol%。方差分析表明，桉树纯林土壤微生物群落放线菌 PLFA 相对丰度显著高于 3 种混交林（$p < 0.05$），3 种混交林之间差异不显著（$p > 0.05$）（图 9-8）。

和上述的土壤微生物群落不同，不同林分土壤微生物群落丛枝菌根真菌 PLFA 相对丰度差异不大，变化于 3.17～3.38 mol%，以桉树×红锥混交林最高，其他依次是桉树纯林、桉树×降香黄檀混交林和桉树×望天树混交林。方差分析表明，

4 种林分土壤微生物群落丛枝菌根真菌 PLFA 相对丰度无显著差异（$p > 0.05$）（图 9-8）。

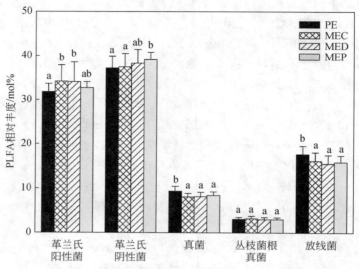

图 9-8　不同林分土壤微生物群落 PLFA 相对丰度

PE：桉树纯林；MEC：桉树×红锥混交林；MED：桉树×降香黄檀混交林；MEP：桉树×望天树混交林

9.4.4　土壤微生物群落 PLFA 多样性

图 9-9 是不同林分土壤微生物群落 PLFA 多样性指数。从图 9-9a 可以看出，不同林分土壤微生物群落 PLFA 丰富度变化于 43.03～44.86，以桉树×降香黄檀混交林最高，为 44.86，其次是桉树×红锥混交林和桉树×望天树混交林，均为 44.31，桉树纯林的最低，仅为 43.03。方差分析表明，桉树纯林土壤微生物群落 PLFA 相对丰度显著低于 3 种混交林（$p < 0.05$），而 3 种混交林之间无显著差异（$p > 0.05$）（图 9-9a）。

与土壤微生物群落 PLFA 丰富度相同，不同林分土壤微生物群落 PLFA Shannon-Weiner 指数也是以桉树纯林的最低（3.16），其余 3 种混交林土壤微生物群落 PLFA Shannon-Weiner 指数完全相同，均为 3.19。方差分析表明，桉树纯林土壤微生物群落 PLFA Shannon-Weiner 指数显著低于 3 种混交林（$p < 0.05$），而 3 种混交林之间无显著差异（$p > 0.05$）（图 9-9b）。

不同林分土壤微生物群落 PLFA Pielou 均匀度指数十分相近，变化于 0.840～0.842 之间。方差分析表明，4 种林分土壤微生物群落 PLFA Pielou 均匀度指数均无显著差异（$p > 0.05$）（图 9-9c）。

不同林分土壤微生物群落 PLFA Simpson 指数变化于 0.939～0.942，以桉树纯林的最低（0.939），其余 3 种混交林土壤微生物群落 PLFA Simpson 指数相近，变化于 0.941～0.942。方差分析表明，桉树纯林土壤微生物群落 PLFA Simpson 指数显著低于 3 种混交林（$p < 0.05$），而 3 种混交林之间无显著差异（$p > 0.05$）（图 9-9d）。

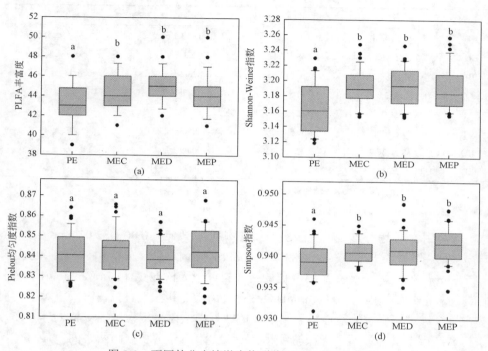

图 9-9　不同林分土壤微生物群落 PLFA 多样性指数

PE：桉树纯林；MEC：桉树×红锥混交林；MED：桉树×降香黄檀混交林；MEP：桉树×望天树混交林

9.4.5　土壤微生物功能

表 9-7 是不同林分土壤酶活性。从图 9-7 可以看出，不同林分土壤α-葡萄糖苷酶（AG）活性变化于 33.98～39.43 nmol/(h·g)，以桉树×降香黄檀混交林最高，为 39.43 nmol/(h·g)，其次是桉树×红锥混交林［38.30 nmol/(h·g)］和桉树×望天树混交林［37.75 nmol/(h·g)］，桉树纯林的最低，仅为 33.98 nmol/(h·g)。方差分析表明，桉树纯林土壤α-葡萄糖苷酶活性显著低于桉树×降香黄檀混交林（$p < 0.05$），其余林分两两之间无显著差异（$p > 0.05$）（表 9-7）。

不同林分土壤β-葡萄糖苷酶（BG）活性变化于 79.90～87.49 nmol/(h·g)，以桉树×红锥混交林［87.49 nmol/(h·g)］最高，桉树×降香黄檀混交林次之，为 81.21 nmol/(h·g)，居第三位的是桉树×望天树混交林［80.76 nmol/(h·g)］，桉树纯林的最低，仅为 79.90 nmol/(h·g)。方差分析表明，桉树×红锥混交林土壤β-葡萄糖苷酶活性显著高于桉树×降香黄檀混交林、桉树×望天树混交林和桉树纯林（$p<0.05$），其余林分两两之间无显著差异（$p>0.05$）（表 9-7）。

表 9-7　不同林分土壤酶活性　　　　　　　　　　　[单位：nmol/(h·g)]

酶	桉树纯林	桉树×红锥混交林	桉树×降香黄檀混交林	桉树×望天树混交林
AG	33.98±10.88[a]	38.30±10.71[ab]	39.43±6.10[b]	37.75±5.90[ab]
BG	79.90±9.92[a]	87.49±7.47[b]	81.21±11.46[a]	80.76±12.11[a]
CBH	70.00±10.80[a]	77.33±10.45[bc]	82.02±8.50[c]	74.02±10.45[ab]
NAG	87.91±12.84[a]	99.82±7.79[c]	104.78±7.12[d]	94.78±8.16[b]
LAP	9.08±1.92[a]	12.42±3.26[b]	13.06±3.53[b]	10.24±2.52[a]
ACP	235.57±17.83[a]	248.18±18.18[b]	263.15±22.38[c]	257.05±35.49[bc]
PHO	1132.88±137.43[a]	1415.32±224.48[b]	1490.09±264.44[b]	1488.60±262.86[b]
PEO	14111.02±2186.27[a]	17880.40±2942.75[b]	22591.78±3571.10[c]	18777.08±2083.23[b]

注：AG，α-葡萄糖苷酶；BG，β-葡萄糖苷酶；CBH，纤维二糖水解酶；NAG，β-1,4-N-乙酰葡萄糖胺糖苷酶；LAP，亮氨酸氨基肽酶；ACP，酸性磷酸酶；PHO，酚氧化酶；PEO，过氧化物酶

不同林分土壤纤维二糖水解酶（CBH）活性变化于 70.00～82.02 nmol/(h·g)，以桉树×降香黄檀混交林 [82.02 nmol/(h·g)] 最高，桉树×红锥混交林 [77.33 nmol/(h·g)] 次之，居第三位的是桉树×望天树混交林 [74.02nmol/(h·g)]，桉树纯林的最低，仅为 70.00 nmol/（h·g）。方差分析表明，桉树×降香黄檀混交林土壤纤维二糖水解酶活性显著高于桉树纯林和桉树×望天树混交林（$p<0.05$），桉树×红锥混交林显著高于桉树纯林（$p<0.05$），其余林分两两之间无显著差异（$p>0.05$）（表 9-7）。

不同林分土壤β-1,4-N-乙酰葡糖胺糖苷酶（NAG）活性变化于 87.91～104.78 nmol/(h·g)，以桉树×降香黄檀混交林 [104.78 nmol/(h·g)] 最高，其次是桉树×红锥混交林 [99.82 nmol/(h·g)] 和桉树×望天树混交林 [94.78 nmol/(h·g)]，桉树纯林的最低 [87.91 nmol/(h·g)]。方差分析表明，桉树×降香黄檀混交林土壤β-1,4-N-乙酰葡糖胺糖苷酶活性显著高于桉树纯林、桉树×红锥混交林和桉树×望天树混交林（$p<0.05$），桉树×红锥混交林显著高于桉树纯林和桉树×望天树混交林，桉树×望天树混交林显著高于桉树纯林（$p<0.05$）（表 9-7）。

不同林分土壤亮氨酸氨基肽酶（LAP）活性变化于 9.08～13.06 nmol/(h·g)，也是以桉树×降香黄檀混交林 [13.06 nmol/(h·g)] 最高，其次是桉树×红锥混交林 [12.42 nmol/(h·g)] 和桉树×望天树混交林 [10.24 nmol/(h·g)]，桉树纯林的最低 [9.08 nmol/(h·g)]。方差分析表明，桉树×降香黄檀混交林和桉树×红锥混交林土壤亮氨酸氨基肽酶活性显著高于桉树纯林和桉树×望天树混交林（$p<0.05$），前两者之间和后两者之间均无显著差异（$p>0.05$）（表 9-7）。

不同林分土壤酸性磷酸酶（ACP）活性变化于 235.57～263.15 nmol/(h·g)，也是以桉树×降香黄檀混交林［263.15 nmol/(h·g)］最高，其次是桉树×望天树混交林［257.05 nmol/(h·g)］和桉树×红锥混交林［248.18 nmol/(h·g)］，桉树纯林的最低［235.57 nmol/(h·g)］。方差分析表明，桉树×降香黄檀混交林土壤酸性磷酸酶活性显著高于桉树纯林和桉树×红锥混交林（$p < 0.05$），与桉树×望天树混交林差异不显著（$p > 0.05$），桉树×望天树混交林显著高于桉树纯林（$p < 0.05$）（表 9-7）。

不同林分土壤酚氧化酶（PHO）活性变化于 1132.88～1490.09 nmol/(h·g)，同样以桉树×降香黄檀混交林［1490.09 nmol/(h·g)］最高，其次是桉树×望天树混交林［1488.60 nmol/(h·g)］和桉树×红锥混交林［1415.32 nmol/(h·g)］，桉树纯林的最低［1132.88 nmol/(h·g)］。方差分析表明，桉树纯林土壤酚氧化酶（PHO）活性显著低于 3 种混交林（$p < 0.05$），而 3 种混交林之间差异不显著（$p > 0.05$）（表 9-7）。

不同林分土壤过氧化物酶（PEO）活性变化于 14111.02～22591.78 nmol/(h·g)，同样以桉树×降香黄檀混交林［22 591.78 nmol/(h·g)］最高，其次是桉树×望天树混交林［18 777.08 nmol/(h·g)］和桉树×红锥混交林［17 880.40 nmol/(h·g)］，桉树纯林的最低［14 111.02 nmol/(h·g)］。方差分析表明，桉树×降香黄檀混交林土壤过氧化物酶活性显著高于其他 3 种林分，桉树×望天树混交林和桉树×红锥混交林显著高于桉树纯林（$p < 0.05$），而桉树×望天树混交林和桉树×红锥混交林之间差异不显著（$p > 0.05$）（表 9-7）。

图 9-10 是不同林分土壤酶化学计量比。由图 9-10 可知，不同林分土壤碳氮酶活性比［ln BG/ln(NAG+LAP)］变化于 0.92～0.96，以桉树纯林（0.96）最高，桉树×降香黄檀混交林（0.92）最低；方差分析表明，桉树×降香黄檀混交林土壤碳氮酶活性比显著低于其余 3 种林分，而 3 种林分之间差异不显著（$p > 0.05$）。

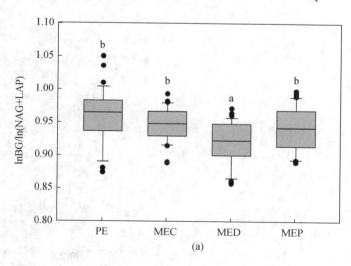

(a)

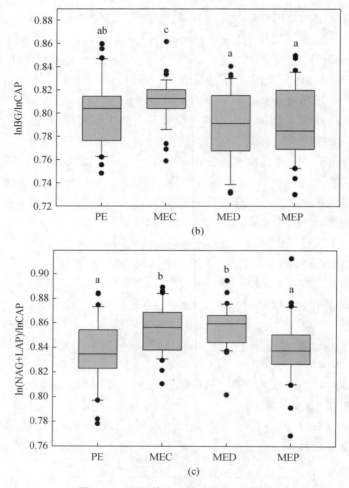

图 9-10　不同林分土壤酶化学计量比

ln BG/ln (NAG+LAP)表示碳氮酶活性比；ln BG/ln(CAP)表示碳磷酶活性比；ln(NAG+LAP)/ln CAP 表示氮磷酶活
性比

PE：桉树纯林；MEC：桉树×红锥混交林；MED：桉树×降香黄檀混交林；MEP：桉树×望天树混交林

　　不同林分土壤碳磷酶活性比（ln BG/ln CAP）变化于 0.79～0.81，以桉树×红
锥混交林桉树林（0.81）最高，桉树×降香黄檀混交林和桉树×望天树混交林较
低，均为 0.79；方差分析表明，桉树×红锥混交林土壤碳磷酶活性比显著高于其
余 3 种林分，而 3 种林分之间差异不显著（$p > 0.05$）（图 9-10）。

　　不同林分土壤氮磷酶活性比［ln(NAG+LAP)/ln CAP］变化于 0.84～0.86，桉
树×红锥混交林桉树林和桉树×降香黄檀混交林均为 0.86，而桉树纯林和桉树×
望天树混交林，均为 0.84。方差分析表明，桉树×红锥混交林桉树林和桉树×降

香黄檀混交林土壤氮磷酶活性比显著高于桉树纯林和桉树×望天树混交林（$p<$ 0.05），而两者之间和后两者之间差异不显著（$p>0.05$）（图 9-10）。

　　表 9-8 是不同林分土壤酶化学计量比与土壤和微生物化学计量比的皮尔森（Pearson）相关分析。从表 9-8 可以看出，土壤碳氮酶活性比与 C/P、N/P 呈极显著正相关（$p<0.01$），与 MBC/MBP 呈显著正相关（$p<0.05$），相反，与土壤 TP 和 MBP 呈极显著负相关（$p<0.01$），与 MBN 呈显著负相关（$p<0.05$）。不同林分土壤碳磷酶活性比与 C/P、N/P 呈显著正相关（$p<0.05$），与其他因素相关不紧密（$p>0.05$）（表 9-8）。不同林分土壤氮磷酶活性比与土壤 TN、MBN、MBP 呈极显著的正相关（$p<0.01$），相反，与 MBC/MBN、MBC/MBP 呈极显著负相关（$p<0.01$），同时，也与 C/N 呈显著负相关（$p<0.05$）（表 9-8）。

表 9-8　不同林分土壤酶化学计量比与土壤和微生物化学计量比的 Pearson 相关分析

土壤因子	ln BG/ln(NAG+LAP)	ln BG/ln(CAP)	ln(NAG+LAP)/ln CAP
SOC	−0.042	0.008	0.063
TN	−0.062	0.117	0.231**
TP	−0.221**	−0.107	0.152
C/N	0.023	−0.105	−0.168*
C/P	0.246**	0.169*	−0.106
N/P	0.234**	0.212*	−0.035
MBC	−0.127	−0.039	0.114
MBN	−0.200*	0.035	0.308**
MBP	−0.226**	0.032	0.335**
MBC/MBN	0.153	−0.044	−0.260**
MBC/MBP	0.164*	−0.056	−0.285**
MBN/MBP	0.040	−0.010	−0.062

*表示 $p<0.05$ 的显著水平；**表示 $p<0.01$ 的显著水平

9.5　土壤质量指数

9.5.1　指标选择

　　本书所考察的土壤物理、化学、生物指标共有 50 项，经单因素方差分析，有 40 项指标在不同林分间差异显著，可用于构建土壤质量评价的最小数据集，其中化学指标 12 项（pH、SOC、TP、TK、AN、AP、AK、DOC、TDN、C/N、C/P、N/P），物理指标 5 项（SWC、SCP、NSCP、TSCP、FWHC），生物指标 23 项（MBC、

MBN、MBP、MBC/MBN、MBC/MBP、MBC/SOC、MBN/TN、MBP/TP、BG、CBH、NAG、LAP、POX、PEO、ACP、碳氮酶活性比、碳磷酶活性比、氮磷酶活性比、细菌 PLFA、革兰氏阳性菌 PLFA、革兰氏阴性菌 PLFA、总 PLFA、真菌细菌比）。

采用主成分分析法对这些因素进行因子分析，以减少参评土壤因子，同时也解决数据冗余的问题。首先，选择特征值≥1 的主成分（PC），特征值≥1 的 PC有 10 个，其累计贡献率为 78.55%（表 9-9），基本上反映了不同林分土壤性状变化的主要影响因素。

表 9-9　土壤属性主成分矩阵、特征值与方差贡献率

土壤质量参数	PC1	PC2	PC3	PC4	PC5	PC6	PC7	PC8	PC9	PC10
SOC	0.40	0.88	−0.09	0.05	−0.01	0.09	−0.05	−0.07	0.04	0.04
TP	0.59	−0.12	−0.55	0.43	−0.19	−0.06	0.02	−0.18	0.03	−0.06
TK	0.41	−0.06	−0.04	−0.21	−0.25	0.19	0.25	−0.25	0.07	−0.03
AN	0.53	−0.07	−0.11	−0.21	0.08	0.02	0.09	0.29	0.22	−0.09
AP	0.28	−0.16	0.08	0.07	−0.33	0.17	0.22	−0.15	0.29	0.28
AK	0.36	−0.08	0.01	−0.09	−0.22	0.33	0.45	−0.13	0.06	0.28
pH	0.71	−0.28	0.18	−0.14	0.09	−0.21	−0.06	0.09	0.12	−0.01
DOC	0.45	0.54	0.21	−0.03	−0.28	−0.24	0.25	−0.11	0.16	0.04
TDN	0.52	0.02	−0.01	−0.22	0.06	−0.01	0.18	0.36	−0.39	0.10
SWC	0.83	−0.28	0.08	0.01	0.16	−0.02	−0.05	0.02	0.09	−0.08
SCP	0.59	−0.18	−0.05	−0.02	−0.05	0.64	0.09	0.16	−0.07	−0.19
NSCP	0.73	−0.33	0.16	0.15	0.20	−0.15	−0.06	−0.16	−0.03	0.10
TSCP	0.71	−0.25	0.00	0.02	0.00	0.53	0.07	0.10	−0.07	−0.14
FWHC	0.14	−0.05	0.10	0.18	0.01	−0.31	0.19	−0.07	−0.58	0.17
MBC	0.59	0.59	−0.08	0.01	0.12	−0.05	−0.05	0.12	0.13	0.06
MBN	0.76	−0.25	0.20	0.01	0.29	−0.04	−0.13	−0.11	0.13	0.23
MBP	0.70	−0.25	0.33	−0.15	0.11	−0.03	0.05	−0.32	−0.09	−0.22
AG	0.42	0.78	0.09	0.06	0.10	0.05	−0.10	−0.04	−0.03	0.16
BG	0.14	0.09	0.54	0.70	0.08	−0.06	0.13	0.21	0.11	0.13
CBH	0.36	0.08	0.10	0.00	−0.07	−0.27	−0.17	0.13	0.30	−0.46
NAG	0.63	−0.10	0.02	−0.23	−0.36	−0.11	−0.30	0.21	−0.02	0.34
LAP	0.53	−0.06	0.24	0.07	−0.28	−0.25	0.06	0.08	0.02	−0.09
POX	0.54	−0.06	−0.01	0.23	−0.15	0.08	0.15	0.30	−0.35	−0.10

续表

土壤质量参数	PC1	PC2	PC3	PC4	PC5	PC6	PC7	PC8	PC9	PC10
PEO	0.65	-0.08	-0.02	-0.02	0.01	0.07	0.12	0.33	0.21	-0.05
ACP	0.30	0.02	-0.45	-0.18	0.40	-0.28	0.41	0.18	0.13	0.21
碳氮酶活性比	-0.38	0.15	0.40	0.67	0.34	0.07	0.28	0.03	0.08	-0.08
碳磷酶活性比	-0.05	0.07	0.69	0.67	-0.14	0.09	-0.09	0.08	0.01	0.00
氮磷酶活性比	0.44	-0.11	0.36	-0.03	-0.63	0.03	-0.48	0.07	-0.10	0.10
C/N	0.11	0.49	-0.39	0.18	0.34	0.35	-0.36	-0.01	-0.06	0.06
C/P	-0.37	0.62	0.49	-0.33	0.17	0.19	-0.06	0.14	0.02	0.07
N/P	-0.42	0.41	0.65	-0.41	0.02	0.03	0.09	0.14	0.04	0.06
MBC/MBN	-0.53	0.57	-0.25	0.01	-0.25	0.00	0.08	0.18	-0.06	-0.21
MBC/MBP	-0.44	0.51	-0.37	0.15	-0.07	-0.03	-0.07	0.40	0.13	0.23
MBC/SOC	-0.22	-0.79	0.10	-0.13	0.06	-0.18	0.10	0.15	-0.03	-0.02
MBN/TN	0.33	-0.66	-0.03	0.07	0.48	0.14	-0.32	-0.03	0.02	0.19
MBP/TP	-0.25	0.00	0.75	-0.50	0.26	0.11	0.03	0.00	-0.05	-0.05
细菌 PLFA	0.55	0.77	0.00	-0.05	0.10	-0.07	0.00	-0.10	-0.08	-0.07
GP PLFA	0.57	0.61	0.06	-0.09	0.08	-0.11	0.07	-0.11	-0.12	-0.12
GN PLFA	0.46	0.80	-0.04	0.00	0.10	-0.02	-0.05	-0.08	-0.03	-0.03
总 PLFA	0.47	0.83	0.02	-0.03	0.06	-0.04	0.00	-0.13	-0.07	-0.04
真菌细菌比	-0.52	0.27	0.10	-0.04	-0.12	0.14	0.05	-0.21	0.10	0.15
特征值	10.16	7.44	3.52	2.59	2.03	1.62	1.45	1.26	1.09	1.04
方差贡献率/%	24.77	18.16	8.59	6.32	4.94	3.94	3.54	3.08	2.67	2.53
累积贡献率/%	24.77	42.93	51.52	57.85	62.79	66.73	70.28	73.35	76.02	78.55

我们进一步对各变量在各个 PC 上的载荷大小进行选取，一般认为各 PC 中载荷大小在最大载荷值 10%之内的初始因子对构成的评价因子具有重要的影响力。同时，为了在相关性较好的组中选择变量，我们对这些变量的相关系数绝对值求和，并假设相关和最高的变量最能代表群体。由此，选出土壤质量评价的最小数据集，包括 SWC、TSCP、CBH、NAG、ACP、碳氮酶活性比、MBC/MBP、MBN/TN、MBP/TP、总 PLFA。

9.5.2　土壤质量指数

研究表明，不同林分的土壤质量指数变化于 0.37～0.52，以桉树×降香黄檀混交林（0.52）最高，其次是桉树×红锥混交林和桉树×望天树混交林，分别是 0.49 和 0.44，桉树纯林的土壤质量指数最低，仅为 0.37。方差分析表明，桉树×

降香黄檀混交林土壤质量指数显著高于桉树×红锥混交林、桉树×望天树混交林和桉树纯林（$p < 0.05$），桉树×红锥混交林显著高于桉树×望天树混交林和桉树纯林（$p < 0.05$），桉树×望天树混交林显著高于桉树纯林（$p < 0.05$）（图 9-11）。表明桉树与珍贵树种混交可以提高林分的土壤质量，尤其以桉树与降香黄檀混交和桉树与红锥混交效果更优。

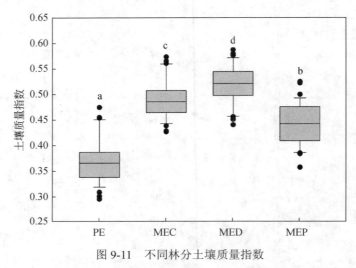

图 9-11　不同林分土壤质量指数

PE：桉树纯林；MEC：桉树×红锥混交林；MED：桉树×降香黄檀混交林；MEP：桉树×望天树混交林

9.6　小　结

本章重点研究和分析了生态营林方式下不同林分土壤物理性质、化学性质、生物性质，以及土壤质量指数的变化规律，结果表明，在土壤物理性质方面，桉树纯林 0～20 cm 土壤的毛管孔隙度、非毛管孔隙度和总孔隙度显著低于 3 种混交林分。桉树纯林 0～20 cm 土壤含水量显著低于 3 种混交林。

在土壤化学性质方面，桉树纯林 0～20 cm 土壤的 pH 显著低于 3 种混交林，3 种混交林中，桉树×降香黄檀混交林显著高于桉树×红锥混交林和桉树×望天树混交林，桉树×红锥混交林显著高于桉树×望天树混交林。桉树×望天树混交林 0～20 cm 土壤有机质含量显著高桉树纯林和桉树×红锥混交林。不同林分同一土层的土壤全氮、全磷和全钾含量存在明显变化。在 0～20 cm 土层，桉树×降香黄檀混交林的全氮显著高于桉树纯林，与桉树×红锥混交林、桉树×望天树混交林之间差异不显著，桉树×红锥混交林与桉树×望天树混交林之间差异也不显著；土壤全磷和全钾含量均表现为桉树纯林显著低于 3 种混交林，而 3 种混交林之间差异不显著。不同林分间同一土层的土壤有效氮、速效磷和速效钾含量也存在明显变化。在 0～20 cm 土层，桉树纯林的有效氮含量显著低于 3 种混交林，桉树×降香黄檀混交林的有效氮显著高于桉树×红锥混交林和桉树×望天树混交林；土壤速效磷表现为桉树纯林显著低于桉树×降香黄檀混交林和桉树×红锥混交林；土壤速效钾为桉树纯林显著低于 3 种混交林，3 种混交林之间差异不显著。

　　在土壤生物性质方面，桉树纯林土壤微生物生物量碳含量显著低于 3 种混交林，桉树×降香黄檀混交林的土壤微生物生物量碳还显著高于桉树×红锥混交林。桉树×红锥混交林和桉树×降香黄檀混交林土壤微生物生物量氮显著高于桉树纯林和桉树×望天树混交林。桉树纯林土壤微生物生物量磷含量显著低于 3 种混交林，桉树×红锥混交林和桉树×降香黄檀混交林还显著高于桉树×望天树混交林。不同林分土壤微生物总 PLFA 含量存在显著差异。桉树纯林土壤微生物总 PLFA 含量、细菌 PLFA 显著低于 3 种混交林，而 3 种混交林之间差异不显著。桉树纯林土壤丛枝菌根真菌 PLFA 含量显著低于桉树×红锥混交林和桉树×降香黄檀混交林。4 种林分土壤真菌 PLFA 含量、土壤放线菌 PLFA 含量无显著差异。桉树纯林土壤真菌细菌比显著高于 3 种混交林，而 3 种混交林之间差异不显著。在土壤微生物群落结构中，桉树纯林土壤微生物群落革兰氏阳性菌（GP）PLFA 相对丰度显著低于桉树×红锥混交林和桉树×降香黄檀混交林；桉树×望天树混交林土壤微生物群落革兰氏阴性菌（GN）PLFA 相对丰度显著高于桉树纯林和桉树×红锥混交林；桉树纯林土壤微生物群落真菌 PLFA 相对丰度、放线菌 PLFA 相对丰度显著高于 3 种混交林，3 种混交林之间差异不显著；4 种林分土壤微生物群落丛枝菌根真菌 PLFA 相对丰度无显著差异。桉树纯林土壤α-葡萄糖苷酶活性显著低于桉树×降香黄檀混交林；桉树×红锥混交林土壤β-葡萄糖苷酶活性显著高于桉树×降香黄檀混交林、桉树×望天树混交林和桉树纯林；桉树×降香黄檀混交林土壤纤维二糖水解酶活性显著高于桉树纯林和桉树×望天树混交林，桉树×红锥混交林显著高于桉树纯林；桉树×降香黄檀混交林土壤β-1, 4-N-乙酰葡糖胺糖苷酶活性显著高于桉树纯林、桉树×红锥混交林和桉树×望天树混交林，桉树×红锥混交林显著高于桉树纯林和桉树×望天树混交林，桉树×望天树混交林显著高于桉树纯林；桉树×降香黄檀混交林和桉树×红锥混交林土壤亮氨酸氨基肽酶活性显著高于桉树纯林和桉树×望天树混交林；桉树×降香黄檀混交林土壤酸性磷酸酶活性显著高于桉树纯林和桉树×红锥混交林，桉树×望天树混交林显著高于桉树纯林；桉树纯林土壤酚氧化酶活性显著低于 3 种混交林，而 3 种混交林之间差异不显著；桉树×降香黄檀混交林土壤过氧化物酶活性显著高于其他 3 种林分，桉树×望天树混交林和桉树×红锥混交林显著高于桉树纯林；

　　在土壤质量方面，不同林分的土壤质量指数变化于 0.37～0.52，以桉树×降香黄檀混交林（0.52）最高，其次是桉树×红锥混交林和桉树×望天树混交林，分别是 0.49 和 0.44，桉树纯林的土壤质量指数最低，仅为 0.37。方差分析表明，桉树×降香黄檀混交林土壤质量指数显著高于桉树×红锥混交林、桉树×望天树混交林和桉树纯林，桉树×红锥混交林显著高于桉树×望天树混交林和桉树纯林，桉树×望天树混交林显著高于桉树纯林。表明桉树与珍贵树种混交可以提高林分的土壤质量，尤其以桉树与降香黄檀混交和桉树与红锥混交效果更优。

第 10 章　生态营林方式下不同林分的经济效益

经济效益是衡量和评价一切经济活动的有效尺度和客观标准，了解不同经营周期、不同营林方式下林分的经济效益，对于科学评价经营效果和合理的确定轮伐期（经营周期）具有重要的意义。

人工林的经济效益受到诸多因素的影响，最主要的是经营树种、密度、营林方式、培育措施及经营周期等。树种是人工林经营的主体，树种的生长特性、干形特征、经济价值等影响着人工林的收入期、投资回报率和收益率。林分密度影响林分结构，从而影响林分个体和群落的生长、木材规格和经济效益（洪长福，2008）。整地的目的是提供能获得较高成活率和生长率的土壤条件，从而提高林分的生产力。一般而言，整地的投入越大，生长量越高，投入越小生长量越低，但最终的利润则不与蓄积量的大小完全成正比（李志辉等，2000；黄和亮等，2007；莫晓勇，2007）。营林方式对人工林的经济效益有重大影响。桉树现行的高强度干扰、高投入和高污染的营林方式，并不一定能获得长期的高产量和高效益（温远光等，2019）。经营周期是森林培育过程中培育符合目的林木的生产周期，它影响着森林培育的全过程，确定合理轮伐期是森林经营的首要任务（Peng et al.，2002）。本章重点分析树种、经营周期和营林方式对人工林经济效益的影响，科学评价不同经营周期、不同营林方式林分的经济作用规律，为桉树人工林经营方式、经营周期的科学决策提供理论依据。

10.1　人工林经济效益研究概况

10.1.1　国外研究概况

国外有关人工林经济效益研究已有许多报道。学者们多采用净现值（net present value，NPV）及内部收益率（internal rate of return，IRR）这两个经济指标分析人工林的经济效益（Sedjo，1884；Whittock et al.，2004；Guedes et al.，2011；Nghiem，2014）。净现值为逐年收益值总和与逐年开支现值的差值。净现值为正值，表明有利润；如为负值，则说明投资所得收益将不足以偿还成本。内部收益率为资金流入现值总额与资金流出现值总额相等、净现值为零时的折现率，是一项投资渴望达到的报酬率，其值越大投资回报越高。Sedjo（1984）采用人工林模拟模型的方法对全球热带及南半球 12 个地区的工业纸浆用材林的经济收益进行定量分析，发现以净现值和内部收益率计算的结果都说明，南半球人工林具有可观的经济效益。Whittock 等（2004）通过构建贴现现金流模型（discounted cash flow model），采用净现值法比较萌芽及植苗更新的二代蓝桉（*Eucalyptus globulus*）纸浆人工林的经济效益，发现萌芽更新林分因投资成本更低而具有较高利润，但萌芽更新林分易遭受病虫害而导致经济损失。Venn（2005）应用昆士兰硬木种植园的金融和经济模型，该经济模型考虑了硬木人工林的固碳、盐度改善等生态系统服务价值。他的分析表明，尽管木材生产的财政收益可能为负，但在大多数硬木地区，长周期硬木人工林的社会经济效益是合理的。Piotto 等（2010）分析了在潮湿的哥斯达黎加退化的牧场上，营造原生树种纯林和混交人工林的经济效益，结果发现，混交林在经济上优于纯林，净现值为 1124～8155 美元/hm^2，内部收益率为 7.7%～15.6%，这取决于物种的混合。Guedes 等（2011）采用净现值法对巴西米纳斯吉拉斯北部植苗及萌芽更新桉树人工林的经济效益分析，也发现即使萌芽更新桉树人工林产量仅为一代林的 70%，其经济效益仍然是最高的，但在考虑病虫害风险时，植苗更新的经济效益最优化。Nghiem（2014）以鸟类种群密度为生物多样性指标，构建基于林分尺度的包含木材销售收入及碳固持收益的净现值最大化模型，提出越南安沛省（Yên Bái Province）尾叶桉（*Eucalyptus urophylla*）人工林生物多样性保护及碳固持最佳轮伐期为 8～10.9 年。

10.1.2　国内研究概况

国内对人工林的经济效益研究相当普遍，对中国主要造林树种林分的经济效益都有分析，其中研究最多的是桉树、马尾松、杉木和杨树（丁贵杰等，1994；陆钊华等，2004；黄和亮和林迎星，2002；黄和亮等，2007；陈少雄等，2008；施福军等，2019；卢婵江等，2018b；Zhou et al.，2017），研究内容主要集中在树种、栽培密度、培育措施、间伐强度、轮伐期、更新方式等对林分经济效益的影响方面。

杨曾奖等（2004）研究了 4 种整地方式［穴垦整地（对照）、穴垦+扩穴抚育、人工带垦、机耕整地］对桉树生长量和经济效益的影响，结果表明，4 年生时，桉树的生长量和经济效益均随整地质量的提高而增加，穴垦+扩穴抚育、人工带垦、机耕整地的树高生长分别为对照的 106.7%、118.3% 和 147.5%；胸径生长分别为 110.3%、127.7% 和 152.9%；蓄积量分别为 127.3%、198.4% 和 350.9%；经济产出分别是对照的 127.3%、198.4% 和 350.9%。研究认为，整地规格越高，林分的蓄积量越大。并指出有条件的地方尽可能地进行机耕整地，可适当加大整地规格，以提高桉树林分的生产力及其经济效益（杨曾奖等，2004）。陈少雄等（2008）对广西东门林场不同造林密度桉树人工林的经济效益进行分析，发现密度为 2222 株/hm²、1667 株/hm²、1250 株/hm²、883 株/hm² 和 667 株/hm² 的轮伐期分别为 6 年、7 年、7 年、7 年和 8 年时的净现值分别是 17 661 元/hm²、18 457 元/hm²、22 257 元/hm²、24 755 元/hm² 和 24 007 元/hm²，内部收益率分别为 56%、50%、55%、58% 和 51%；造林密度为 883 株/hm²，轮伐期为 7 年具有最高的净现值和内部收益率。黄和亮等（2007）运用经济效果评价动态分析法的净现值指标、内部收益率指标，对福建永安林业集团投资经营的巨尾桉工业原料林进行研究，结果显示，巨尾桉工业原料林最佳经济轮伐期为 7 年，净现值达到 5718.50 元/hm²，内部收益率达到 18.09%，具有较好的经济效益。该研究还对桉树工业原料林的投资风险进行分析，认为影响桉树工业原料林经济效益最敏感的因子为木材价格和采伐成本，木材价格下降 10%，内部收益率降低 31.09%；采伐成本增加 10%，内部收益率下降 14.93%。认为桉树工业原料林的投资风险较高（黄和亮等，2007）。最近，Zhou 等（2017）对植苗及萌芽更新二代尾巨桉人工林的经济效益分析，发现二代植苗林因林分蓄积量显著高于萌芽更新林且具有最高的净现值，但萌芽更新林经营成本较低而具有最高的内部收益率，考虑萌芽更新林因干扰程度低有利于林下植被的恢复，建议萌芽更新林经营采用保留 2 条萌芽条的方式，以在兼顾生物多样性保护的同时获取更高利润。卢婵江等（2018b）对巨尾桉不同轮伐期林分的研究表明，随着轮伐期的延长，巨尾桉人工林的蓄积量持续增长，7 年、13 年、21 年轮伐期的蓄积量分别为 144.95 m³/hm²、346.97 m³/hm²、553.69 m³/hm²。随着轮伐期的延长，巨尾桉人工林净现值不断增加，在 12 年时达到最高值（30 297.61 元/hm²），之后逐渐降低，7 年、21 年轮伐期的净现值分别为 17 239.86 元/hm²、22 008.59 元/hm²。内部收益率在 13 年开始趋近峰值（53.32%），明显高于 7 年时的 39.29%。认为在南亚热带，巨尾桉人工林的轮伐期确定在 13 年左右较为适宜，既可实现经济效益最大化，又可大幅提升林分蓄积量（卢婵江等，2018b）。施福军等（2019）通过树干解析法和净现值法对桂南地区 15 年生桉树人工林生长规律和经济效益进行了研究，结果表明，15 年生桉树人工林平均胸径、树高和材积分别达到 25.40 cm（去皮）、29.7 m 和 0.7321 m³/株；林分累计净现值为 97 808.4 元/hm²，内部收益率为 18.44%，年均利润为 18 474.15 元/hm²，年均利润率为 33.66%。

10.2　林分成本和收益

10.2.1　营林成本

营林成本主要包括：炼山、整地、挖坎、种植、苗木、基肥、追肥、除草和地租等。生态营林桉树纯林林分密度为 1333 株/hm²，混交林中桉树 1333 株/hm²、珍贵树种 334 株/hm²。传统营林林分密度为 1667 株/hm²。苗木桉树按 1.2 元/株、珍贵树种 2.0 元/株计。基肥施 250 g/株，追肥施 500 g/株。不同经营方式的营林成本分别是：生态营林（纯林）13 655 元/hm²，生态营林（混交林）15 543 元/hm²，传统营林为 26 000 元/hm²（表 10-1）。生态营林（纯林）和生态营林（混交林）成本分别比传统营林减少 47.48% 和 40.22%。

表 10-1　不同经营方式桉树人工林的营林成本　　　　　（单位：元/hm²）

时间/年	项目	生态营林（纯林）	生态营林（混交林）	传统营林
1	炼山	0	0	600
	整地	600	600	600
	挖穴种植	2 000	2 500	2 500
	基肥	930	1 200	1 200
	苗木	1 600	2 268	2 000
	追肥	1 800	2 250	2 250
	除草	1 125	1 125	2 250
	地租	800	800	800
2	地租	800	800	800
	追肥	0	0	2250
	除草	0	0	2250
3	地租	800	800	800
	追肥	0	0	2250
	除草	0	0	2250
4	地租	800	800	800
5	地租	800	800	800
6	地租	800	800	800
7	地租	800	800	800
合计		13 655	15 543	26 000

10.2.2　营林收益

若在第 3 年采伐，第 3 年出材率按 45%、桉树木材按 600 元/m³；第 4 年出材率按 60%、桉树木材按 600 元/m³；第 5 年出材率按 70%、桉树木材按 800 元/m³；第 6、7 年出材率均按 75%、桉树木材按 800 元/m³ 计算。不同林分采伐后销售额减去采伐成本（50 元/m³）、运输成本（20 元/m³）、税费（50 元/m³）后的销售收入见图 10-1。

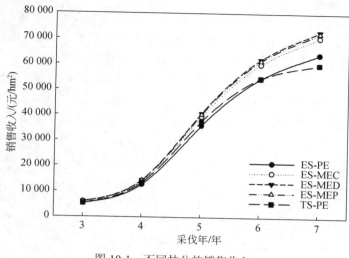

图 10-1　不同林分的销售收入

ES-PE：生态营林中桉树纯林；ES-MEC：桉树×红锥混交林；ES-MED：桉树×降香黄檀混交林；ES-MEP：

桉树×望天树混交林；TS-PE：传统营林中桉树纯林

由表 10-2 可以看出，若在第 3 年开始采伐，传统营林中桉树纯林的销售收入为 5077.25 元/hm²，生态营林的销售收入为 5182.17~5882.38 元/hm²，其中，桉树纯林的销售收入为 5182.17 元/hm²，桉树×红锥混交林、桉树×降香黄檀混交林和桉树×望天树混交林分别是 5691.08 元/hm²、5882.38 元/hm² 和 5826.04 元/hm²。方差分析表明，桉树×降香黄檀混交林和桉树×望天树混交林第 3 年的销售收入显著高于传统营林中桉树纯林和生态营林中的桉树纯林（$p < 0.05$），与桉树×红锥混交林的销售收入差异不显著（$p > 0.05$）。在第 3 年，无论是传统营林还是生态营林中的桉树纯林，销售收入均无显著差异。

和第 3 年采伐的情形相似，方差分析表明，若第 4 年或第 5 年采伐，桉树×降香黄檀混交林和桉树×望天树混交林的销售收入显著高于传统营林中桉树纯林和生态营林中的桉树纯林（$p < 0.05$），与桉树×红锥混交林的销售收入差异不显著（$p > 0.05$）。在第 4 年或第 5 年，无论是传统营林还是生态营林中的桉树纯林，销售收入均无显著差异（$p > 0.05$）。不同的是，第 4 年和第 5 年，不同林分的销售收入都明显增加，第 4 年变化于 12190.40~14254.17 元/hm²，第 5 年相应为 34145.47~40602.06 元/hm²，第 4 年比第 3 年提高 140.10%~142.32%，第 5 年比第 4 年提高 180.10%~184.84%。第 6 年采伐，不同林分的销售收入为 51443.20~61974.41 元/hm²，方差分析表明，生态营林中的混交林分显著高于传统营林和生态营林中的桉树纯林林分（$p < 0.05$）。第 7 年采伐，不同林分销售收入的大小顺序为桉树×降香黄檀混交林（72 911.07 元/hm²）>桉树×望天树混交林

（72 212.80 元/hm^2）＞桉树×红锥混交林（70 540.00 元/hm^2）＞生态营林中桉树纯林（63 919.87 元 hm^2）＞传统营林中桉树纯林（56 587.52 元/hm^2）。方差分析表明，生态营林中的混交林销售收入显著高于传统营林中桉树纯林（$p<0.05$），生态营林中桉树纯林与传统营林中桉树纯林之间无显著差异（$p>0.05$），生态营林中的 3 种混交林销售收入也无显著差异（$p>0.05$）（表 10-2）。

不同林分的营林净收入见表 10-3。由表 10-3 可以看出，若在第 3 年和第 4 年采伐，营林净收入为负值。若第 5 年、第 6 年和第 7 年采伐，营林净收入均为正值。若以第 7 年采伐为例，不同林分的营林净收入为 37379.36～57368.07 元/hm^2，以桉树×降香黄檀混交林（57 368.07 元/hm^2）最高，传统营林中桉树纯林（37 379.36 元/hm^2）最低。方差分析表明，第 5 年至第 7 年，生态营林林分的净收入均显著高于传统营林中桉树纯林（$p<0.05$），4 种生态营林林分之间无显著差异（$p>0.05$）（表 10-3）。图 10-2 更直观地反映了这种差异。

表 10-2　不同林分的销售收入　　　　　　　　　（单位：元/hm^2）

林分	第 3 年	第 4 年	第 5 年	第 6 年	第 7 年
ES-PE	5182.17± 1144.27^a	12557.43± 2772.79^a	35769.00± 7898.12^a	54331.89± 11954.29^a	63919.87± 14063.88^{ab}
ES-MEC	5691.08± 967.06^{ab}	13790.62± 2343.37^{ab}	39281.68± 6674.93^{ab}	59959.00± 10188.52^b	70540.00± 11986.50^b
ES-MED	5882.38± 1191.98^b	14254.17± 2888.41^b	40602.06± 8227.46^b	61974.41± 12558.27^b	72911.07± 14774.44^b
ES-MEP	5826.04± 1162.03^b	14117.66± 2815.84^b	40213.22± 8020.73^b	61380.88± 12242.73^b	72212.80± 14403.22^b
TS-PE	5077.25± 141.56^a	12190.40± 202.15^a	34145.47± 907.83^a	51443.20± 4546.65^a	56587.52± 5001.32^a

注：ES-PE，生态营林中桉树纯林；ES-MEC，桉树×红锥混交林；ES-MED，桉树×降香黄檀混交林；ES-MEP，桉树×望天树混交林；TS-PE，传统营林中桉树纯林

表 10-3　不同林分的营林净收入　　　　　　　　　（单位：元/hm^2）

林分	第 3 年	第 4 年	第 5 年	第 6 年	第 7 年
ES-PE	−8472.83± 1144.27^c	−1097.57± 2772.79^b	22114.00± 7898.12^b	40676.89± 11954.29^b	50264.87± 14063.88^b
ES-MEC	−9851.92± 967.06^b	−1752.38± 2343.37^b	23738.68± 6674.93^b	44416.00± 10188.52^b	54997.00± 11986.50^b
ES-MED	−9660.62± 1191.98^b	−1288.83± 2888.41^b	25059.06± 8227.46^b	46431.41± 12558.27^b	57368.07± 14774.44^b
ES-MEP	−9716.96± 1162.03^b	−1425.34± 2815.84^b	24670.22± 8020.73^b	45837.88± 12242.73^b	56669.80± 14403.22^b
TS-PE	−20679.75± 187.23^a	−12072.40± 1742.49^a	13459.93± 4983.09^a	31617.60± 3423.88^a	37379.36± 3766.27^a

注：ES-PE，生态营林中桉树纯林；ES-MEC，桉树×红锥混交林；ES-MED，桉树×降香黄檀混交林；ES-MEP，桉树×望天树混交林；TS-PE，传统营林中桉树纯林

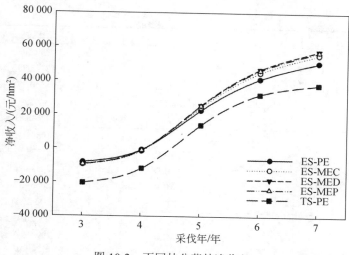

图 10-2　不同林分营林净收入

ES-PE：生态营林中桉树纯林；ES-MEC：桉树×红锥混交林；ES-MED：桉树×降香黄檀混交林；ES-MEP：
桉树×望天树混交林；TS-PE：传统营林中桉树纯林

10.3　林分净现值和内部收益率

10.3.1　净现值

　　不同林分的净现值见表 10-4。由表 10-4 可以看出，若在第 3 年开始采伐，传统营林中桉树纯林经营的净现值为负值，而 4 种生态营林经营均为正值。第 4 年之后采伐，所有林分的净现值均为正值。若以第 7 年采伐为例，不同林分的净现值为 25235.44～32619.38 元/hm^2，以桉树×降香黄檀混交林（32 619.38 元/hm^2）最高，传统桉树纯林（25 235.44 元/hm^2）最低。方差分析表明，生态营林中的混交林分的净现值显著高于传统营林中桉树纯林（$p < 0.05$），3 种混交林之间无显著差异（$p > 0.05$），生态营林中桉树纯林与传统营林中桉树纯林无显著差异（表 10-4）。图 10-3 更直观地反映了这种差异。

表 10-4　不同林分的净现值

采伐年	林分	净现值/（元/hm^2）
	ES-PE	3119.14±814.47[b]
	ES-MEC	3481.38±688.33[b]
第 3 年	ES-MED	3617.54±848.43[b]
	ES-MEP	3577.44±827.11[b]
	TS-PE	−158.55±100.76[a]

采伐年	林分	净现值/（元/hm²）
第 4 年	ES-PE	7472.06±1762.16[a]
	ES-MEC	8255.78±1489.25[b]
	ES-MED	8550.37±1835.64[b]
	ES-MEP	8463.61±1789.52[b]
	TS-PE	7238.81±128.47[a]
第 5 年	ES-PE	19842.35±4481.61[a]
	ES-MEC	21835.54±3787.54[b]
	ES-MED	22584.76±4668.48[b]
	ES-MEP	22364.12±4551.18[b]
	TS-PE	18921.11±515.13[a]
第 6 年	ES-PE	27120.92±6056.42[a]
	ES-MEC	29971.79±5161.82[ab]
	ES-MED	30992.86±6362.41[b]
	ES-MEP	30692.16±6202.55[b]
	TS-PE	25657.42±2303.47[a]
第 7 年	ES-PE	28552.22±6361.78[ab]
	ES-MEC	31546.83±5422.08[b]
	ES-MED	32619.38±6683.20[b]
	ES-MEP	32303.52±6515.28[b]
	TS-PE	25235.44±2262.34[a]

注：ES-PE，生态营林中桉树纯林；ES-MEC，桉树×红锥混交林；ES-MED，桉树×降香黄檀混交林；ES-MEP，桉树×望天树混交林；TS-PE，传统营林中桉树纯林

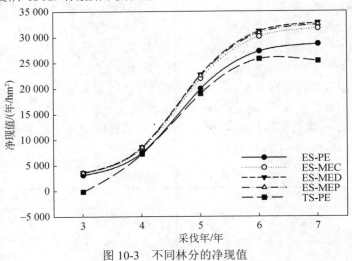

图 10-3　不同林分的净现值

ES-PE：生态营林中桉树纯林；ES-MEC：桉树×红锥混交林；ES-MED：桉树×降香黄檀混交林；ES-MEP：桉树×望天树混交林；TS-PE：传统营林中桉树纯林

10.3.2　内部收益率

不同林分的内部收益率存在明显差异。从表 10-5 和图 10-4 可知，到第 5 年不同林分的内部收益率均为负值，第 6 年时传统营林中桉树纯林的收益率仍为负值，到第 7 年所有林分的内部收益率均为正值，传统营林中桉树纯林内部收益率仅为 6.83%，而生态营林林分的内部收益率为 33.32%～34.48%。方差分析表明，生态营林林分的内部收益率均显著高于传统营林林分（$p < 0.05$），生态营林林分间无显著差异（$p > 0.05$）。表明生态营林可以获得更高的经济效益。

表 10-5　不同林分的内部收益率　　　　　　　　（单位：%）

林分	第 5 年	第 6 年	第 7 年
ES-PE	-3.10 ± 14.89^{b}	22.65 ± 11.63^{b}	34.28 ± 10.14^{b}
ES-MEC	-5.48 ± 12.86^{b}	21.60 ± 9.10^{b}	33.32 ± 7.92^{b}
ES-MED	-3.88 ± 14.67^{b}	22.88 ± 10.53^{b}	34.48 ± 9.20^{b}
ES-MEP	-2.01 ± 11.40^{b}	22.23 ± 11.55^{b}	33.94 ± 9.94^{b}
TS-PE	-49.08 ± 9.40^{a}	-8.23 ± 5.03^{a}	6.83 ± 3.78^{a}

注：ES-PE，生态营林中桉树纯林；ES-MEC，桉树×红锥混交林；ES-MED，桉树×降香黄檀混交林；ES-MEP，桉树×望天树混交林；TS-PE，传统营林中桉树纯林

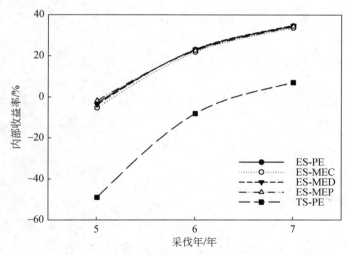

图 10-4　不同林分的内部收益率

ES-PE：生态营林中桉树纯林；ES-MEC：桉树×红锥混交林；ES-MED：桉树×降香黄檀混交林；ES-MEP：桉树×望天树混交林；TS-PE：传统营林中桉树纯林

10.4　小　　结

　　本章重点分析了桉树生态营林与传统营林林分的营林成本、净现值和内部收益率。结果显示出，生态营林可以显著降低营林成本，显著提高林分的净现值和内部收益率。经营 7 年的林分，生态营林比传统营林的成本减少 40.22%～47.48%，净现值提高 13.14%～29.26%，内部收益率提高 3.88～4.05 倍。研究表明，采取珍贵树种与桉树混交的生态营林方式可以获得最佳的经济效益。

参 考 文 献

白永飞, 陈佐忠, 2000. 锡林河流域羊草草原植物种群和功能群的长期变异性及其对群落稳定性的影响[J]. 植物生态学报,(6): 641-647.

鲍士旦, 2000. 土壤农化分析[M]. 北京: 中国农业出版社.

布拉沃, 勒迈, 扬德尔, 等, 2013. 气候变化挑战下的森林生态系统经营管理[M]. 王小平, 杨晓军, 刘晶岚, 等, 译. 北京: 高等教育出版社.

曹祺文, 卫晓梅, 吴健生, 2016. 生态系统服务权衡与协同研究进展[J]. 生态学杂志, 35(11): 3102-3111.

陈北光, 苏国庆, 赵贵, 等, 1995. 两种桉树人工林地上部分生物量和生产力[M]//曾天勋.雷州短轮伐期桉树生态系统研究. 北京: 中国林业出版社: 58-65.

陈楚莹, 廖利平, 江思龙, 2000. 杉木人工林生态学[M]. 北京: 科学出版社.

陈启瑺, 1993. 青冈林生产力研究[M]. 杭州: 杭州大学出版社.

陈少雄, 李志辉, 李天会, 等, 2008. 不同初植密度的桉树人工林经济效益分析[J]. 林业科学研究, (1): 1-6.

陈婷, 温远光, 孙永萍, 等, 2005. 连栽桉树人工林生物量和生产力的初步研究[J]. 广西林业科学, 34(1): 8-12.

陈远生, 1980. 桉树造林密度与林木生长[J]. 广东林业科技, (1): 7-11.

陈章和, 王伯荪, 张宏达, 1996. 南亚热带常绿阔叶林的生产力[M]. 广州: 广东高等教育出版社.

储诚进, 王酉石, 刘宇, 等, 2017. 物种共存理论研究进展[J]. 生物多样性, 25(4): 345-354.

丁宝永, 陈伟祥, 陈大我, 等, 1990. 森林边缘效应理论及其效应的初步研究[J]. 东北林业大学学报, (S3): 13-26.

丁贵杰, 严仁发, 齐新民, 1994. 不同种源马尾松造林效果及经济效益对比分析[J]. 林业科学, 30 (6): 506-511.

范少辉, 马祥庆, 傅瑞树, 等, 2001. 不同栽植代数杉木林林下植被发育的比较研究[J]. 林业科学研究, 14(1): 8-16.

方海波, 田大伦, 康文星, 1998. 杉木人工林间伐后林下植被养分动态的研究 II 土壤营养元素含量的变化与植物的富集系数[J]. 中南林学院学报, 18(3): 92-95.

方精云, 2000. 中国森林生产力及其对全球气候变化的响应[J]. 植物生态学报, 24(5): 513-517.

方精云, 陈安平, 2001. 中国森林植被碳库的动态变化及其意义[J]. 植物学报, 43(9): 967-973.

方精云, 刘国华, 徐嵩龄, 1996. 我国森林植被的生物量和净生产量[J]. 生态学报, 16(5):

497-508.

方奇, 1987. 杉木连栽对土壤肥力及其林木生长的影响[J]. 林业科学, 23(4): 389-397.

冯宗炜, 王效科, 1999. 中国森林生态系统的生物量和生产力[M]. 北京: 科学出版社.

冯宗炜, 陈楚莹, 王开平, 1980. 我国亚热带湖南桃源杉木人工林生态系统生物量的研究[C]//中国科学院林业土壤研究所. 杉木人工林生态学研究论文集. 沈阳: 中国科学院林业土壤研究所: 173-180.

冯宗炜, 陈楚莹, 王开平, 等, 1985. 亚热带杉木纯林生态系统中营养元素的积累, 分配和循环的研究[J]. 植物生态学报, 9(4): 245-256.

冯宗炜, 陈楚莹, 张家武, 等, 1984. 不同自然地带杉木林的生物生产力[J]. 植物生态学与地植物学丛刊, 8(2): 93-100.

国家林业局, 2014. 第八次全国森林资源清查结果[J]. 林业资源管理, (1): 1-2.

国家林业局, 2016. 林业发展"十三五"规划[R/OL]. (2016-05-20)[2019-07-20]. http://www.gov.cn/xinwen/2016-05/20/content_5074981. htm.

何志斌, 赵文智, 常学礼, 2014. 荒漠绿洲过渡带植被空间异质性的可塑性面积单元问题[J]. 植物生态学报, (5): 616-622.

洪长福, 2008. 不同密度15年生巨尾桉经济生态效益分析[J]. 福建林学院学报, (1): 36-42.

侯学会, 牛铮, 黄妮, 等, 2012. 广东省桉树碳储量和碳汇价值估算[J]. 东北林业大学学报, 40(8): 13-17.

黄和亮, 林迎星, 2002. 工业人工林经营的核心问题——投资回报率[J]. 林业经济问题, (3): 142-144.

黄和亮, 吴景贤, 许少红, 等, 2007. 桉树工业原料林的投资经济效益与最佳经济轮伐期[J]. 林业科学, 43(6): 128-133.

黄雪蔓, 尤业明, 蓝嘉川, 等, 2016. 不同间伐强度对杉木工林碳储量及其分配的影响[J]. 生态学报, 36(1): 156-163.

黄宇, 冯宗炜, 汪思龙, 等, 2005. 杉木、火力楠纯林及其混交林生态系统C、N贮量[J]. 生态学报, (12): 3146-3154.

黄钰辉, 甘先华, 张卫强, 等, 2017. 南亚热带杉木林皆伐迹地幼龄针阔混交林生态系统碳储量[J]. 生态科学, 36(4): 137-145.

惠刚盈, 赵中华, 2008. 森林可持续经营的方法与现状[J]. 世界林业研究, 21(特刊): 1-8.

惠刚盈, 胡艳波, 徐海, 2007. 结构化森林经营[M]. 北京: 中国林业出版社.

惠特克, 1985. 植物群落分类[M]. 周纪纶, 译. 北京: 科学出版社.

康冰, 刘世荣, 蔡道雄, 等, 2005. 南亚热带人工杉木林灌木层物种组成及主要木本种间联结性[J]. 生态学报, 25(9): 2173-2179.

康冰, 刘世荣, 蔡道雄, 等, 2009. 马尾松人工林林分密度对林下植被及土壤性质的影响[J]. 应用生态学报, 20(10): 2323-2331.

李昌华, 1981. 杉木人工林和阔叶杂木林土壤养分平衡因素差异的初步研究[J]. 土壤学报, (3): 255-261.

李昌华, 冯宗炜, 黄家彬, 等, 1960. 试论杉木快速丰产林的林型湖南会同、贵州锦屏杉木人工林林型研究初报[J]. 林业科学, (3): 240-248.

李朝婷, 周晓果, 温远光, 等, 2019. 桉树高代次连栽对林下植物、土壤肥力和酶活性的影响[J]. 广西科学, 26(2): 176-187.

李崇武, 刘碧云, 2012. 速生桉树实验形数的研究[J]. 内蒙古林业调查设计, 35(5): 72-74.

李海防, 夏汉平, 傅声雷, 2009. 剔除林下灌草和添加翅荚决明对尾叶桉林土壤温室气体排放的影响[J]. 植物生态学报, 33(6): 1015-1022.

李坚, 郭明辉, 赵西平, 2012. 木材品质与营林环境[M]. 北京: 科学出版社.

李克让, 王绍强, 曹明奎, 2003. 中国植被和土壤碳储量[J]. 中国科学(D辑), 33(1): 72-80.

李鹏, 姜鲁光, 封志明, 等, 2012. 生态系统服务竞争与协同研究进展[J]. 生态学报, 32(16): 5219-5229.

李双成, 张才玉, 刘金龙, 等, 2013. 生态系统服务权衡与协同研究进展及地理学研究议题[J]. 地理研究, 32(8): 1379-1390.

里思, 惠特克, 等, 1985. 生物圈的第一性生产力[M]. 王业蘧, 译. 北京: 科学出版社.

李文华, 1978. 森林生物生产量的概念及其研究的基本途径[J]. 自然资源, (1): 71-92.

李文华, 邓坤枚, 李飞, 1981. 长白山主要森林生态系统生物量生产量的研究[J]. 森林生态系统研究, 18(1): 34-50.

李志辉, 陈少雄, 黄丽群, 等, 2007. 林分密度对邓恩桉生物产量及生产力的影响[J]. 中南林业科技大学学报, 1(5): 1-5.

李志辉, 曾广正, 谢耀坚, 等, 2000. 不同密度的巨尾桉丰产示范林经济效果评价[J]. 中南林学院学报, 20(3): 54-58.

李治基, 2001. 广西森林[M]. 北京: 中国林业出版社: 29-41.

廖观荣, 林书蓉, 李淑仪, 等, 2002. 雷州半岛桉树人工林地力退化的现状和特征[J]. 土壤与环境, 11(1): 25-28.

林贵刚, 赵琼, 赵蕾, 等, 2012. 林下植被去除与氮添加对樟子松人工林土壤化学和生物学性质的影响[J]. 应用生态学报, 23(5): 1188-1194.

林开敏, 洪伟, 范少辉, 等, 2000. 杉木人工林林下植被消长规律[J]. 福建林学院学报, 20(3): 231-234.

林开敏, 洪伟, 俞新妥, 等, 2001. 杉木人工林林下植被生物量的动态特征及预测模型[J]. 林业科学, 37(z1): 99-105.

刘世荣, 2013. 气候变化对森林影响与适应性管理[M]//邬建国, 安树青, 冷欣. 现代生态学讲座(Ⅵ)——全球气候变化与生态格局和过程. 北京: 高等教育出版社: 1-24.

刘世荣, 温远光, 2005. 杉木生产力生态学[M]. 北京: 气象出版社.

刘世荣, 柴一新, 蔡体久, 等, 1990. 兴安落叶松人工群落生物量与净初级生产力的研究[J].东北林业大学学报, 5(2): 40-46.

刘世荣, 徐德应, 王兵, 1994. 气候变化对中国森林生产力的影响Ⅱ.中国森林第一性生产力的模拟[J]. 林业科学研究, 7(4): 425-430.

刘世荣, 杨予静, 王晖, 2018. 中国人工林经营发展战略与对策: 从追求木材产量的单一目标经营转向提升生态系统服务质量和效益的多目标经营[J]. 生态学报, 38(1): 1-10.

刘魏魏, 王效科, 逯非, 等, 2015. 全球森林生态系统碳储量、固碳能力估算及其区域特征[J]. 应用生态学报, 26(9): 2881-2890.

卢婵江, 温远光, 周晓果, 等, 2018a. 不同轮伐期对巨尾桉人工林碳固存的影响[J]. 广西科学, 25(2): 149-157.

卢婵江, 周晓果, 黄冰川, 等, 2018b. 不同轮伐期巨尾桉人工林的经济效益分析[J]. 广西科学, 25(2): 158-162.

陆元昌, 刘宪钊, 雷相东, 等, 2017. 人工林多功能经营技术体系[J]. 中南林业科技大学学报, 37(7): 1-10.

陆钊华, 徐建民, 温茂元, 等, 2004. 刚果 12 号桉人工林综合培育技术研究及经济效益分析[J]. 广东林业科技, 20(2): 7-11.

罗云建, 王效科, 张小全, 等, 2013. 中国森林生态系统生物量及其分配研究[M]. 北京: 中国林业出版社.

马钦彦, 1983. 华北油松人工林单株林木的生物量[J]. 北京林学院学报, (4): 1-16+112-113.

莫晓勇, 2007. 桉树浆纸用材林经济效益分析[J]. 桉树科技, 24(1): 8-15.

木村允, 1981. 陆地植物群落的生产量测定法[M]. 姜恕, 译. 北京: 科学出版社.

沐海涛, 魏润鹏, 张英武, 2006. 短轮伐期桉树人工林个体林木特征研究[J]. 广东林业科技, (4): 17-22.

牛克昌, 刘怿宁, 沈泽昊, 等, 2009. 群落构建的中性理论和生态位理论[J]. 生物多样性, 17(6): 579-593.

潘维俦, 田大伦, 1981. 森林生态系统第一性生产量的测定技术与方法[J]. 湖南林业科学, (2): 1-12.

庞正轰, 2006. 巴西桉树人工林考察报告[J]. 广西林业, (5): 39-41.

彭少麟, 1993. 小良热带人工桉林第二代萌生林生物量和生长力研究[J]. 桉树, (3): 21-28.

祁述雄, 2002. 中国桉树[M]. 北京: 中国林业出版社.

覃海宁, 刘演, 于胜祥, 等, 2010. 广西植物名录[M]. 北京: 科学出版社.

秦新生, 刘苑秋, 邢福武, 2003. 低丘人工林林下植被物种多样性初步研究[J]. 热带亚热带植物学报, (3): 223-228.

阮宏华, 王兵, 杨锋伟, 2016. 中国森林生产力评估[M]. 北京: 中国林业出版社.

沈国舫, 1988. 对世界造林发展新趋势的几点看法[J]. 世界林业研究, (1): 21-27.

沈国舫, 2001. 森林培育学[M]. 北京: 中国林业出版社.

沈仁芳, 赵学强, 2015. 土壤微生物在植物获得养分中的作用[J]. 生态学报, 35(20): 6584-6591.

沈仁芳, 孙波, 施卫明, 等, 2017. 地上-地下生物协同调控与养分高效利用[J]. 中国科学院院刊, 32(6): 566-574.

盛炜彤, 2001. 不同密度杉木人工林林下植被发育与演替的定位研究[J]. 林业科学研究, 14(5): 463-471.

盛炜彤, 范少辉, 2005. 杉木人工林长期生产力保持机制研究[M]. 北京: 科学出版社.

盛炜彤, 杨承栋, 1997. 关于杉木林下植被对改良土壤性质效用的研究[J]. 生态学报, 7(4): 377-385.

中国林学会森林生态学分会, 杉木人工林集约栽培研究专题组, 1992. 人工林地力衰退研究[M]. 北京: 中国科学技术出版社.

施福军, 龙敏, 秦武明, 等, 2019. 15 年生桉树中大径材人工林生长规律与经济效益分析[J]. 山西农业科学, 47(7): 1272-1276.

太立坤, 余雪标, 杨曾奖, 等, 2009. 三种类型森林林下植物多样性及生物量比较研究[J]. 生态环境学报, 18(1): 229-234.

陶彦良, 周晓果, 温远光, 等, 2018. 不同林地清理方式下生物炭和氮添加对桉树红锥混交林土壤养分的影响[J]. 广西科学, 25(2): 128-138.

王豁然, 2006. 桉树人工林发展与景观生态和生物多样性——StoraEnso 桉树人工林对广西南部地理景观影响的例证研究[J]. 广西林业科学, 35(4): 192-194.

王豁然, 2010. 桉树生物学概论[M]. 北京: 科学出版社.

王豁然, 江泽平, 2005. 论大洋洲森林植物地理与中国林木引种[M]//王豁然, 江泽平, 李延俊, 等. 格局在变化: 树木引种与植物地理. 北京: 中国林业出版社: 124-132.

王纪杰, 2011. 桉树人工林土壤质量变化特征[D]. 南京: 南京林业大学.

王效科, 冯宗炜, 欧阳志云, 2001. 中国森林生态系统的植物碳储量和碳密度研究[J]. 应用生态学报, 12(1): 13-16.

王芸, 欧阳志云, 郑华, 等, 2013. 不同森林恢复方式对我国南方红壤区土壤质量的影响[J]. 应用生态学报, 24(5): 1335-1340.

温远光, 1987. 杉木人工林生物量和生产量的研究综述[J]. 科技资料, (1): 14-24.

温远光, 1997. 杉木林生产力与森林结构关系的研究[J]. 福建林学院学报, 17(3): 246-250.

温远光, 2006. 连栽桉树人工林植物多样性与生态系统功能关系的长期实验研究[D]. 成都: 四川大学.

温远光, 2008. 桉树生态、社会问题与科学发展[M]. 北京: 中国林业出版社: 1-136.

温远光, 刘世荣, 1994. 广西杉木林气候生产力模型及分布的研究[J]. 自然资源, (6): 63-70.

温远光, 陈放, 刘世荣, 等, 2008. 广西桉树人工林物种多样性与生物量关系[J]. 林业科学 (4): 14-19.

温远光, 和太平, 李信贤, 等, 2000a. 广西合浦隆缘桉海防林生物量和生产力的研究[J]. 广西农业生物科学, 19(1): 1-5.

温远光, 梁宏温, 招礼军, 等, 2000b. 尾叶桉人工林生物量和生产力的研究[J]. 热带亚热带植物学报, 8(2): 123-127.

温远光, 梁乐荣, 黎洁娟, 等, 1988. 广西不同生态地理区域杉木人工林的生物生产力[J]. 广西农学院学报, 7(2): 5-65.

温远光, 刘世荣, 陈放, 2005a. 连栽对桉树人工林下物种多样性的影响[J]. 应用生态学报, (9): 1667-1671.

温远光, 刘世荣, 陈放, 等, 2005b. 桉树工业人工林植物物种多样性及动态研究[J]. 北京林业大学学报, (4): 17-22.

温远光, 周晓果, 喻素芳, 等, 2018. 全球桉树人工林发展面临的困境与对策[J]. 广西科学, 25(2): 107-116, 229.

温远光, 周晓果, 朱宏光, 等, 2019. 桉树生态营林的理论探索与实践[J]. 广西科学, 26(2): 159-175.

温远光, 左花, 朱宏光, 等, 2014. 连栽对桉树人工林植被盖度、物种多样性及功能群的影响[J]. 广西科学, 21(5): 463-468.

吴钿, 刘新田, 杨新华, 2003. 雷州半岛桉树人工林林下植物多样性研究[J]. 林业科技, 28(3): 10-13.

吴溪玭, 2015. 南亚热带五种人工林林下植物与土壤微生物群落变化及环境解释[D]. 南宁: 广西大学.

向仰州, 徐大平, 杨曾奖, 等, 2012. 海南省两种人工林林下物种多样性与土壤水分物理性质的关系[J]. 水土保持研究, 19(1): 37-41.

熊江波, 2015. 南亚热带五种人工林生物量和碳储量的研究[D]. 南宁: 广西大学.

熊有强, 盛炜彤, 曾满生, 1995. 不同间伐强度杉木林下植被发育及生物量研究[J]. 林业科学研究, 8(4): 408-412.

徐化成, 1992. 森林立地的动态特性和人工林地力下降问题[M]//中国林学会森林生态学分会, 杉木人工林集约栽培研究专题组. 人工林地力衰退研究. 北京: 中国科学技术出版社: 7-10.

许明, 李坚, 2013. 木材的碳素储存与科学保护[M]. 北京: 科学出版社.

阳含熙, 1963. 植物与林地植物的指示意义[J]. 植物生态学与地植物学丛刊, 1(1-2): 24-30.

杨曾奖, 徐大平, 张宁南, 2004. 整地方式对桉树林生长及经济效益的影响[J]. 福建林学院学报, 3: 215-218.

杨承栋, 2009. 中国主要造林树种土壤质量演化与调控机理[M]. 北京: 科学出版社.

杨承栋, 等, 1992. 杉木林下植被对改良土壤理化、生物特性的效用[M]//中国林学会森林生态学分会, 杉木人工林集约栽培研究专题组. 人工林地力衰退研究. 北京: 中国科学技术出版社.

杨洋, 王继富, 张心昱, 等, 2016. 凋落物和林下植被对杉木林土壤碳氮水解酶活性影响机制[J].

生态学报, 36(24): 8102-8110.

姚东和, 杨民胜, 李志辉, 2000. 林分密度对巨尾桉生物产量及生产力的影响[J]. 中南林学院学报, (3): 20-23.

姚茂和, 盛炜彤, 熊有强, 1991. 林下植被对杉木地力影响的研究[J]. 林业科学研究, 4(3), 246-252.

姚茂和, 盛炜彤, 熊有强, 1995. 杉木林林下植被及其生物量的研究[J]. 林业科学, 27(6), 644-647.

叶绍明, 温远光, 杨梅, 等, 2010a. 连栽桉树人工林生产力和植物多样性及其相关性分析[J].西北植物学报, (7): 1458-1467.

叶绍明, 温远光, 杨梅, 等, 2010b. 连栽桉树人工林植物多样性与土壤理化性质的关联分析[J]. 水土保持学报, 24(4): 246-250+256.

叶绍明, 温远光, 张慧东, 2010c. 连栽桉树人工林土壤理化性质的主分量分析[J].水土保持通报, 30(5): 101-105.

尤业明, 徐佳玉, 蔡道雄, 等, 2016. 广西凭祥不同年龄红椎林林下植物物种多样性及其环境解释[J]. 生态学报, 36(1): 164-172.

于贵瑞, 赵新全, 刘国华, 2018. 中国陆地生态系统增汇技术途径及其潜力分析[M]. 北京: 科学出版社.

余雪标, 钟罗生, 杨为东, 等, 1999a. 桉树人工林林下植被结构的研究[J]. 热带作物学报, 20(1): 66-72.

余雪标, 白先权, 徐太平, 等, 1999b. 不同连栽代次桉树人工的养分循环[J]. 热带作物学报, 20(3): 60-66.

俞新妥, 1989. 杉木连栽林地土壤生化特性及土壤肥力的研究[J]. 福建林学院学报, 9(3): 263-271.

俞元春, 曾曙才, 1998. 江南丘陵林区森林土壤微量元素的含量与分布[J]. 安徽农业大学学报, 25(2): 167-173.

曾祥谓, 樊宝敏, 张怀清, 等, 2013. 我国多功能森林经营的理论探索与对策研究[J]. 林业资源管理, 2(2): 10-16.

张国武, 罗建中, 尹国平, 2009. 澳大利亚·巴西桉树人工林经营特点及其启示[J]. 安徽农业科学, 37(7): 2965-2967.

张洪, 2004. 警惕 "绿色荒漠化" [N/OL].(2004-07-19)[2017-12-25]. http://www.greentimes.com/ greentimepaper/html/2004-07/19/content_3064728.htm.

张建国, 2013. 森林培育理论与技术进展[M]. 北京: 科学出版社.

张磊, 熊涛, 王建忠, 等, 2015. 广西东门林场桉树无性系选育研究概述[J]. 桉树科技, 32(1): 45-49.

张学雷, 2015. 从 20 届世界土壤学大会主题发言看土壤学某些重要问题[J]. 土壤通报, (1): 1-3.

赵大昌, 1996. 中国海岸带植被[M]. 北京: 海洋出版社.

赵金龙, 2011. 广西桉树人工林的生态服务功能[D]. 南宁: 广西大学.

赵其国, 孙波, 张桃林, 1997. 土壤质量与持续环境[J]. 土壤, 29(3): 113-120.

赵一鹤, 杨宇明, 杨时宇, 等, 2008. 桉树工业原料林林下植物物种多样性研究[J]. 云南农业大学学报(自然科学版), (4): 506-512.

郑华, 欧阳志云, 王效科, 等, 2004. 不同森林恢复类型对南方红壤侵蚀区土壤质量的影响[J]. 生态学报, (9): 1994-2002.

中国林学会, 2016. 桉树科学发展问题调研报告[M]. 北京: 中国林业出版社.

周广胜, 郑元润, 陈四清, 等, 1998. 自然植被净第一性生产力模型及其应用[J]. 林业科学, 34(5): 2-11.

周霆, 盛炜彤, 2008. 关于我国人工林可持续问题[J]. 世界林业研究, 21(3): 49-53.

周晓果, 2016. 林下植物功能群丧失对桉树人工林土壤生态系统多功能性的影响[D]. 南宁: 广西大学.

周晓果, 温远光, 朱宏光, 等, 2017a. 2008 特大冰冻灾害后大明山常绿阔叶林林冠结构动态[J]. 生态学报, 37(4): 1137-1146.

周晓果, 温远光, 朱宏光, 等, 2017b. 大明山常绿阔叶林冠层垂直结构与林下植物更新[J]. 应用生态学报, 28(2): 367-374.

周玉荣, 于振良, 赵士洞, 2000. 我国主要森林生态系统碳贮量和碳平衡[J]. 植物生态学报, 24(5): 518-522.

朱宏光, 温远光, 梁宏温, 等, 2009. 广西桉树林取代马尾松林对植物多样性的影响[J]. 北京林业大学学报, 31(6): 149-153.

朱永官, 沈仁芳, 贺纪正, 等, 2017. 中国土壤微生物组: 进展与展望[J]. 中国科学院院刊, 32(6): 554-565, 542.

庄雪影, 邱美玲, 1998. 香港三种人工林下植物多样性的调查[J]. 热带亚热带植物学报, (3): 196-202.

佐藤大七郎, 堤利夫, 1986. 陆地植物群落的物质生产[M]. 聂绍荃, 丁宝永, 译. 北京: 科学出版社.

Almeida A C, Siggins A, Batista T R, et al., 2010. Mapping the effect of spatial and temporal variation in climate and soils on *Eucalyptus* plantation production with 3-PG, a process-based growth model[J]. Forest Ecology and Management, 259(9): 1730-1740.

Ammer C, 2019. Diversity and forest productivity in a changing climate[J]. New Phytologist, 221(1): 50-66.

Anderson J M, Hetherington S L, 1999. Temperature, nitrogen availability and mixture effects on the decomposition of heather[*Calluna vulgaris* (L.) Hull] and bracken[*Pteridium aquilinum* (L.) Kuhn] litters[J]. Functional Ecology, 13: 116-124.

Andrews S S, Karlen D L, Cambardella C A, 2004. The soil management assessment framework[J]. Soil Science Society of America Journal, 68(6): 1945-1962.

Araújo A S F, Silva E F L, Nunes L, et al., 2010. The effect of converting tropical native savanna to *Eucalyptus grandis* forest on soil microbial biomass[J]. Land Degradation & Development, 21(6): 540-545.

Archibold O W, Acton C, Ripley E A, 2000. Effect of site preparation on soil properties and vegetation cover, and the growth and survival of white spruce (*Picea glauca*) seedlings, in Saskatchewan[J]. Forest Ecology and Management, 131(1-3): 127-141.

Askari M S, Holden N M, 2015. Quantitative soil quality indexing of temperate arable management systems[J]. Soil and Tillage Research, 150: 57-67.

Aughsto L, Bonnaud P, Ranger J, 1998. Impact of tree species on forest soil acidification[J]. Forest Ecology and Management, 105(1-3): 67-78.

Barberán A, Bates S T, Casamayor E O, et al., 2012. Using network analysis to explore co-occurrence patterns in soil microbial communities[J]. The ISME Journal, 6: 343-351.

Barbier S, Gosselin F, Balandier P, 2008. Influence of tree species on understory vegetation diversity and mechanisms involved: A critical review for temperate and boreal forests[J]. Forest Ecology and Management, 254(1): 1-15.

Bardgett R D, Wardle D A, 2010. Aboveground-belowground Linkages: Biotic Interactions, Ecosystem Processes, and Global Change[M]. Oxford: Oxford University Press.

Bardgett R D, Hobbs P J, Frostegård Å, 1996. Changes in soil fungal: Bacterial biomass ratios following reductions in the intensity of management of an upland grassland[J]. Biology and Fertility of Soils, 22(3): 261-264.

Battles J J, Shlisky A J, Barrett R H, et al., 2001. The effects of forest management on plant species diversity in a Sierran conifer forest[J]. Forest Ecology and Management, 146(1-3): 211-222.

Bauhus J, Aubin I, Messier C, et al., 2001. Composition, structure, light attenuation and nutrient content of the understorey vegetation in a *Eucalyptus sieberi* regrowth stand 6 years after thinning and fertilization[J]. Forest Ecology and Management, 144(1): 275-286.

Belimov A A, Dodd I C, Hontzeas N, et al., 2009. Rhizosphere bacteria containing ACC deaminase increase yield of plants grown in drying soil via both local and systemic hormone signaling [J]. New Phytologist, 181(2): 413-423.

Bellassen V, Viovy N, Luyssaert S, et al., 2011. Reconstruction and attribution of the carbon sink of European forests between 1950 and 2000[J]. Global Change Biology, 17(11): 3274-3292.

Bernardo A L, Reis M G F, Reis G G, et al., 1998. Effect of spacing on growth and biomass distribution in *Eucalyptus camaldulensis*, *E. pellita* and *E. urophylla* plantations in southeastern Brazil[J]. Forest Ecology and Management, 104(1-3): 1-13.

Bini D, Dos Santos C A, Bouillet J P, et al., 2013. *Eucalyptus grandis* and *Acacia mangium* in monoculture and intercropped plantations: Evolution of soil and litter microbial and chemical attributes during early stages of plant development[J]. Applied Soil Ecology, 63: 57-66.

Binkley D, Dunkin K A, DeBell D, et al., 1992. Production and nutrient cycling in mixed plantations of Eucalyptus and Albizia in Hawaii[J]. Forest Science, 38(2): 393-408.

Blondel J, 2003. Guilds or functional groups: Does it matter?[J]. Oikos, 100(2): 223-231.

Board M A, 2005. Millennium Ecosystem Assessment[M]. Washington, DC: New Island.

Boardman R, 1978. Productivity under successive rotations of radiata pine[J]. Australian Forestry, 41(3): 177-179.

Bohn F J, Huth A, 2017. The importance of forest structure to biodiversity-productivity relationships[J]. Royal Society Open Science, 4(1): 160521.

Boisvenue C, Running S W, 2006. Impacts of climate change on natural forest productivity: Evidence since the middle of the 20th century[J]. Global Change Biology, 12(5), 862-882.

Boland D J, Brooker M I H, Chippendale G M, et al., 2006. Forest Trees of Australia[M]. Clayton: CSIRO Publishing.

Bonan G B, 2008. Forests and climate change: Forcings, feedbacks, and the climate benefits of forests[J]. Science, 320: 1444-1449.

Bone R, Lawrence M, Magombo Z, 1997. The effect of a *Eucalyptus camaldulensis* (Dehn) plantation on native woodland recovery on Ulumba Mountain, southern Malawi[J]. Forest Ecology and Management, 99(1-2): 83-99.

Bossio D A, Scow K M, Gunapala N, et al., 1998. Determinants of soil microbial communities: effects of agricultural management, season, and soil type on phospholipid fatty acid profiles[J]. Microbial Ecology, 36(1): 1-12.

Bossio D A, Scow K M, 1998. Impacts of carbon and flooding on soil microbial communities: Phospholipid fatty acid profiles and substrate utilization patterns[J]. Microbial Ecology, 35(3): 265-278.

Botkin D B, Simpson L G, Nisbet R A, 1993. Biomass and carbon storage of the North American deciduous forest[J]. Biogeochemistry, 20(1): 1-17.

Bret-Harte M S, García E A, Sacré V M, et al., 2004. Plant and soil responses to neighbour removal and fertilization in Alaskan tussock tundra[J]. Journal of Ecology, 92(4): 635-647.

Brockerhoff E G, Jactel H, Parrotta J A, et al., 2013. Role of eucalypt and other planted forests in biodiversity conservation and the provision of biodiversity-related ecosystem services[J]. Forest Ecology and Management, 301: 43-50.

Brockway D G, Outcalt K W, 2000. Restoring longleaf pine wiregrass ecosystems: Hexazinone application enhances effects of prescribed fire[J]. Forest Ecology and Management, 137(1-3):

121-138.

Brodersen C, Pohl S, Lindenlaub M, et al., 2000. Influence of vegetation structure on isotope content of throughfall and soil water[J]. Hydrological Processes, 14(8): 1439-1448.

Brookes P C, Landman A, Pruden G, et al., 1985. Chloroform fumigation and the release of soil nitrogen: a rapid direct extraction method to measure microbial biomass nitrogen in soil[J]. Soil Biology and Biochemistry, 17(6): 837-842.

Brunet J, Valtinat K, Mayr M L, et al., 2011. Understory succession in post-agricultural oak forests: Habitat fragmentation affects forest specialists and generalists differently[J]. Forest Ecology and Management, 262(9): 1863-1871.

Burger Jr L W, 2005. The Conservation Reserve Program in the Southea: Issues Affecting Wildlife Habitat Value[M]//Haufler J B. Fish and wildlife benefits of Farm Bill conservation programs: 2000-2005 update. Washington DC: Wildlife Society: 63-92.

Burschel P, Kürsten E, Larson B C, et al., 1993. Present role of German forests and forestry in the national carbon budget and options to its increase[M]//Wisniewski J, Sampson R N. Terrestrial Biospheric Carbon Fluxes Quantification of Sinks and Sources of CO_2. Dordrecht: Springer: 325-340.

Cadotte M W, 2013. Experimental evidence that evolutionarily diverse assemblages result in higher productivity[J]. Proceedings of the National Academy of Sciences, 110(22): 8996-9000.

Camprodon J, Brotons L, 2006. Effects of undergrowth clearing on the bird communities of the Northwestern Mediterranean Coppice Holm oak forests[J]. Forest Ecology and Management, 221: 72-82.

Cannell M G R, Dewar R C, Thornley J H M, 1992. Carbon flux and storage in European forests[M]//Teller A, Mathy P, Jeffers J N R. Responses of Forest Ecosystems to Environmental Changes. Dordrecht: Springer: 256-271.

Cannell M G R, Sheppard L J, 1982. Seasonal changes in the frost hardiness of provenances of *Picea sitchensis* in Scotland[J]. Forestry: An International Journal of Forest Research, 55(2): 137-153.

Carle J, Holmgren P, 2008. Wood from planted forests[J]. Forest Products Journal, 58(12), 6-18.

Carneiro M, Fabião A, Martins M C, et al., 2007. Species richness and biomass of understory vegetation in a *Eucalyptus globulus* Labill. coppice as affected by slash management[J]. European Journal of Forest Research, 126(4): 475-480.

Che J, Zhao X Q, Zhou X, et al., 2015. High pH-enhanced soil nitrification was associated with ammonia-oxidizing bacteria rather than archaea in acidic soils[J]. Applied Soil Ecology, 85: 21-29.

Chen D X, Li Y D, Liu H P, et al., 2010. Biomass and carbon dynamics of a tropical mountain rain forest in China[J]. Science China Life Sciences, 53(7): 798-810.

Chen F L, Zheng H, Zhang K, et al., 2013a. Changes in soil microbial community structure and metabolic activity following conversion from native *Pinus massoniana* plantations to exotic *Eucalyptus* plantations[J]. Forest Ecology and Management, 291: 65-72.

Chen G S, Yang Z J, Gao R, et al., 2013b.Carbon storage in a chronosequence of Chinese fir plantations in southern China[J]. Forest Ecology and Management, 300: 68-76.

Chen S, Wang W, Xu W, et al., 2018. Plant diversity enhances productivity and soil carbon storage[J]. Proceedings of the National Academy of Sciences, 115(16): 4027-4032.

Cheng Y, Wang J, Wang J, et al., 2017.The quality and quantity of exogenous organic carbon input control microbial NO_3^- immobilization: A meta-analysis[J]. Soil Biology and Biochemistry, 115: 357-363.

Chesson P, 2000. Mechanisms of maintenance of species diversity[J]. Annual Review of Ecology and Systematics, 31(1): 343-366.

Chippendale G M, 1981. The natural distribution of Eucalypts in Australia[J]. Special Publication: Australian National Parks and Wildlife Service (Australia), (6).

Christopher S F, Shibata H, Ozawa M, et al., 2008. The effect of soil freezing on N cycling: comparison of two headwater subcatchments with different vegetation and snowpack conditions in the northern Hokkaido Island of Japan[J]. Biogeochemistry, 88(1): 15-30.

Ciais P, Cramer W, Jarvis P, 2001. Land-Use, Land Use Change and Forestry: Summary for Policymakers[M]. Cambridge: Cambridge University: 23-51.

Ciais P, Tans P P, Trolier M, et al., 1995. A large northern hemisphere terrestrial CO_2 sink indicated by the $^{13}C/^{12}C$ ratio of atmospheric CO_2[J]. Science, 269: 1098-1102.

Costanza R, Darge R, de Groot R, et al., 1997. The value of the world's ecosystem services and natural capital[J]. Nature, 387: 253-260.

da Silva Junior M C, Scarano F R, de Souza Cardel F, 1995. Regeneration of an Atlantic forest formation in the understorey of a *Eucalyptus grandis* plantation in south-eastern Brazil[J]. Journal of Tropical Ecology, 11(1): 147-152.

da Silva R P, dos Santos J, Tribuzy E S, et al., 2002. Diameter increment and growth patterns for individual tree growing in Central Amazon, Brazil[J]. Forest Ecology and Management, 166(1-3): 295-301.

Daily G C, 1997. Nature's Services [M]. Washington DC: Island Press.

de Aguiar Ferreira J M, Stape J L, 2009. Productivity gains by fertilisation in *Eucalyptus urophylla* clonal plantations across gradients in site and stand conditions[J]. Southern Forests, 71(4): 253-258.

de la Paz Jimenez M, de la Horra A, Pruzzo L, et al., 2002. Soil quality: A new index based on microbiological and biochemical parameters[J]. Biology and Fertility of Soils, 35(4): 302-306.

de Paul Obade V, Lal R, 2016. Towards a standard technique for soil quality assessment[J]. Geoderma,

265: 96-102.

Dell B, Malajczuk N, Grove TS, 1995. Nutrient disorders in plantation eucalyptus[J]. ACIAR Monograph, 31: 110.

Dibble A C, Brissette J C, Hunter Jr M L, 1999. Putting community data to work: some understory plants indicate red spruce regeneration habitat[J]. Forest Ecology and Management, 115: 275-291.

Dixon R K, Solomon A M, Brown S, et al., 1994. Carbon pools and flux of global forest ecosystems[J]. Science, 263: 185-190.

Dodonov P, da Silva D M, Rosatti N B, 2014. Understorey vegetation gradient in a *Eucalyptus grandis* plantation between a savanna and a semideciduous forest[J]. New Zealand Journal of Forestry Science, 44(1): 10.

Doran J W, Parkin T B, 1994. Defining and assessing soil quality[J]. Defining Soil Quality for a Sustainable Environment: 1-21.

Doran J W, Zeiss M R, 2000. Soil health and sustainability: managing the biotic component of soil quality[J]. Applied Soil Ecology, 15(1): 3-11.

Dragan M, Feoli E, Fernetti M, et al., 2003. Application of a spatial decision support system (SDSS) to reduce soil erosion in northern Ethiopia[J]. Environmental Modelling & Software, 18(10): 861-868.

Du H, Zeng F, Peng W, et al., 2015. Carbon storage in a *Eucalyptus* plantation chronosequence in Southern China[J]. Forests, 6(6): 1763-1778.

Duvigneaud P, 1971. Symposium of the Productivity of Forest Ecosystems[M]. Paris: UN ESCO: 527-542.

Ebermeyer E, 1876. Die gesammte Lehre der Waldstreu mit Rücksicht auf die chemische Statik des Waldbaues: unter Zugrundlegung der in den Königl. Staatsforsten Bayerns angestellten Untersuchungen[M]. New York: Springer.

Environment Directorate Organisation for Economic Co-operation and Development, 2014. Consensus Document on the Biology of *Eucalyptus* spp. Series on Harmonisation of Regulatory Oversight in Biotechnology, No. 58[DB/OL]. [2017-10-12]. http: //www.oecd.org/chemicalsafety.

Epron D, Mouanda C, Mareschal L, et al., 2015. Impacts of organic residue management on the soil C dynamics in a tropical eucalypt plantation on a nutrient-poor sandy soil after three rotations[J]. Soil Biology and Biochemistry, 85: 183-189.

Evans J, 1992. Plantation Forestry in the Tropics[M]. 2nd. Oxford: Clarendon Press: 334-350.

Fabião A, Martins M C, Cerveira C, et al., 2002. Influence of soil and organic residue management on biomass and biodiversity of understory vegetation in a *Eucalyptus globulus* Labill. plantation[J]. Forest Ecology and Management, 171(1-2): 87-100.

Fang J Y, Piao S L, Field C B, et al., 2003. Increasing net primary production in China from 1982 to

1999[J]. Frontiers in Ecology and the Environment, 1: 293-297.

Fang J, Yu G, Liu L, et al., 2018. Climate change, human impacts, and carbon sequestration in China[J]. Proceedings of the National Academy of Sciences, 115(16): 4015-4020.

FAO, 1997. Support to forestry and wildlife sub-sector[R]. Pre-investment study. TCP/ERI/6721. Rome.

FAO, 2005. Global Forest Resources Assessment 2005[R]. Rome: FAO.

FAO, 2010. Global Forest Resources Assessment 2010: Main report[R]. Rome: FAO.

FAO, 2015. Global Forest Resources Assessment 2015[R]. Rome: FAO.

Faust K, Raes J, 2012. Microbial interactions: from networks to models[J]. Nature Reviews Microbiology, 10(8): 538-550.

Fernandez J Q P, Dias L E, Barros N F, et al., 2000. Productivity of *Eucalyptus camaldulensis* affected by rate and placement of two phosphorus fertilizers to a Brazilian Oxisol[J]. Forest Ecology and Management, 127(1-3): 93-102.

Ferrara A, Salvati L, Sabbi A, et al., 2014. Soil resources, land cover changes and rural areas: Towards a spatial mismatch?[J]. Science of the Total Environment, 478: 116-122.

Fierer N, Leff J W, Adams B J, et al., 2012. Cross-biome metagenomic analyses of soil microbial communities and their functional attributes[J]. Proceedings of the National Academy of Sciences, 109(52): 21390-21395.

Forrester D I, 2013. Growth responses to thinning, pruning and fertiliser application in *Eucalyptus* plantations: A review of their production ecology and interactions[J]. Forest Ecology and Management, 310: 336-347.

Forrester D I, Bauhus J, Cowie A L, 2005. On the success and failure of mixed-species tree plantations: lessons learned from a model system of *Eucalyptus globulus* and *Acacia mearnsii*[J]. Forest Ecology and Management, 209: 147-155.

Forrester D I, Bauhus J, Cowie A L, et al., 2006. Mixed-species plantations of Eucalyptus with nitrogen-fixing trees: A review[J]. Forest Ecology and Management, 233(2-3): 211-230.

Franklin J F, van Pelt R, 2004. Spatial aspects of structural complexity in old-growth forests[J]. Journal of Forestry, 102(3): 22-28.

Frostegård Å, Bååth E, 1996. The use of phospholipid fatty acid analysis to estimate bacterial and fungal biomass in soil[J]. Biology and Fertility of Soils, 22(1-2): 59-65.

Gao H, Hraachowitz M, Schymanski S J, et al., 2014. Climate controls how ecosystems size the root zone storage capacity at catchment scale[J]. Geophysical Research Letters, 41(22): 7916-7923.

Gill A M, Belbin I, Chippendale G M, 1985. Phytogeography of *Eucalyptus* in Australia[M]. Canberra: Auatralian Flora and Fuana series No.3. Auatralian Government Publishing Service: 53.

Gilliam F S, 2007. The ecological significance of the herbaceous layer in temperate forest ecosystems[J]. BioScience, 57(10): 845-858.

Gloor M, Gatti L, Brienen R, et al., 2012. The carbon balance of South America: A review of the status, decadal trends and main determinants[J]. Biogeosciences, 9: 5407-5430.

Gonçalves J L M, Stape J L, Laclau J P, et al., 2004. Silvicultural effects on the productivity and wood quality of eucalypt plantations[J]. Forest Ecology and Management, 193(1-2): 45-61.

Gonçalves J L M, Stape J L, Laclau J P, et al., 2008. Assessing the effects of early silvicultural management on long-term site productivity of fast-growing eucalypt plantations: the Brazilian experience[J]. Southern Forests: a Journal of Forest Science, 70(2): 105-118.

Grandy A S, Sinsabaugh R L, Neff J C, et al., 2008. Nitrogen deposition effects on soil organic matter chemistry are linked to variation in enzymes, ecosystems and size fractions[J]. Biogeochemistry, 91: 37-49.

Grubb P J, 1977. The maintenance of species richness in plant communities: the importance of the regeneration niche[J]. Biological Reviews, 52(1): 107-145.

Guedes I C L, Júnior C, Moreira L, et al., 2011. Economic analysis of replacement regeneration and coppice regeneration in eucalyptus stands under risk conditions[J]. Cerne, 17(3): 393-401.

Guynn Jr D C, Guynn S T, Wigley T B, et al., 2004. Herbicides and forest biodiversity—what do we know and where do we go from here?[J]. Wildlife Society Bulletin, 32(4): 1085-1092.

Haeussler S, Bedford L, Boateng J O, et al., 1999. Plant community responses to mechanical site preparation in northern interior British Columbia[J]. Canadian Journal of Forest Research, 29(7): 1084-1100.

Hansen M, Potapov P, Margono B, et al., 2014. Response to comment on "High-resolution global maps of 21st-century forest cover change" [J]. Science, 344(6187): 981.

Hansen R A, Coleman D C, 1998. Litter complexity and composition are determinants of the diversity and species composition of oribatid mites (Acari: Oribatida) in litter-bags[J]. Applied Soil Ecology, 9: 17-23.

Harmand J M, Njiti C F, Bernhard-Reversat F, et al., 2004. Aboveground and belowground biomass, productivity and nutrient accumulation in tree improved fallows in the dry tropics of Cameroon[J]. Forest ecology and management, 188(1-3): 249-265.

Harrington G N, Sanderson K D, 1994. Recent contraction of wet sclerophyll forest in the wet tropics of Queensland due to invasion by rainforest[J]. Pacific Conservation Biology, 1(4): 319-327.

Hayes D J, Turner D P, Stinson G, et al., 2012. Reconciling estimates of the contemporary North American carbon balance among terrestrial biosphere models, atmospheric inversions, and a new approach for estimating net ecosystem exchange from inventory-based data[J]. Global Change Biology, 18: 1282-1299.

He Y, Qin L, Li Z, et al., 2013. Carbon storage capacity of monoculture and mixed-species plantations in subtropical China[J]. Forest Ecology and Management, 295: 193-198.

Herrera Paredes S, Lebeis S L, 2016. Giving back to the community: microbial mechanisms of plant: Soil interactions[J]. Functional Ecology, 30(7): 1043-1052.

Herrmann S M, Hutchinson C F, 2005. The changing contexts of the desertification debate[J]. Journal of Arid Environments, 63(3): 538-555.

Hill K D, Johnson L A S, 1995. Systematic studies in the eucalypts-7. A revision of the bloodwoods, genus Corymbia (Myrtaceae)[J]. Telopea, 6 (2-3): 185-504.

Hossain K L, Wadud M A, Hossain K S, et al., 2005. Preformance of Indian spinach in association with Eucalyptus for Agroforestry system[J]. Journal of the Bangladesh Agricultural University, 3(1): 29-35.

Hu Y L, Wang S L, Zeng D H, 2006. Effects of single Chinese fir and mixed leaf litters on soil chemical, microbial properties and soil enzyme activities[J]. Plant and Soil, 282: 379-386.

Huang X M, Liu S R, Wang H, et al., 2014. Changes of soil microbial biomass carbon and community composition through mixing nitrogen-fixing species with *Eucalyptus urophylla* in subtropical China[J]. Soil Biology and Biochemistry, 73: 42-48.

Huang X M, Liu S R, You Y M, et al., 2017. Microbial community and associated enzymes activity influence soil carbon chemical composition in *Eucalyptus urophylla* plantation with mixing N2-fixing species in subtropical China[J]. Plant and Soil, 414(1-2): 199-212.

Hunter J E, Bond M L, 2001. Residual trees: Wildlife associations and recommendations[J]. Wildlife Society Bulletin: 995-999.

IGBP Terrestrial Carbon Working Group, 1998. The terrestrial carbon cycle: Implications for the Kyoto Protocol[J]. Science, 280: 1393-1394.

Iglesias-Trabado G, Wilstermann D, 2009. Eucalyptus universalis: Global cultivated eucalypt forests map 2009. Version 1.0.2[DB/OL]. http://www.gitforestry.com/download_git_eucalyptus_map.htm [2019-2-15].

IPCC, 2000. IPCC Special Report: Land Use, Land-Use Change, and Forestry[R]. Cambridge: Cambridge University Press.

IPCC, 2001. Contribution of Working Group III to the Third Assessment Report of the Intergovernmental Panel on Climate Change[R]. Cambridge: Cambridge University Press.

IPCC, 2013. Contribution of Working Group I to the Fifth Assessment Report of the Intergovernmental Panel on Climate Change[R]. Cambridge: Cambridge University Press.

Jin D M, Zhou X L, Chen B, et al., 2015. High risk of plant invasion in the understory of eucalypt plantations in South China[J]. Scientific Reports, 5: 18492.

Jo I, Potter K M, Domke G M, et al., 2018. Dominant forest tree mycorrhizal type mediates understory plant invasions[J]. Ecology Letters, 21(2): 217-224.

Jobidon R, Cyr G, Thiffault N, 2004. Plant species diversity and composition along an experimental gradient of northern hardwood abundance in *Picea mariana* plantations[J]. Forest Ecology and Management, 198(1-3): 209-221.

Jordan C F, 1982. The nutrient balance of an Amazonian rain forest[J]. Ecology, 63(3): 647-654.

Kanowski J, Catterall C P, Wardell-Johnson G W, 2005. Consequences of broadscale timber plantations for biodiversity in cleared rainforest landscapes of tropical and subtropical Australia[J]. Forest Ecology and Management, 208(1): 359-372.

Kanowski J, Catterall C P, Wardell-Johnson G W, et al., 2003. Development of forest structure on cleared rainforest land in eastern Australia under different styles of reforestation[J]. Forest Ecology and Management, 183(1-3): 265-280.

Kara E L, Hanson P C, Hu Y H, et al., 2013. A decade of seasonal dynamics and co-occurrences within freshwater bacterioplankton communities from eutrophic Lake Mendota, WI, USA[J]. The ISME Journal, 7: 680-684.

Karjalainen T, Kellomäki S, Pussinen A, 1995. Carbon balance in the forest sector in Finland during 1990—2039[J]. Climatic Change, 30(4): 451-478.

Kaur N, Singh B, Gill R I S, 2017. Productivity and profitability of intercrops under four tree species throughout their rotation in north-western India[J]. Indian Journal of Agronomy, 62(2): 160-169.

Keeling H C, Phillips O L, 2007. The global relationship between forest productivity and biomass[J]. Global Ecology and Biogeography, 16(5): 618-631.

Keeves A, 1966. Some evidence of loss of productivity with successive rotations of Pinus radiata in the south-east of South Australia[J]. Australian Forestry, 30(1): 51-63.

Kimmins J P, 1987. Forest Ecology[M]. New York: Macmillan Publishing Company.

Kimmins J P, 1990. Modelling the sustainability of forest production and yield for a changing and uncertain future[J]. The Forestry Chronicle, 66(3): 271-280.

Kira T, 1987. Primary Production and Carbon Cycling in a Primeval Lowland Rainforest of Peninsular Malaysia[M]//Sethuraj M R, Raghavendra A S. Tree Crop Physiology. Amsterdam: Elsevier Science Publishers: 99-119.

Kira T, Shidei T, 1967. Primary production and turnover of organic matter in different forest ecosystems of the western Pacific[J]. Japanese Journal of Ecology, 17(2): 70-87.

Kitterge J, 1944. Estimation of amount of foliage of trees and shrubs[J]. Journal of Forest, 42: 905-912.

Kolchugina T P, Vinson T S, 1993. Carbon sources and sinks in forest biomes of the former Soviet Union[J]. Global Biogeochemical Cycles, 7(2): 291-304.

Kong B, Chen L, Kasahara Y, et al., 2017. Understory dwarf bamboo affects microbial community structures and soil properties in a *Betula ermanii* Forest in Northern Japan[J]. Microbes and environments, 32(2): 103-111.

Kurz W A, Apps M J, 1993. Contribution of northern forests to the global C cycle: Canada as a case study[M]//Sampson R N, Apps M, Brown S. Terrestrial Biospheric Carbon Fluxes Quantification of Sinks and Sources of CO_2. Dordrecht: Springer: 163-176.

Kutch W L, Bahn M, Heinemeyer A, 2010. Soil Carbon Dynamics: An Integrated Methodology[M]. Cambridge: Cambridge University Press, 49-75.

Lal R, 2004. Agricultural activities and the global carbon cycle[J].Nutrient Cycling in Agroecosystems, 70(2): 103-116.

Lal R, 2008. Carbon sequestration[J]. Philosophical Transactions of the Royal Society B: Biological Sciences, 363: 815-830.

Lal R, 2009. Soil quality impacts of residue removal for bioethanol production[J]. Soil and Tillage Research, 102(2): 233-241.

Lal R, 2015. Sequestering carbon and increasing productivity by conservation agriculture[J]. Journal of Soil and Water Conservation, 70(3): 55-62.

Lester S E, Costello C, Halpern B S, et al., 2013. Evaluating trade-offs among ecosystem services to inform marine spatial planning[J]. Marine Policy, 38: 80-89.

Li C, Zhuang Y, Frolking S, et al., 2003. Modeling soil organic carbon change in croplands of China[J]. Ecological Applications, 13(2): 327-336.

Li H F, Fu S L, Zhao H T, et al., 2011. Forest soil CO_2 fluxes as a function of understory removal and N-fixing species addition [J]. Journal of Environmental Sciences, 23: 949-957.

Li X Q, Ye D, Liang H W, et al., 2015. Effects of successive rotation regimes on carbon stocks in Eucalyptus plantations in subtropical China measured over a full rotation[J]. PLoS one, 10(7): e0132858.

Li Y, Xu M, Sun O J, et al., 2004. Effects of root and litter exclusion on soil CO_2 efflux and microbial biomass in wet tropical forests[J]. Soil Biology and Biochemistry, 36(12): 2111-2114.

Liang C, Schimel J P, Jastrow J D, 2017. The importance of anabolism in microbial control over soil carbon storage[J]. Nature Microbiology, 2(8), 17105.

Liang J, Crowther T W, Picard N, et al., 2016. Positive biodiversity-productivity relationship predominant in global forests[J]. Science, 354(6309): aaf8957.

Leith H, Whittaker R H, 1975. Primary Productivity of the Biosphere[M]. New York: Springer.

Liu Z F, Wu J P, Zhou L X, et al., 2012. Effect of understory fern (*Dicranopteris dichotoma*) removal on substrate utilization patterns of culturable soil bacterial communities in subtropical *Eucalyptus* plantations [J]. Pedobiologia, 55(1): 7-13.

Lu F, Hu H, Sun W, et al., 2018. Effects of national ecological restoration projects on carbon sequestration in China from 2001 to 2010[J]. Proceedings of the National Academy of Sciences,

115(16): 4039-4044.

Lyu M, Li X, Xie J, et al., 2019. Root-microbial interaction accelerates soil nitrogen depletion but not soil carbon after increasing litter inputs to a coniferous forest[J]. Plant and Soil, 1-12.

Ma B, Wang H, Dsouza M, et al., 2016. Geographic patterns of co-occurrence network topological features for soil microbiota at continental scale in eastern China[J]. The ISME Journal, 10(8): 1891-1901.

MA (Millennium Ecosystem Assessment), 2005. Ecosystems and Human Well-Being: Current State and the Trends: Synthesis[M]. Washington DC: Island Press.

Maisto G, de Marco A, Meola A, et al., 2011. Nutrient dynamics in litter mixtures of four Mediterranean maquis species decomposing in situ[J]. Soil Biology and Biochemistry, 43(3): 520-530.

Martin B, 2003. Eucalyptus: a Strategic Forest Tree[M]// Wei R P, Xu D . Eucalyptus Plantations: Research, Management and Development. Singapore: World Scientific Publishing Co Pty Ltd: 3-18.

Mathesius U, 2003. Conservation and Divergence of Signalling Pathways between Roots and Soil Microbes: The Rhizobium-legume Symbiosis Compared to the Development of Lateral Roots, Mycorrhizal Interactions and Nnematode-induced Galls[M]//Abe J J. Roots: The Dynamic Interface between Plants and the Earth. Dordrecht: Springer: 105-119.

Matsushima M, Chang S X, 2007. Effects of understory removal, N fertilization, and litter layer removal on soil N cycling in a 13-year-old white spruce plantation infested with Canada bluejoint grass[J]. Plant and Soil, 292: 243-258.

McMahon D E, Vergütz L, Valadares S V, et al., 2019. Soil nutrient stocks are maintained over multiple rotations in Brazilian Eucalyptus plantations[J]. Forest Ecology and Management, 448: 364-375.

Miki T, Yokokawa T, Ke P J, et al., 2018. Statistical recipe for quantifying microbial functional diversity from EcoPlate metabolic profiling[J]. Ecological Research, 33(1): 249-260.

Miller D A, Chamberlain M J, 2008. Plant community response to burning and herbicide site preparation in eastern Louisiana, USA[J]. Forest Ecology and Management, 255: 774-780.

Miller K V, Miller J H, 2004. Forestry herbicide influences on biodiversity and wildlife habitat in southern forests[J]. Wildlife Society Bulletin, 32, 1049-1060.

Mitchell P J, Simpson A J, Soong R, et al., 2016. Biochar amendment and phosphorus fertilization altered forest soil microbial community and native soil organic matter molecular composition[J]. Biogeochemistry, 130(3): 227-245.

Mo J, Peng S, Brown S, et al., 2003. Nutrient dynamics in response to harvesting practices in a pine forest of subtropical China[J]. Acta Phytoecological Sinica, 28(6): 810-822.

Montes N, Gauquelin T, Badri W, et al., 2000. Non-destructive method for estimating above-ground forest biomass in threatened woodlands[J]. Forest Ecology and Management, 130(1-3): 37-46.

Murrell D J, Law R, 2003. Heteromyopia and the spatial coexistence of similar competitors[J]. Ecology Letters, 6: 48-59.

Murugan R, Beggi F, Kumar S, 2014. Belowground carbon allocation by trees, understory vegetation and soil type alter microbial community composition and nutrient cycling in tropical Eucalyptus plantations[J]. Soil Biology and Biochemistry, 76: 257-267.

Nagaike T, 2002. Differences in plant species diversity between conifer (*Larix kaempferi*) plantations and broad-leaved (*Quercus crispula*) secondary forests in central Japan[J]. Forest Ecology and Management, 168: 111-123.

Nagaike T, Hayashi A, Abe M, et al., 2003. Differences in plant species diversity in Larix kaempferi plantations of different ages in central Japan[J]. Forest Ecology and Management, 183: 177-193.

Nascimento H E M, Laurance W F, 2002. Total aboveground biomass in central Amazonian rainforests: a landscape-scale study[J]. Forest Ecology and Management, 168(1-3): 311-321.

Nghiem N, 2014. Optimal rotation age for carbon sequestration and biodiversity conservation in Vietnam[J]. Forest Policy and Economics, 38: 56-64.

Nilsson M C, Wardle D A, 2005. Understory vegetation as a forest ecosystem driver: Evidence from the northern Swedish boreal forest[J]. Frontiers in Ecology and the Environment, 3(8): 421-428.

Nouvellon Y, Laclau J P, Epron D, et al., 2012. Production and carbon allocation in monocultures and mixed-species plantations of *Eucalyptus grandis* and *Acacia mangium* in Brazil[J]. Tree Physiology, 32(6): 680-695.

Ogawa H, Yoda K, Ogino K, et al., 1965. Comparative ecological studies on three main types of forest vegetation in Thailand. Ⅱ. Plant biomass[J]. Nature and Life in Southeast Asia, 4: 49-80.

Ohlson K, 2014. The soil will save us: How scientists, farmers, and foodies are healing the soil to save the planet[J]. Soil Science Society of America Journal, 78(5): 1829.

Ohtonen R, Munson A, Brand D, 1992. Soil microbial community response to silvicultural intervention in coniferous plantation ecosystems[J]. Ecological Applications, 2(4): 363-375.

Oikawa T, 1985. Simulation of forest carbon dynamics based on a dry-matter production model[J]. Bot Mag Tokyo, 98(3): 225-238.

Olson D F, 1971. Sampling leaf biomass in even-aged stands of yellow-popular (*Liriodendron tulipifera* L.)[J]. Maine Agr Exp Sta Misc Rep, 132: 115-122.

Olson J S, Watts J A, Allison L J, 1983. Carbon in Live Vegetation of Major World Ecosystems[M]. Tennessee: Oak Ridge National Laboratory.

Pacala S W, Hurtt G C, Baker D, et al., 2001. Consistent land-and atmosphere-based US carbon sink estimates[J]. Science, 292(5525): 2316-2320.

Pan F, Zhang W, Liang Y, et al., 2018. Increased associated effects of topography and litter and soil nutrients on soil enzyme activities and microbial biomass along vegetation successions in karst ecosystem, southwestern China[J]. Environmental Science and Pollution Research, 25(17): 16979-16990.

Pan Y, Birdsey R A, Fang J, et al., 2011. A large and persistent carbon sink in the world's forests[J]. Science. 333(6045): 988-993.

Parham J A, Deng S P, 2000. Detection, quantification and characterization of β-glucosaminidase activity in soil[J]. Soil Biology and Biochemistry, 32(8): 1183-1190.

Parrotta J A, 1995. Influence of overstory composition on understory colonization by native species in plantations on a degraded tropical site[J]. Journal of Vegetation Science, 6(5): 627-636.

Peng C H, Jiang H, Apps M J, et al., 2002. Effects of harvesting regimes on carbon and nitrogen dynamics of boreal forests in central Canada: A process model simulation[J]. Ecological Modelling, 155(2-3), 177-189.

Piotto D, Craven D, Montagnini F, et al., 2010. Silvicultural and economic aspects of pure and mixed native tree species plantations on degraded pasturelands in humid Costa Rica[J]. New Forests, 39(3): 369-385.

Piwczyński M, Puchałka R, Ulrich W, 2016. Influence of tree plantations on the phylogenetic structure of understorey plant communities[J]. Forest Ecology and Management, 376: 231-237.

Poore M E D, 1985. The Ecological Effects of Eucalyptus[R]. Rome: FAO.

Potts B M, Dungey H S, 2004. Interspecific hybridization of Eucalyptus: key issues for breeders and geneticists[J]. New Forests, 27(2): 115-138.

Pryor L D, 1976. Biology of Eucalyptus[M]. London: The Institute of Biology's Studies in Biology No.61. Edward Arnold (Publishers) Ltd: 82.

Qiao Y F, Miao S J, Silval L C R, et al., 2014. Understory species regulate litter decomposition and accumulation of C and N in forest soils: A long-term dual-isotope experiment[J]. Forest Ecology and Management, 329: 318-327.

Raiesi F, Beheshti A, 2015. Microbiological indicators of soil quality and degradation following conversion of native forests to continuous croplands[J]. Ecological Indicators, 50: 173-185.

Raiesi F, 2017. A minimum data set and soil quality index to quantify the effect of land use conversion on soil quality and degradation in native rangelands of upland arid and semiarid regions[J]. Ecological Indicators, 75: 307-320.

Reichle D E, 1981. Dynamic Properties of Forest Ecosystems[M]. Cambridge: Cambridge University Press.

Ren W, Tian H, Tao B, et al., 2011. Impacts of tropospheric ozone and climate change on net primary productivity and net carbon exchange of China's forest ecosystems[J]. Global Ecology and

Biogeography, 20: 391-406.

Resh S C, Binkley D, Parrotta J A, 2002. Greater soil carbon sequestration under nitrogen-fixing trees compared with Eucalyptus species[J]. Ecosystems, 5(3): 217-231.

Revillini D, Gehring C A, Johnson N C, 2016. The role of locally adapted mycorrhizas and rhizobacteria in plant-soil feedback systems[J]. Functional Ecology, 30(7): 1086-1098.

Reyer C P O, Bathgate S, Blennow K, et al., 2017. Are forest disturbances amplifying or canceling out climate change-induced productivity changes in European forests?[J]. Environmental Research Letters, 12(3): 034027.

Reyer C, Lasch-Born P, Suckow F, et al., 2014. Projections of regional changes in forest net primary productivity for different tree species in Europe driven by climate change and carbon dioxide[J]. Annals of Forest Science, 71(2): 211-225.

Rocha J H T, de Moraes Gonçalves J L, de Vicente Ferraz A, et al., 2019. Growth dynamics and productivity of an Eucalyptus grandis plantation under omission of N, P, K Ca and Mg over two crop rotation[J]. Forest Ecology and Management, 447: 158-168.

Rocha J H T, de Moraes Gonçalves J L, Gava J L, et al., 2016. Forest residue maintenance increased the wood productivity of a Eucalyptus plantation over two short rotations[J]. Forest Ecology and Management, 379: 1-10.

Rodriguez J, Beard J R T D, Bennett E, et al., 2006. Trade-offs across space, time, and ecosystem services [J]. Ecology and Society, 11(1): 28-42.

Rothe A, Binkley D, 2001. Nutritional interactions in mixed species forests: A synthesis[J]. Canadian Journal of Forest Research, 31(11): 1855-1870.

Ruyter-Spira C, Al-Babili S, van Der Krol S, et al., 2013. The biology of strigolactones[J]. Trends in Plant Science, 18(2): 72-83.

Salvati L, Mavrakis A, Colantoni A, et al., 2015. Complex Adaptive Systems, soil degradation and land sensitivity to desertification: A multivariate assessment of Italian agro-forest landscape[J]. Science of the Total Environment, 521: 235-245.

Sedjo R A, 1984. An economic assessment of industrial forest plantations[J].Forest Ecology and Management, 9(4): 245-257.

Shiva V, Bandyopadhyay J, 1983. Eucalyptus-a disastrous tree for India[J]. The Ecologist, 13(5): 184-187.

Sicardi M, García-Préchac F, Frioni L, 2004. Soil microbial indicators sensitive to land use conversion from pastures to commercial Eucalyptus grandis (Hill ex Maiden) plantations in Uruguay[J]. Applied Soil Ecology, 27(2): 125-133.

Singh V, Toky O P, 1995. Biomass and primary productivity in Leucaena, Acacia and Eucalyptus, short rotation, high density（"energy"）plantations in arid India[J]. Journal of Arid Environment,

31: 301-309.

Sinsabaugh R L, Antibus R K, Linkins A E, et al., 1993. Wood decomposition: nitrogen and phosphorus dynamics in relation to extracellular enzyme activity[J]. Ecology, 74(5): 1586-1593.

Sinsabaugh R L, Follstad Shah J J, 2012. Ecoenzymatic stoichiometry and ecological theory[J]. Annual Review of Ecology, Evolution, and Systematics, 43: 313-343.

Stape J L, Binkley D, Ryan M G, et al., 2010. The Brazil Eucalyptus Potential Productivity Project: Influence of water, nutrients and stand uniformity on wood production[J]. Forest Ecology and Management, 259(9): 1684-1694.

Steele J A, Countway P D, Xia L, et al., 2011. Marine bacterial, archaeal and protistan association networks reveal ecological linkages[J]. The ISME Journal, 5: 1414-1425.

Stransky J J, Harlow R F, 1981. Effects of fire on deer habitat in the Southeast[M]// Wood G W. Prescribed Fire and Wildlife in Southern Forests. Georgetown: Belle W. Baruch Forest Science Institute of Clemson University: 135-142.

Stürck J, Schulp C J E, Verburg P H, 2015. Spatio-temporal dynamics of regulating ecosystem services in Europe: The role of past and future land use change[J]. Applied Geography, 63: 121-135.

Su H, Sang W, Wang Y, et al., 2007. Simulating Picea schrenkiana forest productivity under climatic changes and atmospheric CO_2 increase in Tianshan Mountains, Xinjiang Autonomous Region, China[J]. Forest Ecology and Management, 246: 273-284.

Sumida A, Miyaura T, Torii H, 2013. Relationships of tree height and diameter at breast height revisited: analyses of stem growth using 20-year data of an even-aged Chamaecyparis obtusa stand[J]. Tree Physiology, 33(1): 106-118.

Sun Z, Huang Y, Yang L, et al., 2017. Plantation age, understory vegetation, and species-specific traits of target seedlings alter the competition and facilitation role of Eucalyptus in South China[J]. Restoration Ecology, 25(5): 749-758.

Swindel B F, Conde L F, Smith J E, 1986. Successional changes in Pinus elliottii plantations following two regeneration treatments[J]. Canadian Journal of Forest Research, 16(3): 630-636.

Tabatabai M A, 1994. Soil enzymes[M]//Weaver R W. Methods of Soil Analysis. Part 2: Microbiological and Biochemical Properties. Madison: Soil Science Society of America: 775-833.

Tang X, Zhao X, Bai Y, et al., 2018. Carbon pools in China's terrestrial ecosystems: New estimates based on an intensive field survey[J]. Proceedings of the National Academy of Sciences, 115(16): 4021-4026.

Tansley A G, 1935. The use and abuse of vegetational concepts and terms[J]. Ecology, 16(3): 284-307.

The Biomass Mission Advisory Group, 2013. A New Era for Measuring Global Forest Properties: The ESA Biomass Mission[M]. Sheffield: University of Sheffield.

Thomas S C, Halpern C B, Falk D A, et al., 1999. Plant diversity in managed forests: Understory responses to thinning and fertilization[J]. Ecology Applied, 9, 864-879.

Tilman D, Reich P B, Knops J M H, 2006. Biodiversity and ecosystem stability in a decade-long grassland experiment[J]. Nature, 441(7093): 629.

Trani M K, Brooks R T, Schmidt T L, et al., 2001. Patterns and trends of early successional forests in the eastern United States[J]. Wildlife Society Bulletin, 29 (2): 413-424.

Tripahti S K, Sumida A, Shibata H, et al., 2005. Growth and substrate quality of fine root and soil nitrogen availability in a young *Betula ermanii* forest of northern Japan: Effects of the removal of understory dwarf bamboo (*Sasa kurilensis*) [J]. Forest Ecology and Management, 212: 278-290.

Turnbull J W, 1999. Eucalypt plantations[M]// Boyle J R, Winjum J K, Kavanagh k, et al. Planted forests: Contributions to the Quest for Sustainable Societies. Dordrecht: Springer: 37-52.

Turnbull J W, 2003. Eucalypts in Asia. Proceedings of an international conference held in Zhanjiang, Guangdong, Peoples'Republic of China[C]. ACIAR Proceedings No.111, 7-11.

Uchijima Z, Seino H, 1985. Agroclimatic evaluation of net primary productivity of natural vegetations[J]. Journal of Agricultural Meteorology, 40(4): 343-352.

Umehara M, Hanada A, Yoshida S, et al., 2008. Inhibition of shoot branching by new terpenoid plant hormones[J]. Nature, 455(7210): 195.

van der Heijden M G A, Bardgett R D, van Straalen N M, 2008. The unseen majority: Soil microbes as drivers of plant diversity and productivity in terrestrial ecosystems[J]. Ecology Letters, 11(3): 296-310.

van der Heijden M G A, Boller T, Wiemken A, et al., 1998a. Different arbuscular mycorrhizal fungal species are potential determinants of plant community structure[J]. Ecology, 79(6): 2082-2091.

van der Heijden M G A, Klironomos J N, Ursic M, et al., 1998b. Mycorrhizal fungal diversity determines plant biodiversity, ecosystem variability and productivity[J]. Nature, 396(6706): 69.

Vance E D, Brookes P C, Jenkinson D S, 1987. An extraction method for measuring soil microbial biomass C[J]. Soil Biology and Biochemistry, 19(6): 703-707.

van der Putten W H, Bardgett R D, Bever J D, et al., 2013. Plant-soil feedbacks: the past, the present and future challenges[J]. Journal of Ecology, 101(2): 265-276.

Venn T J, 2005. Financial and economic performance of long-rotation hardwood plantation investments in Queensland, Australia[J]. Forest Policy and Economics, 7(3): 437-454.

Wan S, Zhang C, Chen Y, et al., 2014. The understory fern Dicranopteris dichotoma facilitates the overstory Eucalyptus trees in subtropical plantations[J]. Ecosphere, 5(5): 1-12.

Wang B, Wei W J, Liu C J, et al., 2013a. Biomass and carbon stock in Moso bamboo forests in subtropical China: characteristics and implications[J]. Journal of Tropical Forest Science, 137-148.

Wang F M, Li Z, Xia H, et al., 2010. Effects of nitrogen-fixing and non-nitrogen-fixing tree species on soil properties and nitrogen transformation during forest restoration in southern China[J]. Soil Science & Plant Nutrition, 56(2): 297-306.

Wang F M, Xu X, Zou B, et al., 2013b. Biomass accumulation and carbon sequestration in four different aged Casuarina equisetifolia coastal shelterbelt plantations in south China[J]. PLoS One, 8(10): e77449.

Wang F M, Zou B, Li H, et al., 2014. The effect of understory removal on microclimate and soil properties in two subtropical lumber plantations[J]. Journal of Forest Research, 19(1): 238-243.

Wang H, Liu S R, Zhang X, et al., 2018. Nitrogen addition reduces soil bacterial richness, while phosphorus addition alters community composition in an old-growth N-rich tropical forest in southern China[J]. Soil Biology and Biochemistry, 127: 22-30.

Wang X, Zhao J, Wu J, et al., 2011. Impacts of understory species removal and/or addition on soil respiration in a mixed forest plantation with native species in southern China[J]. Forest Ecology and Management, 261: 1053-1060.

Wardle D A, Zackrisson O, 2005. Effects of species and functional group loss on island ecosystem properties[J]. Nature, 435: 806-810.

Wardell-Johnson G W, Kanowski J, Catterall C, et al., 2005. Rainforest timber plantations and the restoration of plant biodiversity in tropical and subtropical Australia[M]//Erskine P D, Lamb D D, Bristwo M. Reforestation in the tropics and subtropics of Australia using rainforest tree species. Canberra: Rainforest CRC.

Wardle D A, Bardgett R D, Klironomos J N, et al., 2004. Ecological linkages between aboveground and belowground biota [J]. Science, 304 (5677): 1629-1633.

Wardle D A, Jonsson M, Bansal S, et al., 2012. Linking vegetation change, carbon sequestration and biodiversity: insights from island ecosystems in a long-term natural experiment[J]. Journal of Ecology, 100(1): 16-30.

Wardle D A, Wiser S K, Allen R B, et al., 2008. Aboveground and belowground effects of single tree removals in New Zealand rain forest[J]. Ecology, 89: 1232-1245.

Wen Y G, Ye D, Chen F, et al., 2010. The changes of understory plant diversity in continuous cropping system of Eucalyptus plantations, South China[J]. Journal of Forest Research, 15(4): 252-258.

Whitehurst A, Swatantran A, Blair J, et al., 2013. Characterization of canopy layering in forested ecosystems using full waveform lidar[J]. Remote Sensing, 5(4): 2014-2036.

Whitman W B, Coleman D C, Wiebe W J, 1998. Prokaryotes: the unseen majority[J]. Proceedings of the National Academy of Sciences, 95(12): 6578-6583.

Whittaker R H, Cohen N, Olson J S, 1963. Net production relations of three tree species at Oak Ridge, Tennessee[J]. Ecology, 44(4): 806-810.

Whittaker R H, 1969. New concepts of kingdoms of organisms[J]. Science, 163(3863): 150-160.

Whittock S P, Greaves B L, Piolaza L A, 2004. A cash flow model to compare coppice and genetically improved seedling options for *Eucalyptus globulus* pulpwood plantations[J]. Forest Ecology and Management, 191: 267-274.

Wilcox M D, 1997. A Catalogue of the Eucalypts[M]. Auckland: Groome Poyry Ltd: 114.

Williams R A, 2015. Mitigating biodiversity concerns in Eucalyptus plantations located in South China[J]. Journal of Biosciences and Medicines, 3: 1-8.

Woodwell G M, 1978. The carbon dioxide question[J]. Scientific American, 238(1): 34-43.

Wu J P, Liu Z F, Wang X L, et al., 2011. Effects of understory removal and tree girdling on soil microbial community composition and litter decomposition in two Eucalyptus plantations in South China[J]. Functional Ecology, 25: 921-931.

Wu J, Fan H, Liu W, et al., 2015. Should exotic eucalyptus be planted in subtropical China: Insights from understory plant diversity in two contrasting eucalyptus chronosequences[J]. Environmental management, 56(5): 1244-1251.

Xiong Y, Xia H, Li Z, et al., 2008. Impacts of litter and understory removal on soil properties in a subtropical *Acacia mangium* plantation in China[J]. Plant and Soil, 304: 179-188.

Xu X, Shi Z, Li D, et al., 2015. Plant community structure regulates responses of prairie soil respiration to decadal experimental warming[J]. Global Change Biology, 21(10): 3846-3853.

Yang T, Adams J M, Shi Y, et al., 2017. Soil fungal diversity in natural grasslands of the Tibetan Plateau: Associations with plant diversity and productivity[J]. New Phytologist, 215(2): 756-765.

Yarie J, 1980. The role of understory vegetation in the nutrient cycle of forested ecosystems in the mountain hemlock biogeoclimatic zone[J]. Ecology, 61(6): 1498-1514.

Yin K, Zhang L, Chen D, et al., 2016. Understory herb layer exerts strong controls on soil microbial communities in subtropical plantations[J]. Scientific Reports, 6: 27066.

You Y M, Huang X M, Zhu H G, et al., 2018. Positive interactions between *Pinus massoniana* and *Castanopsis hystrix* species in the uneven-aged mixed plantations can produce more ecosystem carbon in subtropical China[J]. Forest Ecology and Management, 410: 193-200.

Young H E, 1977. Biomass production in terrestrial ecosystems[J]. Microbial Energy Conversion, 45-58.

Zechmeister-Boltenstern S, Keiblinger K M, Mooshammer M, et al., 2015. The application of ecological stoichiometry to plant-microbial-soil organic matter transformations[J]. Ecological Monographs, 85(2): 133-155.

Zhang J J, Li Y F, Chang S X, et al., 2015. Understory management and fertilization affected soil greenhouse gas emissions and labile organic carbon pools in a Chinese chestnut plantation[J]. Forest Ecology and Management, 337: 126-134.

Zhang L M, Hu H W, Shen J P, et al., 2012. Ammonia-oxidizing archaea have more important role than ammonia-oxidizing bacteria in ammonia oxidation of strongly acidic soils[J]. The ISME Journal, 6(5): 1032.

Zhang X, Liu S, Huang Y, et al., 2018. Tree species mixture inhibits soil organic carbon mineralization accompanied by decreased r-selected bacteria[J]. Plant and Soil, 431(1-2): 203-216.

Zhao J, Wan S Z, Fu S L, et al., 2013. Effects of understory removal and nitrogen fertilization on soil microbial communities in Eucalyptus plantations[J]. Forest Ecology and Management, 310: 80-86.

Zhao J, Wan S Z, Li Z A, et al., 2012. Dicranopteris-dominated understory as major driver of intensive forest ecosystem in humid subtropical and tropical region[J]. Soil Biology and Biochemistry, 49: 78-87.

Zhao M S, Running S W, 2010. Drought-induced reduction in global terrestrial net primary production from 2000 through 2009[J]. Science, 329: 940-943.

Zhou G, Liu S, Li Z, et al., 2006. Old-growth forests can accumulate carbon in soils[J]. Science, 314(5804): 1417.

Zhou X G, Wen Y G, Goodale U M, et al., 2017. Optimal rotation length for carbon sequestration in Eucalyptus plantations in subtropical China[J]. New Forests, 48(5): 609-627.

Zhou X G, Zhu H G, Wen Y G, et al., 2018. Effects of understory management on trade-offs and synergies between biomass carbon stock, plant diversity and timber production in eucalyptus plantations[J]. Forest Ecology and Management, 410: 164-173.

Zhou X G, Zhu H G, Wen Y G, et al., 2019. Intensive management and declines in soil nutrients lead to serious exotic plant invasion in Eucalyptus plantations under successive short-rotation regimes[J]. Land Degradation & Development, doi: 10.1002/ldr.3449.

附录　桉树人工林植物名录

　　桉树在我国南方 17 个省（自治区）的 600 多个县（市、区）有栽培，以广西、广东、云南、福建、海南、贵州为主要栽培区域，全国桉树人工林总面积已超过 450 万 hm²。目前，关于桉树人工林中分布的植物资源还缺乏系统的调查，对桉树人工林区域内分布的植物资源的种类、数量和分布还不清楚，需要进一步的系统采集和调查。本名录是温远光教授及其团队近 40 年来在桉树人工林研究中记录到的种类，主要涉及广西、广东、海南、贵州、云南等省（自治区），调查的样方面积超过 40 万 m²。

　　本名录主要收载了我国桉树重要栽培区域有分布的维管植物野生种，以及归化种和重要的栽培种。总计 588 种，隶属 124 科 367 属。其中蕨类植物门 19 科 28 属 49 种；裸子植物亚门 4 科 4 属 6 种；被子植物亚门 101 科 340 属 533 种。

　　本名录中各科的排列，蕨类植物按秦仁昌 1978 年系统编排，裸子植物按郑万钧、傅立国 1977 年《中国植物志》系统编排，被子植物按哈钦松 1926 年、1934 年系统编排；属、种则按拉丁文字母顺序排列（覃海宁等，2010）。栽培种以"*"表示。

　　由于研究的历时很长，涉及的种类较多，以及作者水平所限，名录中遗漏物种或错误之处在所难免，敬请读者批评指正。

蕨类植物门　**Pteridophyta**

F.3. 石松科　Lycopodiaceae

1	藤石松	*Lycopodiastrum casuarinoides*
2	石松	*Lycopodium japonicum*
3	垂穗石松	*Palhinhaea cernua*

F.4. 卷柏科　Selaginellaceae

4	薄叶卷柏	*Selaginella delicatula*
5	深绿卷柏	*Selaginella doederleinii*
6	兖州卷柏	*Selaginella involvens*
7	江南卷柏	*Selaginella moellendorffii*
8	翠云草	*Selaginella uncinata*

F.6. 木贼科　Equisetaceae

9　　节节草　　　　　　　*Equisetum ramosissimum*

10　　笔管草　　　　　　　*Equisetum ramosissimum* subsp. *debile*

F.11. 观音座莲科　Angiopteridaceae

11　　福建观音座莲　　　　*Angiopteris fokiensis*

F.15. 里白科　Gleicheniaceae

12　　铁芒萁　　　　　　　*Dicranopteris linearis*

13　　芒萁　　　　　　　　*Dicranopteris pedata*

14　　中华里白　　　　　　*Diplopterygium chinensis*

15　　光里白　　　　　　　*Diplopterygium laevissimum*

F.17. 海金沙科　Lygodiaceae

16　　海南海金沙　　　　　*Lygodium circinnatum*

17　　海金沙　　　　　　　*Lygodium japonicum*

18　　小叶海金沙　　　　　*Lygodium microphyllum*

F.19. 蚌壳蕨科　Dicksoniaceae

19　　金毛狗　　　　　　　*Cibotium barometz*

F.22. 碗蕨科　Dennstaedtiaceae

20　　华南磷盖蕨　　　　　*Microlepia hancei*

F.23. 鳞始蕨科　Lindsaeaceae

21　　剑叶鳞始蕨　　　　　*Lindsaea ensifolia*

22　　团叶鳞始蕨　　　　　*Lindsaea orbiculata*

F.25. 姬蕨科　Hypolepidaceae

23　　姬蕨　　　　　　　　*Hypolepis punctala*

F.26. 蕨科　Pteridiaceae

24　　蕨　　　　　　　　　*Pteridium aquilinum* var. *latiusculum*

F.27. 凤尾蕨科　Pteridaceae

25　　凤尾蕨　　　　　　　*Pteris cretica* var. *nervosa*

26	剑叶凤尾蕨	*Pteris ensiformis*
27	井栏边草	*Pteris multifida*
28	半边旗	*Pteris semipinnata*
29	蜈蚣草	*Pteris vittata*

F.31. 铁线蕨科　Adiantaceae

30	团羽铁线蕨	*Adiantum capillus-junonis*
31	铁线蕨	*Adiantum capillus-junonis* f. *capillus-veneris*
32	鞭叶铁线蕨	*Adiantum caudatum*
33	扇叶铁线蕨	*Adiantum flabellulatum*

F.38. 金星蕨科　Thelypteridaceae

34	星毛蕨	*Ampelopteris prolifera*
35	渐尖毛蕨	*Cyclosorus acuminatus*
36	干旱毛蕨	*Cyclosorus aridus*
37	华南毛蕨	*Cyclosorus parasiticus*

F.42. 乌毛蕨科　Blechnaceae

| 38 | 东方乌毛蕨 | *Blechnum orientale* |
| 39 | 狗脊 | *Woodwardia japonica* |

F.45. 鳞毛蕨科　Dryopteridaceae

40	中华复叶耳蕨	*Arachniodes chinensis*
41	贯众	*Cyrtomium fortunei*
42	阔鳞鳞毛蕨	*Dryopteris championii*
43	华南鳞毛蕨	*Dryopteris tenuicula*

F.50. 肾蕨科　Nephrolepidaceae

| 44 | 肾蕨 | *Nephrolepis cordifolia* |

F.56. 水龙骨科　Polypodiaceae

45	抱石莲	*Lepidogrammitis drymoglossoides*
46	骨牌蕨	*Lepidogrammitis rostrata*
47	瓦苇	*Lepisorus thunbergianus*

F.57. 槲蕨科　Drynariaceae

| 48 | 槲蕨 | *Drynaria roosii* |
| 49 | 崖姜 | *Pseudodrynaria coronans* |

种子植物门　Spermatophyta

裸子植物亚门　Gymnospermae

G.1. 苏铁科　Cycadaceae

| 50 | 叉叶苏铁 | *Cycas bifida* |

G.4. 松科　Pinaceae

| 51 | 湿地松* | *Pinus elliottii* |
| 52 | 马尾松 | *Pinus massoniana* |

G.5. 杉科　Taxodiaceae

| 53 | 杉木* | *Cunnighamia lanceolata* |

G.10. 买麻藤科　Gnetaceae

| 54 | 买麻藤 | *Gnetum montanum* |
| 55 | 小叶买麻藤 | *Gnetum parvifolium* |

被子植物亚门　Angiosperrnae

双子叶植物纲　Dicotyledoneae

3. 五味子科　Schisandraceae

| 56 | 南五味子 | *Kadsura longipedunculata* |
| 57 | 冷饭藤 | *Kadsura oblongifolia* |

8. 番荔枝科　Annonaceae

58	鹰爪花	*Artabotrys hexapetalus*
59	假鹰爪	*Desmos chinensis*
60	阔叶瓜馥木	*Fissistigma chloroneurum*
61	毛瓜馥木	*Fissistigma maclurei*
62	瓜馥木	*Fissistigma oldhamii*
63	紫玉盘	*Uvaria macrophylla*

11. 樟科　Lauraceae

64	毛黄肉楠	*Actinodaphne pilosa*
65	无根藤	*Cassytha filiformis*
66	阴香	*Cinnamomum burmannii*
67	樟	*Cinnamomum camphora*
68	肉桂	*Cinnamomum cassia*
69	黄樟	*Cinnamomum parthenoxylon*
70	乌药	*Lindera aggregata*
71	绒毛山胡椒	*Lindera nacusua*
72	香粉叶	*Lindera pulcherrima* var. *attenuata*
73	山鸡椒	*Litsea cubeba*
74	潺槁木姜子	*Litsea glutinosa*
75	假柿木姜子	*Litsea monopetala*
76	竹叶木姜子	*Litsea pseudoelongata*
77	木姜子	*Litsea pungens*
78	华润楠	*Machilus chinensis*
79	基脉润楠	*Machilus decursinervis*
80	薄叶润楠	*Machilus leptophylla*
81	刨花润楠	*Machilus pauhoi*
82	楠木	*Phoebe zhennan*
83	檫木	*Sassafras tzumu*

15. 毛茛科　Ranunculaceae

84	威灵仙	*Clwmatis chinensis*

23. 防己科　Menispermaceae

85	樟叶木防己	*Cocculus laurifolius*
86	细圆藤	*Pericampylus glaucus*
87	粪其笃	*Stephania longa*

28. 胡椒科　Piperaceae

88	荜菝	*Piper longum*
89	假蒟	*Piper sarmentosum*

30. 金粟兰科　Chloranthaceae

90	草珊瑚	*Sarcandra glabra*

45. 景天科 Crassulaceae

91	落地生根	*Bryophyllum pinnatum*

53. 石竹科 Caryophyllaceae

92	白鼓钉	*Polycarpaea corymbosa*

56. 马齿苋科 Portulacaceae

93	土人参	*Talinum paniculatum*

57. 蓼科 Polygonaceae

94	何首乌	*Fallopia multiflora*
95	火炭母	*Polygonum chinense*
96	酸模叶蓼	*Polygonum lapathifolium*
97	杠板归	*Polygonum perfoliatum*

59. 商陆科 Phytolaccaceae

98	商陆	*Phytolacca acinosa*
99	垂序商陆	*Phytolacca americana*

61. 藜科 Chenopodiaceae

100	土荆芥	*Dysphania ambrosioides*

63. 苋科 Amaranthaceae

101	土牛膝	*Achyranthes aspera*
102	牛膝	*Achyranthes bidentata*
103	青葙	*Celosia argentea*

65. 亚麻科 Linaceae

104	米念芭	*Tirpitzia ovoidea*
105	青篱柴	*Tirpitzia sinensis*

69. 酢浆草科 Oxalidaceae

106	阳桃	*Averrhoa carambola*
107	感应草	*Biophytum sensitivum*
108	酢浆草	*Oxalis corniculata*
109	红花酢浆草	*Oxalis corymbosa*

71. 凤仙花科　Balsaminaceae

110　　华凤仙　　　　　*Impatiens chinensis*

72. 千屈菜科　Lythraceae

111　　虾子花　　　　　*Woodfordia fruticosa*

81. 瑞香科　Thymelaeaceae

112　　了哥王　　　　　*Wikstroemia indica*

84. 山龙眼科　Proteaceae

113　　山龙眼　　　　　*Helicia formosana*
114　　网脉山龙眼　　　*Helicia reticulata*

85. 五桠果科　Dilleniaceae

115　　锡叶藤　　　　　*Tetracera sarmentosa*

87. 马桑科　Coriariaceae

116　　马桑　　　　　　*Coriaria nepalensis*

93. 大风子科　Flacourtiaceae

117　　柞木　　　　　　*Xylosma congesta*
118　　长叶柞木　　　　*Xylosma longifolia*

101. 西番莲科　Passifloraceae

119　　龙珠果　　　　　*Passiflora foetida*

103. 葫芦科　Cucurbitaceae

120　　绞股蓝　　　　　*Gynostemma pentaphyllum*
121　　茅瓜　　　　　　*Solena amplexicaulis*
122　　马㼎儿　　　　　*Zehneria japonica*

107. 仙人掌科　Cactaceae

123　　仙人掌　　　　　*Opuntia dillenii*

108. 山茶科　Theaceae

124　　山茶*　　　　　*Camellia japonica*

125	油茶*	*Camellia oleifera*
126	茶*	*Camellia sinensis*
127	米碎花	*Eurya chinensis*
128	华南毛柃	*Eurya ciliata*
129	岗柃	*Eurya groffii*
130	木荷	*Schima superba*
131	西南木荷	*Schima wallichii*

112. 猕猴桃科　Actinidiaceae

| 132 | 中华猕猴桃 | *Actinidia chinensis* |

113. 水东哥科　Saurauiaceae

| 133 | 水东哥 | *Saurauia tristyla* |

116. 龙脑香科　Dipterocarpaceae

| 134 | 望天树* | *Parashorea chinensis* |

118. 桃金娘科　Myrtaceae

135	岗松	*Baeekea frutescens*
136	赤桉*	*Eucalyptus camaldulensis*
137	柠檬桉*	*Eucalyptus citriodora*
138	大花序桉*	*Eucalyptus cloeziana*
139	窿缘桉*	*Eucalyptus exerta*
140	蓝桉*	*Eucalyptus globulus*
141	巨桉*	*Eucalyptus grandis*
142	大叶桉*	*Eucalyptus robusta*
143	野桉*	*Eucalyptus rudis*
144	柳叶桉*	*Eucalyptus saligna*
145	细叶桉*	*Eucalyptus tereticornis*
146	番石榴	*Psidium guajava*
147	桃金娘	*Rhodomyrtus tomentosa*
148	赤楠	*Syzygium buxifolium*
149	乌墨	*Syzygium cumini*
150	短药蒲桃	*Syzygium globiflorum*
151	红鳞蒲桃	*Syzygium hancei*

120. 野牡丹科　Melastomataceae

152	异形木	*Allomorphia balansae*
153	柏拉木	*Blastus cochinchinensis*
154	北酸脚杆	*Medinilla septentrionalis*
155	地菍	*Melastoma dodecandrum*
156	野牡丹	*Melastoma malabathricum*
157	展毛野牡丹	*Melastoma normale*
158	星毛金锦香	*Osbeckia stellata*

123. 金丝桃科　Hypericaceae

159	黄牛木	*Cratoxylum cochichinense*
160	红芽木	*Cratoxylum formosum subsp. pruniflorum*

126. 藤黄科　Guttiferae

161	木竹子	*Garcinia multiflora*

128. 椴树科　Tiliaceae

162	苘麻叶扁担杆	*Grewia abutilifolia*
163	扁担杆	*Grewia biloba*
164	小花扁担杆	*Grewia biloba var. parviflora*
165	破布叶	*Microcos paniculata*
166	长勾剌蒴麻	*Triumfetta pilosa*
167	剌蒴麻	*Triumfetta rhomboidea*

128a. 杜英科　Elaeocarpaceae

168	杜英	*Elaeocarpus decipiens*
169	日本杜英	*Elaeocarpus japonicus*
170	山杜英	*Elaeocarpus sylvestris*

130. 梧桐科　Steculiaceae

171	山芝麻	*Helicteres angustifolia*
172	剑叶山芝麻	*Helicteres lanceolata*
173	翻白叶树	*Pterospermum heterophyllum*
174	假苹婆	*Sterculia lanceolata*
175	家麻树	*Sterculia pexa*

132. 锦葵科　Malvaceae

176	黄蜀葵	*Abelmoschus manihot*
177	磨盘草	*Abutilon indicum*
178	黄槿	*Hibiscus tiliaceus*
179	赛葵	*Malvastrum coromandelianum*
180	黄花稔	*Sida acuta*
181	桤叶黄花稔	*Sida alnifolia*
182	地桃花	*Urena lobata*
183	梵天花	*Urena procumbens*

135a. 粘木科　Ixonantaceae

| 184 | 粘木 | *Ixonanthes reticulata* |

136. 大戟科　Euphorbiaceae

185	山麻杆	*Alchornea davidii*
186	红背山麻杆	*Alchornea trewioides*
187	石栗	*Aleurites moluccana*
188	五月茶	*Antidesma bunius*
189	黄毛五月茶	*Antidesma fordii*
190	方叶五月茶	*Antidesma ghaesembilla*
191	银柴	*Aporusa dioica*
192	毛银柴	*Aporusa villosa*
193	木乃果	*Baccaurea ramiflora*
194	秋枫	*Bischofia javanica*
195	黑面神	*Breynia fruticosa*
196	禾串树	*Bridelia balansae*
197	土蜜树	*Bridelia tomentosa*
198	毛果巴豆	*Croton lachnocarpus*
199	猩猩草	*Euphorbia cyathophora*
200	飞扬草	*Euphorbia hirta*
201	通奶草	*Euphorbia hypericifolia*
202	一品红	*Euphorbia pulcherrima*
203	千根草	*Euphorbia thymifolia*
204	白饭树	*Flueggea virosa*
205	毛果算盘子	*Glochidion eriocarpum*

206	厚叶算盘子	*Glochidion hirsutum*
207	艾胶算盘子	*Glochidion lanceolarium*
208	算盘子	*Glochidion puberum*
209	香港算盘子	*Glochidion zeylanicum*
210	中平树	*Macaranga denticulata*
211	盾叶木	*Macaranga indica*
212	白背叶	*Mallotus apelta*
213	毛桐	*Mallotus barbatus*
214	白楸	*Mallotus paniculatus*
215	粗糠柴	*Mallotus philippensis*
216	石岩枫	*Mallotus repandus*
217	野桐	*Mallotus tenuifolius*
218	木薯	*Manihot esculenta*
219	越南叶下珠	*Phyllanthus cochichinensis*
220	余甘子	*Phyllanthus emblica*
221	蓖麻	*Ricinus communis*
222	山乌桕	*Triadica cochinchinensis*
223	乌桕	*Triadica sebifera*
224	油桐	*Vernicia fordii*
225	木油桐	*Vernicia montana*

136a. 虎皮楠科　Daphniphyllaceae

| 226 | 牛耳枫 | *Daphniphyllum calycinum* |
| 227 | 交让木 | *Daphniphyllum macropodum* |

139a. 鼠刺科

| 228 | 鼠刺 | *Itea chinensis* |
| 229 | 大叶鼠刺 | *Itea macrophylla* |

142. 绣球科　Hydrangeaceae

| 230 | 冠盖藤 | *Pileostegia viburnoides* |

143. 蔷薇科　Rosaceae

| 231 | 豆梨 | *Pyrus calleryana* |
| 232 | 石斑木 | *Rhaphiolepis indica* |

233	金樱子	*Rosa laevigata*
234	粗叶悬钩子	*Rubus alceifolius*
235	蛇泡筋	*Rubus cochinchinensis*
236	山莓	*Rubus corchorifolius*
237	栽秧泡	*Rubus ellipticus var. obcordatus*
238	茅莓	*Rubus parvifolius*
239	木莓	*Rubus swinhoei*

146. 含羞草科　Mimosaceae

240	猴耳环	*Abarema clypearia*
241	亮叶猴耳环	*Archidendron lucidum*
242	大叶相思	*Acacia auriculiformis*
243	台湾相思	*Acacia confusa*
244	羽叶金合欢	*Acacia pennata*
245	藤金合欢	*Acacia concinna*
246	海红豆	*Adenanthera pavonina*
247	楹树	*Albizia chinensis*
248	山合欢	*Albizia kalkora*
249	银合欢	*Leucaena leucocephala*
250	含羞草	*Mimosa pudica*

147. 苏木科　Caesalpiniaceae

251	龙须藤	*Bauhinia championii*
252	格木*	*Erythrophleum fordii*
253	老虎刺	*Pterolobium punctatum*
254	望江南	*Senna occidentalis*
255	决明	*Senna tora*
256	任豆	*Zenia insignis*

148. 蝶形花科　Papilionaceae

257	相思子	*Abrus precatorius*
258	链荚豆	*Alysicarpus vaginalis*
259	蔓草虫豆	*Cajanus scarabaeoides*
260	亮叶崖豆藤	*Callerya nitida*
261	厚果崖豆藤	*Millettia pachycarpa*

262	网脉崖豆藤	*Callerya reticulata*
263	锈毛鸡血藤	*Callerya sericosema*
264	美丽崖豆藤	*Callerya speciosa*
265	海刀豆	*Canavalia maritima*
266	蝙蝠草	*Christia vespertilionis*
267	猪屎豆	*Crotalaria pallida*
268	光萼猪屎豆	*Crotalaria zanzibarica*
269	藤黄檀	*Dalbergia hancei*
270	钝叶黄檀	*Dalbergia obtusifolia*
271	降香黄檀*	*Dalbergia odorifera*
272	大叶千斤拔	*Flemingia macrophylla*
273	千斤拔	*Flemingia prostrata*
274	胡枝子	*Lespedeza bicolor*
275	截叶铁扫帚	*Lespedeza cuneata*
276	美丽胡枝子	*Lespedeza formosa*
277	白花油麻藤	*Mucuna birdwoodiana*
278	毛排钱树	*Phyllodium elegans*
279	排钱树	*Phyllodium pulchellum*
280	葛	*Pueraria montana*
281	鹿藿	*Rhynchosia volubilis*
282	田菁	*Sesbania cannabina*
283	葫芦茶	*Tadehagi triquetrum*
284	白灰毛豆	*Tephrosia candida*

151. 金缕梅科　Hamamelidaceae

| 285 | 枫香树 | *Liquidambar formosana* |
| 286 | 檵木 | *Loropetalum chinense* |

159. 杨梅科　Myricaceae

| 287 | 杨梅 | *Myrica rubra* |

163. 壳斗科　Fagaceae

288	米槠	*Castanopsis carlesii*
289	黧蒴锥	*Castanopsis fissa*
290	红锥	*Castanopsis hystrix*

291	柯	*Lithocarpus glaber*
292	白栎	*Quercus fabri*
293	栓皮栎	*Quercus variabilis*

164. 木麻黄科　Casuarinaceae

294	木麻黄*	*Casuarina equisetifolia*

165. 榆科　Ulmaceae

295	糙叶树	*Aphananthe aspera*
296	紫弹树	*Celtis biondii*
297	朴树	*Celtis sinensis*
298	狭叶山黄麻	*Trema angustifolia*
299	山黄麻	*Trema tomentosa*

167. 桑科　Moraceae

300	藤构	*Broussonetia kaempferi*
301	构树	*Broussonetia papyrifera*
302	杏叶榕	*Ficus cyrtophylla*
303	印度榕	*Ficus elastica*
304	黄毛榕	*Ficus esquiroliana*
305	水同木	*Ficus fistulosa*
306	台湾榕	*Ficus formosana*
307	粗叶榕	*Ficus hirta*
308	对叶榕	*Ficus hispida*
309	糙叶榕	*Ficus irisana*
310	榕树	*Ficus microcarpa*
311	琴叶榕	*Ficus pandurata*
312	薜荔	*Ficus pumila*
313	舶梨榕	*Ficus pyriformis*
314	竹叶榕	*Ficus stenophylla*
315	斜叶榕	*Ficus tinctoria*
316	青果榕	*Ficus variegata*
317	变叶榕	*Ficus variolosa*
318	构棘	*Maclura cochichinensis*
319	柘树	*Maclura tricuspidata*

| 320 | 牛筋藤 | *Malaisia scandens* |
| 321 | 鸡桑 | *Morus australis* |

169. 荨麻科　Urticaceae

322	水苎麻	*Boehmeria macrophylla*
323	苎麻	*Boehmeria nivea*
324	楼梯草	*Elatostema involucratum*

170. 大麻科　Cannabinaceae

| 325 | 葎草 | *Humulus scandens* |

171. 冬青科　Aquifoliaceae

326	满树星	*Ilex aculeolata*
327	棱枝冬青	*Ilex angulata*
328	梅叶冬青	*Ilex asprella*
329	铁冬青	*Ilex rotunda*

173. 卫矛科　Celastraceae

330	南蛇藤	*Celastrus orbiculatus*
331	扶芳藤	*Euonymus fortunei*
332	雷公藤	*Tripterygium wilfordii*

179. 茶茱萸科　Icacinaceae

| 333 | 小果微花藤 | *Iodes vitiginea* |

190. 鼠李科　Rhamnaceae

334	多花勾儿茶	*Berchemia floribunda*
335	铁包金	*Berchemia lineata*
336	枳椇	*Hovenia acerba*
337	马甲子	*Paliurus ramosissimus*
338	长叶冻绿	*Rhamnus crenata*
339	雀梅藤	*Sageretia thea*

193. 葡萄科　Vitaceae

| 340 | 广东蛇葡萄 | *Ampelopsis cantoniensis* |
| 341 | 乌蔹莓 | *Cayratia japonica* |

342	苦郎藤	*Cissus assamica*
343	白粉藤	*Cissus repens*
344	毛葡萄	*Vitis heyneana*

194. 芸香科　Rutaceae

345	酒饼簕	*Atalantia buxifolia*
346	细叶黄皮	*Clausena anisumolens*
347	小花山小桔	*Glycosmis parviflora*
348	小芸木	*Micromelum integerrimum*
349	九里香	*Murraya exotica*
350	广西九里香	*Murraya kwangsiensis*
351	楝叶吴茱萸	*Tetradium glabrifolium*
352	飞龙掌血	*Toddalia asiatica*
353	竹叶花椒	*Zanthoxylum armatum*
354	簕欓花椒	*Zanthoxylum avicennae*
355	刺壳花椒	*Zanthoxylum echinocarpum*
356	拟砚壳花椒	*Zanthoxylum laetum*
357	两面针	*Zanthoxylum nitidum*

196. 橄榄科　Burseraceae

| 358 | 橄榄 | *Canarium album* |

197. 楝科　Meliaceae

359	麻楝	*Chukrasia tabularis*
360	灰毛浆果楝	*Cipadessa baccifera*
361	楝	*Melia azedarach*

198. 无患子科　Sapindaceae

362	茶条木	*Delavaya toxocarpa*
363	龙眼	*Dimocarpus longan*
364	车桑子	*Dodonaea viscosa*
365	赤才	*Lepisanthes rubiginosa*
366	荔枝	*Litchi chinensis*
367	柄果木	*Mischocarpus sundaicus*
368	无患子	*Sapindus saponaria*

201. 清风藤科　Sabiaceae

| 369 | 清风藤 | *Sabia japonica* |

205. 漆树科　Anacardiaceae

370	南酸枣	*Choerospondias axillaris*
371	盐肤木	*Rhus chinensis*
372	滨盐肤木	*Rhus chinensis var. roxburghii*
373	野漆	*Toxicodendron succedaneum*
374	漆	*Toxicodendron vernicifluum*

206. 牛栓藤科　Connaraceae

| 375 | 小叶红叶藤 | *Rourea microphylla* |

207. 胡桃科　Juglandaceae

| 376 | 黄杞 | *Engelhardia roxburghiana* |

210. 八角枫科　Alangiaceae

377	八角枫	*Alangium chinense*
378	小花八角枫	*Alangium faberi*
379	毛八角枫	*Alangium kurzii*

212. 五加科　Araliaceae

380	黄毛楤木	*Aralia chinensis*
381	刺茎楤木	*Aralia echinocaulis*
382	鹅掌柴	*Schefflera heptaphylla*

215. 杜鹃花科　Ericaceae

| 383 | 杜鹃 | *Rhododendron simsii* |

221. 柿树科　Ebenaceae

| 384 | 罗浮柿 | *Diospyros morrisiana* |

223. 紫金牛科　Myrisinaceae

385	朱砂根	*Ardisia crenata*
386	大罗伞树	*Ardisia hanceana*
387	酸藤子	*Embelia laeta*

388	当归藤	*Embelia parviflora*
389	白花酸藤子	*Embelia ribes*
390	网脉酸藤子	*Embelia rudis*
391	密齿酸藤子	*Embelia vestita*
392	中越杜茎山	*Maesa balansae*
393	杜茎山	*Maesa japonica*
394	鲫鱼胆	*Maesa perlarius*
395	铁仔	*Myrsine africana*

224. 安息香科　Styracaceae

| 396 | 拟赤杨 | *Alniphyllum fortunei* |

225. 山矾科　Symplocaceae

397	薄叶山矾	*Symplocos anomala*
398	越南山矾	*Symplocos cochichinensis*
399	黄牛奶树	*Symplocos cochichinensis var. laurina*
400	总状山矾	*Symplocos crassifolia*
401	珠仔树	*Symplocos racemosa*
402	微毛山矾	*Symplocos wikstroemiifolia*

228. 马钱科　Loganiaceae

403	醉鱼草	*Buddleja lindleyana*
404	密蒙花	*Buddleja officinalis*
405	断肠草(钩吻)	*Gelsemium elegans*

229. 木犀科　Oleaceae

406	白萼素馨	*Jasminum albicalyx*
407	清香藤	*Jasminum lanceolaria*
408	滇素馨	*Jasminum subhumile*
409	女贞	*Ligustrum lucidum*

230. 夹竹桃科　Apocynaceae

410	糖胶树	*Alstonia scholaris*
411	筋藤	*Alyxia levinei*
412	链珠藤	*Alyxia sinensis*

413	长春花	*Catharanthus roseus*
414	夹竹桃	*Nerium oleander*
415	羊角拗	*Strophanthus divaricatus*
416	狗牙花	*Tabernaemontana divaricata*
417	络石	*Trachelospermum jasminoides*
418	酸叶胶藤	*Urceola rosea*
419	倒吊笔	*Wrightia pubescens*

231. 萝藦科　Asclepiadaceae

420	马利筋	*Asclepias curassavica*
421	牛角瓜	*Calotropis gigantea*
422	古钩藤	*Cryptolepis buchananii*
423	天星藤	*Graphistemma pictum*
424	蓝叶藤	*Marsdenia tinctoria*
425	娃儿藤	*Tylophora ovata*

232. 茜草科　Rubiaceae

426	水团花	*Adina pilulifera*
427	阔叶丰花草	*Borreria latifolia*
428	猪肚木	*Canthium horridum*
429	浓子茉莉	*Fagerlindia scandens*
430	栀子	*Gardenia jasminoides*
431	狭叶栀子	*Gardenia stenophylla*
432	耳草	*Hedyotis auricularia*
433	剑叶耳草	*Hedyotis caudatifolia*
434	牛白藤	*Hedyotis hedyotidea*
435	龙船花	*Ixora chinensis*
436	粗叶木	*Lasianthus chinensis*
437	鸡眼藤	*Morinda parvifolia*
438	楠藤	*Mussaenda erosa*
439	玉叶金花	*Mussaenda pubescens*
440	鸡矢藤	*Paederia scandens*
441	大沙叶	*Pavetta arenosa*
442	九节	*Psychotria rubra*
443	蔓九节	*Psychotria serpens*

444	钩藤	*Uncaria rhynchophylla*
445	红皮水锦树	*Wendlandia tinctoria*
446	水锦树	*Wendlandia uvariifolia*

233. 忍冬科 Caprifoliaceae

447	金银花	*Lonicera japonica*
448	樟叶荚蒾	*Viburnum cinnamomifolium*
449	水红木	*Viburnum cylindricum*
450	南方荚蒾	*Viburnum fordiae*

238. 菊科 Asteraceae

451	胜红蓟	*Ageratum conyzoides*
452	青蒿	*Artemisia carvifolia*
453	牡蒿	*Artemisia japonica*
454	紫菀	*Aster tataricus*
455	白花鬼针草	*Bidens alba*
456	婆婆针	*Bidens bipinnata*
457	金盏银盘	*Bidens biternata*
458	鬼针草	*Bidens pilosa*
459	三叶鬼针草	*Bidens pilosa* var. *radiata*
460	艾纳香	*Blumea balsamifera*
461	东风草	*Blumea megacephala*
462	飞机草	*Chromolaena odoratum*
463	大丽菊	*Dahlia pinnata*
464	东风菜	*Doellingeria scabra*
465	旱莲草	*Eclipta prostrata*
466	地胆草	*Elephantopus scaber*
467	一点红	*Emilia sonchifolia*
468	羊耳菊	*Inuta cappa*
469	苦买菜	*Ixeris polycephala*
470	马兰	*Kalimeris indica*
471	银胶菊	*Parthenium hysterophorus*
472	假臭草	*Praxelis clematidea*
473	千里光	*Senecio scandens*
474	稀莶	*Siegesbeckia orientalis*

475	一枝黄花	*Solidago decurrens*
476	蒲公英	*Taraxacum mongolicum*
477	毒根斑鸠菊	*Vernonia cumingiana*
478	蟛蜞菊	*Wedelia chinensis*
479	苍耳	*Xanthium sibiricum*
480	黄鹌菜	*Youngia japonica*

242. 车前科　Plantaginaceae

| 481 | 车前 | *Plantago asiatica* |
| 482 | 大车前 | *Plantago major* |

249. 紫草科　Boraginaceae

| 483 | 破布木 | *Cordia dichotoma* |

250. 茄科　Solanaceae

484	颠茄	*Atropa belladonna*
485	曼陀罗	*Datura stramonium*
486	少花龙葵	*Solanum americanum*
487	假烟叶树	*Solanum erianthum*
488	水茄	*Solanum torvum*

251. 旋花科　Convolvulaceae

489	白鹤藤	*Argyreia acuta*
490	大花菟丝子	*Cuscuta reflexa*
491	五爪金龙	*Ipomoea cairica*

252. 玄参科　Scrophulariaceae

492	毛麝香	*Adenosma glutinosum*
493	母草	*Lindernia crustacea*
494	白花泡桐	*Paulownia fortunei*

257. 紫葳科　Bignoniaceae

495	西南猫尾木	*Markhamia stipulata*
496	菜豆树	*Radermachera sinica*
497	羽叶楸	*Stereospermum colais*

263. 马鞭草科　Verbenaceae

498	紫珠	*Callicarpa bodinieri*
499	短柄紫珠	*Callicarpa brevipes*
500	白棠子树	*Callicarpa dichotoma*
501	大叶紫珠	*Callicarpa macrophylla*
502	臭牡丹	*Clerodendrum bungei*
503	灰毛大青	*Clerodendrum canescen*
504	重瓣臭茉莉	*Clerodendrum chinense*
505	大青	*Clerodendrum cyrtophyllum*
506	赪桐	*Clerodendrum japonicum*
507	海通	*Clerodendrum mandarinorum*
508	假连翘	*Duranta erecta*
509	马缨丹	*Lantana camara*
510	马鞭草	*Verbena officinalis*
511	黄荆	*Vitex negundo*
512	山牡荆	*Vitex quinata*

264. 唇形科　Lamiaceae

513	益母草	*Leonurus japonicus*
514	夏枯草	*Prunella vulgaris*
515	一串红	*Salvia splendens*

单子叶植物纲　Monocotyledoneae

280. 鸭跖草科　Commelinaceae

516	穿鞘花	*Amischotolype hispida*
517	鸭跖草	*Commelina communis*
518	聚花草	*Floscopa scandens*

287. 芭蕉科　Musaceae

| 519 | 野蕉 | *Musa balbisiana* |

290. 姜科　Zingiberaceae

| 520 | 草豆蔻 | *Alpinia hainanensis* |
| 521 | 山姜 | *Alpinia japonica* |

| 522 | 华山姜 | *Alpinia oblongifolia* |
| 523 | 艳山姜 | *Alpinia zerumbet* |

293. 百合科　Liliaceae

524	天门冬	*Asparagus cochichinensis*
525	山菅兰	*Dianella ensifolia*
526	沿阶草	*Ophiopogon bodinieri*

297. 菝葜科　Smilacaceae

527	肖菝葜	*Heterosmilax japonica*
528	菝葜	*Smilax china*
529	土茯苓	*Smilax glabra*
530	抱茎菝葜	*Smilax ocreata*

302. 天南星科　Araceae

| 531 | 海芋 | *Alocasia odora* |
| 532 | 磨芋 | *Amorphophallus konjac* |

307. 鸢尾科　Iridaceae

| 533 | 射干 | *Belamcanda chinensis* |

311. 薯蓣科　Dioscoreaceae

| 534 | 日本薯蓣 | *Dioscorea japonica* |
| 535 | 薯蓣 | *Dioscorea polystachya* |

326. 兰科　Orchidaceae

| 536 | 硬叶兰 | *Cymbidium mannii* |

331. 莎草科　Cyperaceae

537	风车草	*Cyperus alternifolius subsp. flabelliformis*
538	畦畔莎草	*Cyperus haspan*
539	碎米莎草	*Cyperus iria*
540	香附子	*Cyperus rotundus*
541	夏飘拂草	*Fimbristylis aestivalis*
542	黑莎草	*Gahnia tristis*

| 543 | 高秆珍珠茅 | *Scleria terrestris* |

332. 禾本科　Poaceae

332a. 竹亚科　Bambusoideae

544	粉单竹*	*Bambusa chungii*
545	撑篙竹*	*Bambusa pervariabilis*
546	箬竹	*Indocalamus tessellatus*

332b. 禾亚科　Agrostidoideae

547	水蔗草	*Apluda mutica*
548	荩草	*Arthraxon hispidus*
549	臭根子草	*Bothriochloa bladhii*
550	竹节草	*Chrysopogon aciculatus*
551	野香茅	*Cymbopogon goeringii*
552	狗牙根	*Cynodon dactylon*
553	弓果黍	*Cyrtococcum patens*
554	龙爪茅	*Dactyloctenium aegyptium*
555	十字马唐	*Digitaria cruciata*
556	稗	*Echinochloa crusgalli*
557	牛筋草	*Eleusine indica*
558	画眉草	*Eragrostis pilosa*
559	蜈蚣草	*Eremochloa ciliaris*
560	假俭草	*Eremochloa ophiuroides*
561	鹧鸪草	*Eriachne pallescens*
562	四脉金毛	*Eulalia quadrinervis*
563	黄茅	*Heteropogon contortus*
564	苞茅	*Hyparrhenia newtonii*
565	白茅	*Imperata cylindrica*
566	白花柳叶箬	*Isachne albens*
567	纤毛鸭嘴草	*Ischaemum ciliare*
568	淡竹叶	*Lophatherum gracile*
569	蔓生莠竹	*Microstegium vagans*
570	五节芒	*Miscanthus floridulus*
571	芒	*Miscanthus sinensis*
572	类芦	*Neyraudia reynaudiana*

573	铺地黍	*Panicum repens*
574	双穗雀稗	*Paspalum distichum*
575	圆果雀稗	*Paspalum scrobiculatum* var. *orbiculare*
576	狼尾草	*Pennisetum alopecuroides*
577	芦苇	*Phragmites australis*
578	金丝草	*Pogonatherum crinitum*
579	金发草	*Pogonatherum paniceum*
580	筒竹草	*Rottboellia cochichinensis*
581	斑茅	*Saccharum arundinaceum*
582	皱叶狗尾草	*Setaria plicata*
583	狗尾草	*Setaria viridis*
584	光高粱	*Sorghum nitidum*
585	菅	*Themeda villosa*
586	粽叶芦	*Thysanolaena latifolia*
587	沟叶结缕草	*Zoysia matrella*
588	中华结缕草	*Zoysia sinica*